动物生理学实验

何建平　乔　卉　主编

本教材由国家基础科学人才培养基金（J0730640，J1103511）
及陕西师范大学教材建设基金资助

科学出版社
北　京

内 容 简 介

本教材是在“互联网+”的教育改革新趋势下，依据陕西师范大学十多年使用生理信号采集系统仪器开展动物生理学实验教学的经验，以及近两年新形势下的信息化实验教学改革成果，组织动物生理学实验教学一线优秀教师联合编写的。本教材运用多样化的数字化资源，以文字、实物及示意图片、重点操作视频及实验原理电子课件等多种形式，多方位地呈现了每个生理学实验的原理、操作及结果，是我们推动信息化实验教学改革的利器。全书实验体系层次完善，第一部分主要介绍动物生理学实验的基础知识；第二部分为基础及综合实验，以训练学生的基本实验技能和分析能力为主要目标，从实验原理、操作到结果分析，内容直观易读，强调思维拓展；第三部分是以培养学生创新能力为导向的创新研究型实验。

本教材涵盖生理学教学大纲中重要的实验内容，是能够满足师范和非师范院校本科生学习动物生理学的实验用书。

图书在版编目（CIP）数据

动物生理学实验 / 何建平，乔卉主编. —北京：科学出版社，2018.3
ISBN 978-7-03-056929-5

Ⅰ.①动… Ⅱ.①何… ②乔… Ⅲ.①动物学-生理学-实验-高等学校-教材 Ⅳ.① Q4-33

中国版本图书馆 CIP 数据核字（2018）第 049674 号

责任编辑：丛　楠　马程迪 / 责任校对：王晓茜
责任印制：徐晓晨 / 封面设计：铭轩堂

科学出版社出版
北京东黄城根北街 16 号
邮政编码：100717
http://www.sciencep.com
北京建宏印刷有限公司印刷
科学出版社发行　各地新华书店经销
*
2018 年 3 月第　一　版　开本：787×1092　1/16
2019 年 5 月第二次印刷　印张：14　1/2
字数：344 000

定价：59.90 元

（如有印装质量问题，我社负责调换）

编写人员名单

主　编　何建平　乔　卉

编　者（按姓氏笔画排序）

乔　卉　何建平　范　娟　贾　蕊

徐　畅　郭　玲

绘　图　乔　卉

摄　影　李金钢

前　言

动物生理学是生命科学专业、生物技术和生态学专业的专业基础课，也是一门实验性课程。动物生理学实验中关键的实验数据的采集、记录方法的发展历程经历了记纹鼓、多道仪，到现在与计算机整合的生物信息采集记录分析系统等多个阶段。在不同时代，生理学数据的记录和分析各具特点，随着仪器的不断发展和进步，生理学数据的采集和记录分析能力日益强大和完善，数据更加精确，实验效率和水平也日益提高。因此，对动物生理学实验教学模式也提出了新要求。

"互联网 +"的教育改革新趋势为动物生理学实验课程的改革翻开了新的篇章。教学内容上，"互联网 +"让我们轻松实现了将日新月异的新实验方法、技术和仪器的应用呈现在动物生理学实验课程教学中；教学模式上，"互联网 +"让学生能更快地熟悉和规范操作使用动物生理学仪器，实验课程教学模式实现了重心的转移，探索与创新的新气象更多地在实验教学中涌现。

依据陕西师范大学十多年使用生理信号采集系统仪器开展动物生理学实验教学的经验，以及近几年新形势下的信息化实验教学改革成果，本教材运用多样化的数字化资源，以文字、图片、视频及课件等多种形式，多方位地呈现了每个生理学实验的原理、操作及结果。数字资源均出自实验教学经验丰富的一线教师的制作、实际操作示范与录制剪辑，实验内容涵盖面广，指导性和可操作性强。本教材旨在更好地推动和深化信息化实验教学的改革，有效提高学生的实验动手能力，同时通过教学模式改革，在实验课堂上培养学生主动探索的意识和能力，突出对学生创新能力的培养，提高学生的科研素养。

本教材的实验内容按照总论、基础及综合实验、创新研究型实验三个部分编写，共编写了 44 个实验。总论主要包括对生理学实验的基本要求、生理学常用仪器及基本操作技术的介绍，训练学生的基本操作技能。第二部分是基础及综合实验，培养学生基本技能的应用，以及解决、分析问题的能力；此部分的实验保留了一些生理学中的经典实验项目，同时在每个实验后面都增加了"实验探索项目"，引导和培养学生在完成基本实验内容后主动探索和解决问题的意识及能力，突出培养探索创新意识和能力。第三部分为创新研究型实验，主要介绍了 6 个目前生理学研究热点的研究背景和基本实验方法及流程，方便学生文献查阅、开展相关的创新性课题研究，培养学生的科研素养。

本教材编写人员都是多年从事动物生理学理论和实验教学的一线教师，教材不仅图文并茂，而且数字资源丰富。既在实验原理部分有相关理论知识数字资源，也在实验操作过程都设有实际操作演示图片及视频，以提高实验的指导性和可操作性。此外，每个实验都提供具体的基本实验参数，方便学生设置；每个实验都附有一线教师提供的操作技巧和实验要点，有利于学生更好地完成和掌握实验操作；同时也附有该实验的基本结果，利于学生在实验过程中进行对比和思考。

本教材编写过程中，得到陕西师范大学生命科学学院李金钢等教师的鼎力支持和帮助，在此深表谢意。本教材得到国家基础科学人才培养基金（J0730640，J1103511）及陕西师范大学教材建设基金资助。

虽然殚精竭虑，力求妥帖，但水平有限，纰漏之处难免，实乃心余力拙。诚冀各位使用者批评指正，以便于精益求精，至臻完善。

编　者

2017年6月

目录

第一部分 动物生理学实验总论

第二部分 基础及综合实验

第一部分 动物生理学实验总论

第1章 绪　论

一、动物生理学实验的目的和要求

（一）动物生理学实验目的

学生通过对动物生理学实验的学习，能够在实验技能、综合分析能力和科学研究素养三个层次得到训练和提升，系统地掌握动物生理学实验的基本方法和基本技能。培养学生对基本仪器的操作能力、实验分析能力、应急能力及团队协作精神，并通过完整系统的科研训练，提高学生的实验设计和实验结果分析的能力，提升学生的创新能力。

（二）实验课要求

为达到实验课的实验目的，在进行实验课学习中必须做到以下三个方面。

1. 课前准备　认真阅读实验教材，明确本次实验的目的、方法、步骤和注意事项；结合实验内容，认真复习相关理论知识，充分理解实验原理和方法，保证实验课效果；充分了解实验操作步骤，提高实验操作的准确性。

2. 实验过程中　遵守实验室各项规章制度，保持实验室安静，不得大声喧哗，以免影响他人实验。实验桌上禁止放置和实验无关的物品，禁止携带食物、饮料等。爱护实验器材和实验动物，注意节约药品和试剂。实验组成员要有明确的分工与协作，以提高实验成功率。实验过程中要操作规范、准确，仔细观察和记录实验中出现的各种生理现象，如实记录实验数据，及时准确地加上必要的标记和文字说明。在实验过程中要积极主动地对各种实验现象进行思考，如果出现意外结果，要及时分析原因，尽可能及时解决。

3. 实验课结束后　按要求整理好实验仪器及器材，实验用的手术器械、手术台及其他手术用品要清洗、擦拭干净。如有损坏或遗失，应立即报告教师。按要求处理实验废弃物及动物尸体，不可自行处理。实验结束后，认真打扫实验室卫生，关闭水及电源，在得到教师认可后方能离开实验室。及时整理实验结果，独立完成实验报告并按时提交。

二、实验报告的撰写

实验报告是对实验的全面总结，旨在训练学生分析探讨问题的能力，也是对学生撰写科研论文的初步训练，是整个实验的最后环节，也是很重要的训练环节。

实验报告要求文字简练、条理清晰。实验报告具有一定的格式，主要包括以下信息：实验者姓名、所在专业、班级及组别、实验日期、实验序号及题目、实验目的、实验对象及器材、实验方法及步骤、实验结果、分析和讨论、结论，具体格式如下。

动物生理学实验报告

<table>
<tr><td colspan="2">姓名</td><td colspan="2">专业</td><td colspan="2">班级、组别</td></tr>
<tr><td colspan="3">日期</td><td colspan="3">室温</td></tr>
<tr><td colspan="6">实验序号及题目：</td></tr>
<tr><td colspan="6">实验目的：</td></tr>
<tr><td colspan="6">实验对象及器材：</td></tr>
<tr><td colspan="6">实验方法及步骤：</td></tr>
<tr><td colspan="6">实验结果：</td></tr>
<tr><td colspan="6">分析和讨论：</td></tr>
<tr><td colspan="6">结论：</td></tr>
</table>

撰写实验报告时应注意以下几点。

1. 实验目的　　说明本次实验需要解决的主要问题，可以是一个或多个，需简明扼要。

2. 实验对象及器材　　本次实验所使用的动物、器械、仪器等，仪器应注明型号和规格。

3. 实验方法　　简明扼要，可用流程图表示。如果与实验指导书上的方法有所不同，应将改变的地方加以说明。

4. 实验结果　　是实验报告中的重要组成部分，实验结果的表达形式有图、表和文字。首先，用文字如实客观地叙述本次实验结果，配以实验记录的图和原始数据形成的表。对表和图应加以标注和必要的文字说明，如图表的名称、刺激标记、施加的刺激类型、实验参数（药物名称、浓度或剂量）、定标单位等。在描述过程中要把图表和语言叙述有机结合，排版布局要合理。

实验结果如图 1-1 所示。

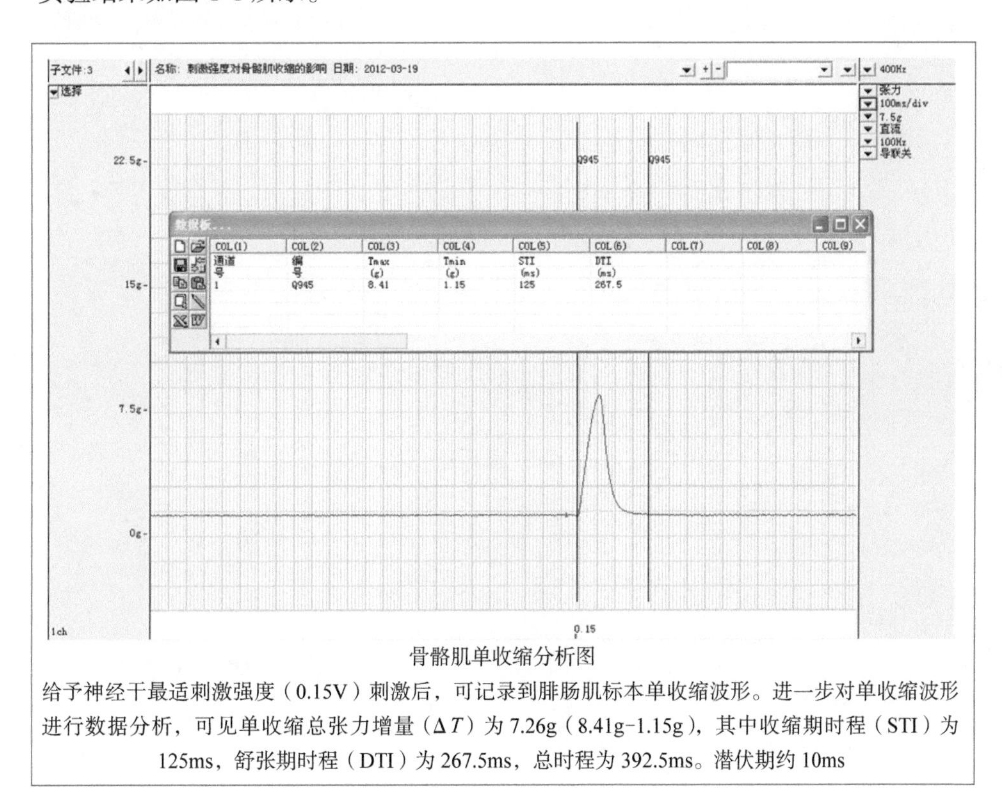

骨骼肌单收缩分析图

给予神经干最适刺激强度（0.15V）刺激后，可记录到腓肠肌标本单收缩波形。进一步对单收缩波形进行数据分析，可见单收缩总张力增量（Δ*T*）为 7.26g（8.41g–1.15g），其中收缩期时程（STI）为 125ms，舒张期时程（DTI）为 267.5ms，总时程为 392.5ms。潜伏期约 10ms

图 1-1　实验结果图与文字排版示例

5. 讨论　　以获得的实验结果为依据，从理论上对其进行科学的分析和解释。首先应判断实验结果是否与预期结果相符，然后根据已掌握的知识，对实验结果进行分析，并指出其生理意义。如果与预期的结果不符，应分析原因。讨论中也可以提出自己的独立见解，以此提出新的探索课题。讨论部分能充分体现学生的独立思考能力、分析问题和文字表达能力，学生应独立完成，不能盲目抄袭课本或者他人的实验报告。

6. 实验结论　主要训练学生的归纳总结能力。实验结论是对实验结果进行归纳，如本次实验所能验证的基本概念、原理或理论。结论一定是从本次实验结果中归纳出来的，要精练、简明，概括性强，不能将实验中未能得到的判断写入结论。

第2章 动物生理学常用实验仪器

随着科技水平的不断发展，许多先进的仪器设备也应用到动物生理学的实验中。学习并熟练使用动物生理学的实验仪器和设备是做好动物生理学实验的前提。目前，在动物生理学实验中广泛使用的仪器是生理信号采集分析系统。下面将对该仪器做系统介绍。

一、动物生理信号采集处理系统的组成

动物生理学实验是以动物为实验对象，其生理功能变化主要以生物信号的变化来表现，生物信号主要包括张力、压力和生物电等。进行动物生理学实验只有将生物信号引导出来，才能对其生理功能的变化进行研究。动物生理学实验中使用的主要仪器包括刺激系统（刺激器）、生物信号引导系统（传感器）、生物信号调节系统（放大器）和生物信号记录系统（如计算机）（图1-2）。其中，刺激系统、信号调节系统及记录系统可以整合在一个信号采集处理系统中。

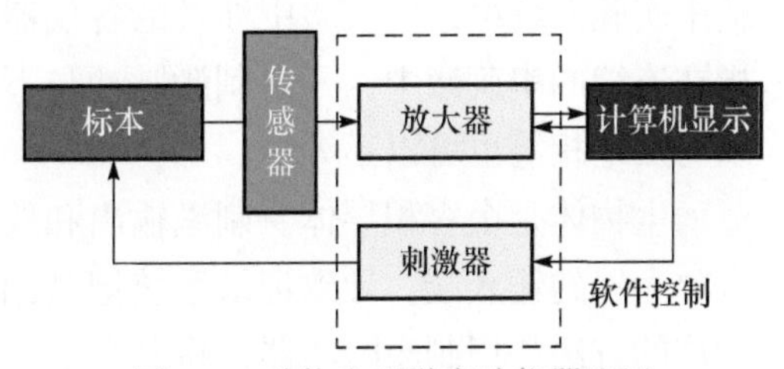

图1-2　动物生理学实验仪器配置

（一）刺激系统

刺激系统是对实验对象施加刺激，引起其生理功能变化（即产生兴奋）的仪器设备。动物生理学实验中常用的刺激形式是电刺激，这是由于电刺激的刺激参数、刺激方式可人为控制，使用方便，对组织损伤小。常见的刺激系统主要包括电子刺激器或感应电刺激器、刺激隔离器及各种刺激电极。

电子刺激器是能产生一定波形的电脉冲仪，产生的波形有方波、正弦波和锯形波，实验中常用的是方波。方波上升速度快，能对生物组织形成有效刺激。同时，方波的刺激参数易于控制，如刺激强度、刺激时间和刺激频率等（图1-3）。

1. 刺激的基本参数

（1）刺激强度　　刺激强度是指方波的波幅，用电流或电压表示，刺激强度中电流

一般从几毫安到几十毫安，电压在 200V 以内，刺激强度不能过小或过大，过小无法引起组织兴奋，过大则可能造成组织损伤。

（2）刺激时间　　刺激时间就是方波的宽度，常称为波宽。刺激时间一般从几十毫秒到几秒。刺激时间太长易损伤组织、细胞，为减少组织细胞损伤，一般用双向方波，避免通电产生的热效应损伤。

（3）刺激频率　　刺激频率是指在单位时间内方波重复的次数。实验中根据实验要求选择刺激频率，可以是单刺激，也可以是连续刺激。单刺激是每次触发刺激只输出一个方波，而连续刺激是一次触发有多个方波输出，出现一连串方波。一般把相同频率不断输出数个（一串）刺激方波的持续时间称为串长，在串长内可以调节方波的个数和波间隔。连续刺激在计算机软件中进行选择设定。刺激频率的大小一般根据实验对象进行选择控制，为几十到 1000 次 /s。刺激频率过高可能使刺激落在组织的不应期内，组织无法反应，成为无效刺激。

刺激器除了调节上述三个基本参数外，还可以进行延时、同步输出等。在延时情况下，刺激器往往先发出一个同步脉冲，来触发显示器或其他仪器，使它们能同步工作，随后再经过一定时间才通过刺激器输出刺激脉冲。同步脉冲到刺激脉冲的时间差即延时。调节延时可以使刺激脉冲引起的生理反应显示在显示器的合适位置，便于观察和记录。而同步输出即同步脉冲和刺激脉冲由刺激器同时发出，输出时间点完全一致，是为了保证整个实验的精确性，使整个实验系统保持同步工作，将刺激信号同步输出输送到整个实验系统中，使实验中涉及的各仪器有共同的时间起点，保证时间同步。串间隔是指在连续的串刺激中，一串刺激脉冲与下一串刺激脉冲连续出现的时间间隔。串间隔可以与延迟相等也可以不等。

生物体是个容积导体。刺激输出和放大器输入都接地线，会使得一部分刺激电流流入放大器的输入端，导致记录系统记录到一个刺激电流的波形，即刺激伪迹。减小刺激伪迹的方法是用刺激隔离器，将刺激电流输入端与地隔离。

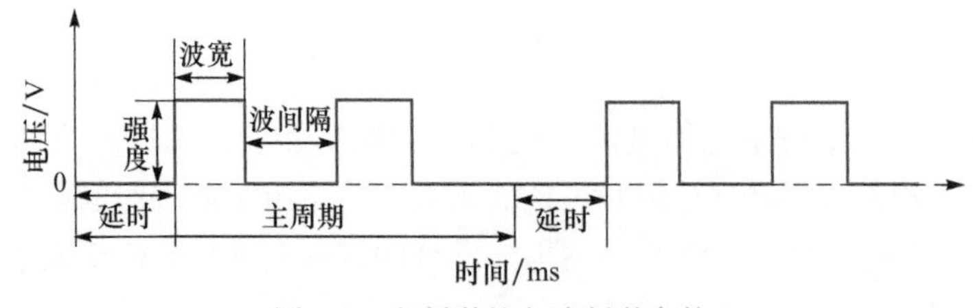

图 1-3　电刺激的方波刺激参数

2. 常用的刺激器　　动物生理学实验中常用的刺激器有锌铜弓电极及各种形式的刺激电极。

（1）锌铜弓电极　　锌铜弓电极（图 1-4A）是检测制作的标本机能状态最常用的刺激器，由铜和锌两种金属制成。该电极的刺激原理是将活泼性不同的两个金属电极浸入电解质溶液中，锌的金属电势比铜低，于是两电极下方形成一定的电势差，即电极电位。当锌铜弓电极接触组织时（组织必须湿润），电流在锌电极、可兴奋组织和铜电极之间形成回路，从而产生刺激效应。肌肉与神经组织的兴奋性很高，锌铜弓电极的刺激很容易引起组织兴奋，以此检验标本的机能状态。

（2）刺激电极　　刺激电极一般是用金属丝制成的，有多种类型，如普通电极、保护电极及乏极化电极等。

普通电极（图 1-4B 和 C）一般用银丝或不锈钢丝制成，将一条或两条金属丝镶嵌在绝缘材料内，刺激端裸露在外，用于刺激细胞或组织。普通电极可以是单根金属丝制成的单电极，也可以是两根金属丝制成的双电极。

保护电极（图 1-4D）一般是双电极，其特点是绝缘框套在刺激端弯曲成钩状，金属丝位于绝缘框套内，金属丝仅弯钩内侧暴露。这样，在施加刺激时可以保护周围组织不受刺激。

乏极化电极是为减少金属电极与生物组织接触后，在通直流电时产生极化作用而制造的。普通电极在通直流电时，组织外液中电极正极集聚阴离子，负极集聚阳离子，这样就减弱了直流电，降低了刺激强度。电解产生的物质附着于电极上，增加电阻，减小电流，影响组织兴奋。乏极化电极有几种，但都是使溶液与接触的金属带有共同的离子，防止产生极化，如锌-硫酸锌电极、银-氯化银（Ag-AgCl）电极、汞-甘汞即甘汞电极（甘汞电极乏极特性较差，但电位差恒定）等，常用的是银-氯化银电极。

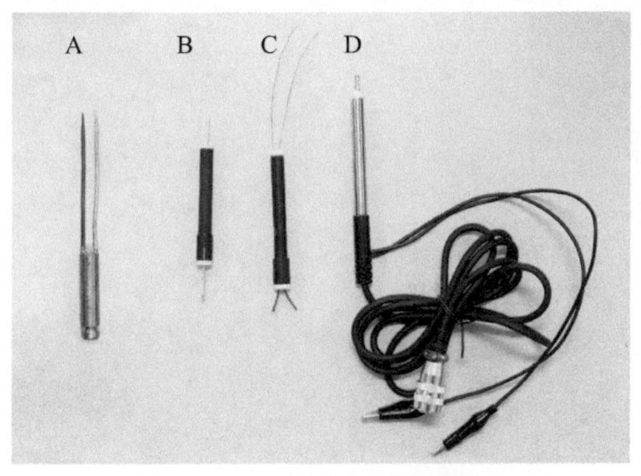

图 1-4　几种常用的刺激电极

A. 锌铜弓电极；B. 普通电极（银球电极）；C. 普通电极（双针形）；D. 保护电极

（二）生物信号引导系统

生物信号引导系统又称为探测系统，是指对动物机体特定部位的生物信号进行引导、换能的系统。主要包括引导电极和各类传感器，如张力传感器、压力传感器等。

传感器又称为换能器，可将来自机体的张力、压力、温度等不同能量形式的信号转变为电信号，以便输入计算机，进行显示、记录和测量。换能器种类繁多，有张力换能器、压力换能器、呼吸换能器（图 1-5）、光换能器、声换能器及温度换能器。本科动物生理学实验中使用最多的是张力换能器和压力换能器。

张力换能器主要用于探测机体组织或离体器官的张力变化，如肌肉收缩力、心肌收缩力等。使用时根据测量标本和实验设计的需要，将换能器固定在适宜的支架上，尽量保证受力方向和测量的张力方向一致。选择换能器一般以测力负荷不超过换能器最大负荷的 20% 为原则，使用过程中不能猛力牵拉应力片，同时避免生理盐水等溶液渗入换能器中。每次实验前张力换能器应“调零”（使基线在 0g 水平）。

除了张力换能器外，呼吸换能器、指脉换能器也可以记录张力变化，呼吸换能器可记录动物或人的呼吸运动，指脉换能器可记录人体手指脉搏图。

压力换能器可将机体或标本的压力变化信号转化成电信号，输入计算机中，可测量如血压、肺内压、心室内压、胃内压等生理信号。使用压力换能器时要把压力室内的气体全部排出，同时保证压力换能器感压面与机体输出压力的液压导管开口处于同一水平面，在实验过程中保持压力室内压力稳定，不得用注射器从侧管向封闭的测压管道内注入液体。使用完成后，打开压力室，清洗零部件后放置于无菌、无腐蚀的容器内保存。

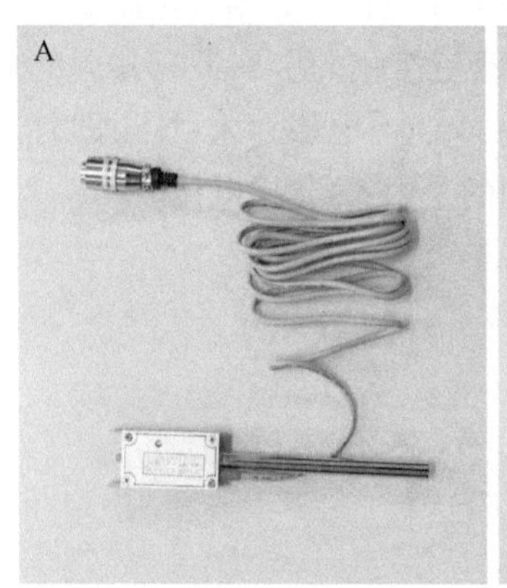

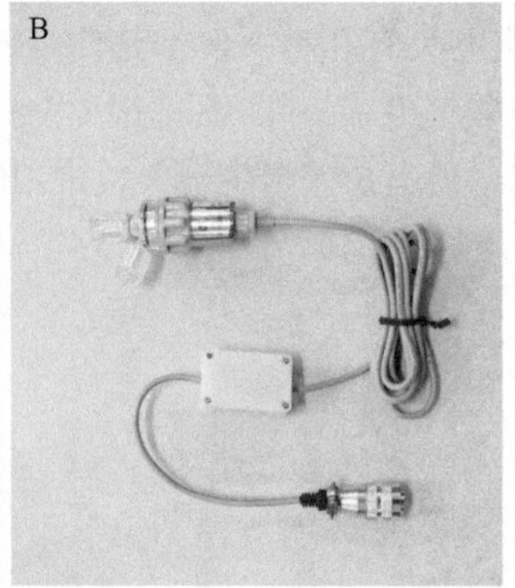

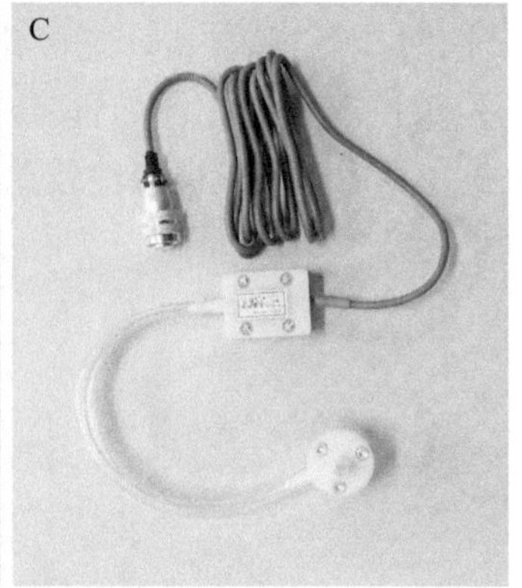

图 1-5　换能器

A. 张力换能器；B. 压力换能器；C. 呼吸换能器

（三）生物信号调节系统

生物信号调节系统即生物电放大器，从生物体器官引导出的生物电信号的强度差异大且环境干扰信号多而复杂，借助生物电放大器可以尽可能滤过干扰信号，提取有效的生物信号，输入示波器或记录仪显示出来。常用的生物电放大器主要有桥式放大器、微电极放大器。

（四）生物信号记录系统

在动物生理学实验中，各种生理信号都需要记录下来才能进行观察、测量和分析。常用的记录仪器有示波器和生理记录仪等。

随着电子计算机技术的不断发展，对生物信号的实时采集、处理和分析技术不断成熟，生物信号采集分析系统已广泛应用到动物生理学实验中。生物信号采集分析系统与计算机结合，将刺激系统、信号调节系统及采集显示记录系统集合了起来。同时，整合数据处理模块，可对生物信号进行分析。这样可简化实验装置，提高实验效率，便于学生开展创新性、研究型实验。

二、动物生理信号采集处理系统的使用

动物生理学实验采用生理信号采集处理系统来引导、记录和分析多种生理信号，该系统运用集成化设置和计算机软件、硬件形成了一体化仪器。目前这类仪器种类较多，生产的厂商和型号不同，使用方法各有特点。在进行动物生理学实验之前，应该根据使用仪器的型号，按照说明书进行学习。这里主要对学习中应注意的问题和必须要掌握的内容进行梳理，具体应参见说明书。本书将 RM6240 多道生理信号采集处理系统软件使用说明放入附录中，供使用时参考。

生理信号采集处理系统分为硬件和软件两部分，硬件主要是对生物信号如血压、生物电等进行采集、换能和放大，与计算机通过数据线连接，将信号输入计算机。软件是对信号进行显示、记录、测量、存储、处理及打印等，同时可以设置系统中的相关参数，如刺激方式、强度、频率等。

学习仪器使用要掌握的基本内容如下。

1. 实验前应掌握的基本内容　计算机、信号分析采集仪的开关；信号输入的通道及该通道基本参数的设置；通道基线的调零、上移、下移、显示、隐藏等方法；各种换能器、电极与采集系统的连接方法；信号输入的扫描，信号的存储、再现、剪辑、复制等；信号显示的方式设置、多通道显示的方法。

2. 实验中应掌握的内容　实验项目选择；刺激器的参数设置，如刺激模式、强度、频率等；刺激标记的使用；输入信号的增益调节；通道标记和时间标记。

3. 实验后应掌握的内容　实验信号的再现、记录、剪辑和编辑等方法；实验结果的保存、打印方法；实验数据的基本分析方法。

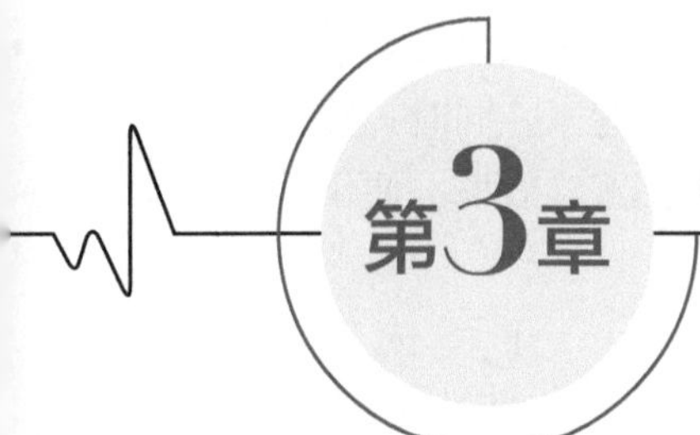
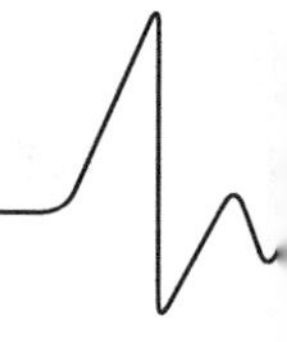

第3章 动物生理学实验常用的基本操作技术

一、常用的手术器械及使用方法

手术器械是对动物进行手术的工具，正确掌握这些手术器械的使用方法，可保证手术顺利进行。常用的手术器械有手术刀、手术剪、手术镊、止血钳、骨钳、缝合针与缝合线等。

（一）手术刀

手术刀主要用于切开和解剖组织。常用的手术刀刀片与刀柄分离，刀片的安装如图 1-6 所示。刀片主要用于切开皮肤和脏器，刀柄可用于钝性分离。刀片有圆、尖、弯刃及大小长短之分，刀柄也有大小及长短之分。

手术刀的持刀方式有 4 种，视手术切口大小、位置等不同而选择不同的持刀方式（图 1-7）。执弓式：最常用的持刀方式，动作范围广而灵活，用于腹部、颈部或股部皮肤切口。执笔式：操作精细，主要用于分离血管、神经、腹膜小切口等。握持式：切割范围较广，用力较大，常用于截肢、切开较长的皮肤切口等。反挑式：向上挑开组织，可避免损伤组织或器官，主要用于切开腹膜等。

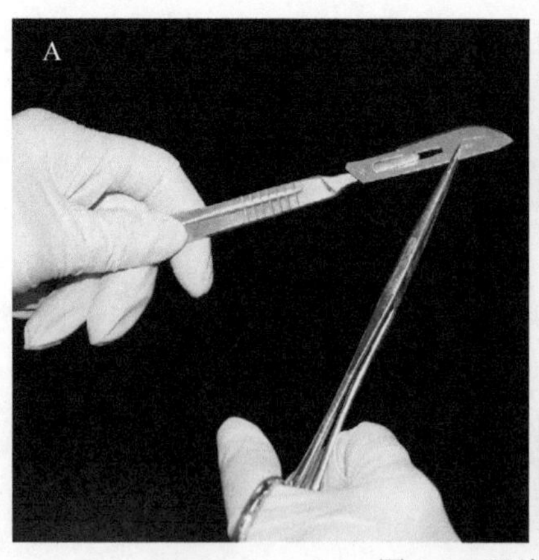

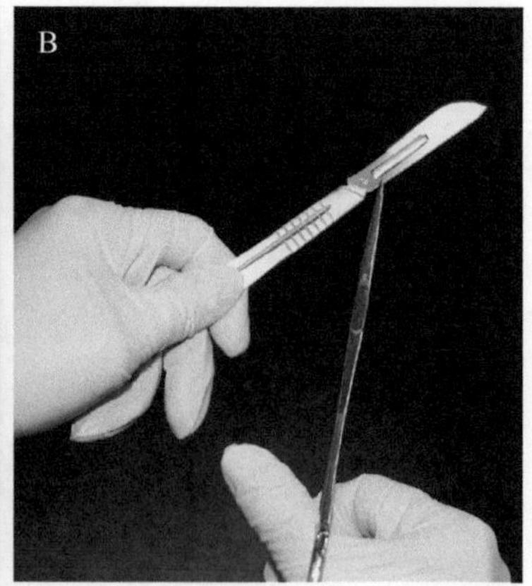

图 1-6　刀片的安装
以 A、B 步骤进行

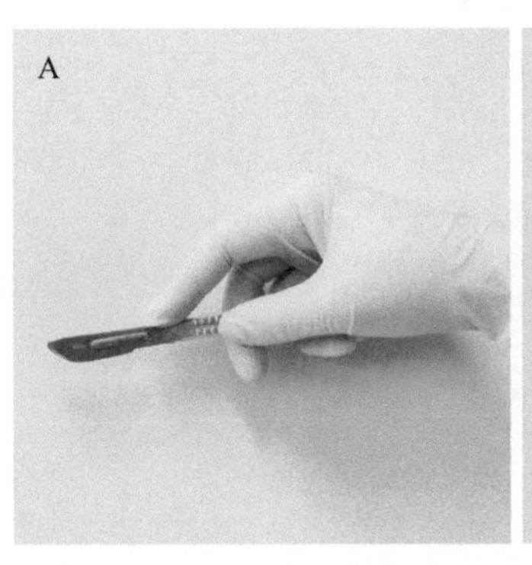

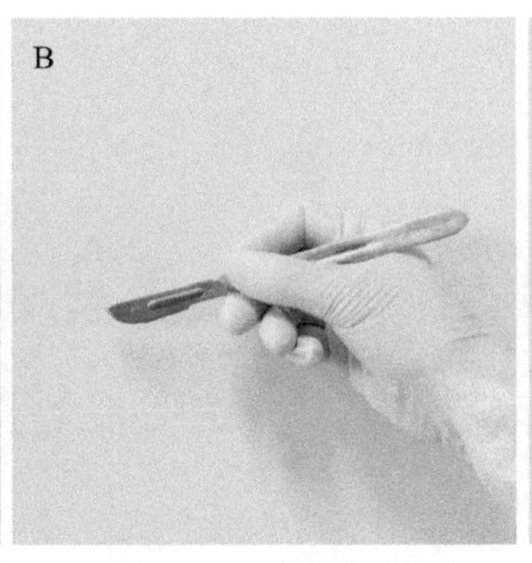

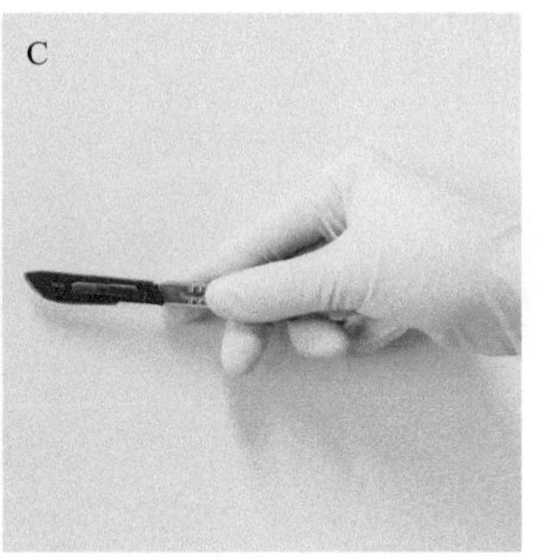

图 1-7　持刀方式
A. 执弓式；B. 执笔式；C. 握持式

（二）手术剪

手术剪分为钝头剪和尖头剪，尖端有弯、直之分（图 1-8）。主要用于剪皮肤、肌肉等软组织；也可用于分离无血管的组织。手术剪中有一种小型的眼科剪，用于剪血管和神经等软组织。弯头剪常用于深部组织的操作，不易误伤。钝头直剪用于剪腹膜、缝合线，钝头弯剪用于剪皮肤被毛。执剪姿势是用拇指与无名指持剪，食指自然按压在剪的上方（图 1-9）。

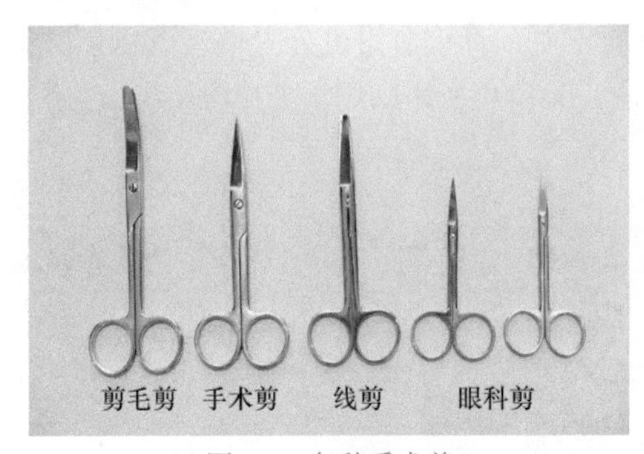

图 1-8　各种手术剪

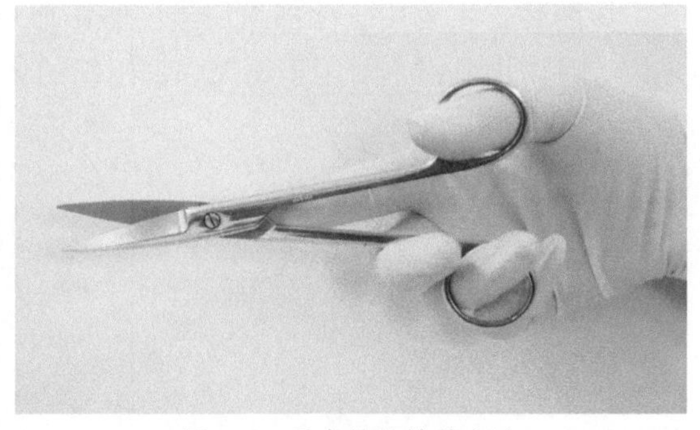

图 1-9　手术剪的持剪方法

粗剪刀，即普通剪刀，在有关蟾蜍类实验中，用于剪断蟾蜍的脊柱、骨和皮肤等粗硬组织。

（三）手术镊

手术镊用于夹住或提起组织，以利于剥离、剪断等。手术镊种类很多，有无齿镊和有齿镊之分。有齿镊夹组织时不易滑落但易损伤组织，常用于夹提皮肤、皮下组织、筋膜、肌腱等坚韧组织；无齿镊不易损伤组织，用于夹持神经、血管、肠壁等脆弱组织（图 1-10）。

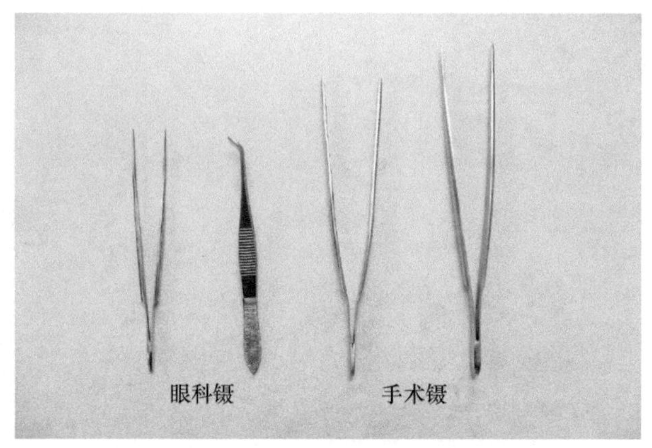

图 1-10　几种常用的手术镊

（四）骨钳

骨钳也称为咬骨钳，主要用于打开颅腔和骨髓腔，用其咬切骨质（图 1-11A）。

（五）止血钳

止血钳又称为血管钳，有弯、直、长、短和蚊式钳等种类（图 1-11B 和 C），主要用于夹闭血管或出血点，达到止血目的，还可用于分离组织、夹持缝合针。弯止血钳分长、短两种，主要用于深部组织或内脏出血点的止血。直止血钳也分为长、短和有齿、无齿，有齿止血钳主要用于比较强韧组织的止血，无齿止血钳则用于夹持浅层出血点和分离浅部组织。

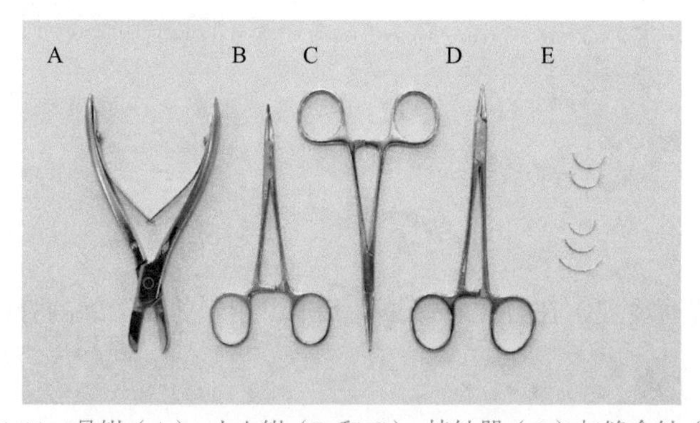

图 1-11　骨钳（A）、止血钳（B 和 C）、持针器（D）与缝合针（E）

蚊式止血钳也称为蚊嘴钳，其头端细小，主要用于细嫩组织的止血和分离，应尽量避免用其夹持粗大和坚硬的组织。

止血钳的正确握持方法与执剪法相似。松开止血钳时要用套入止血钳的拇指与无名指相对挤压，再向两相反方向用力才可松开（图 1-12）。

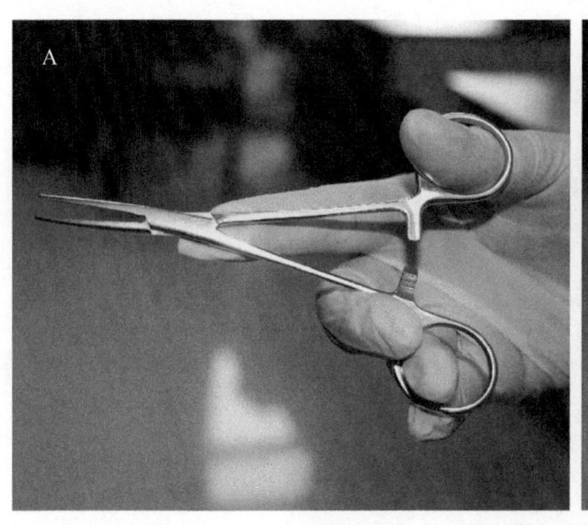

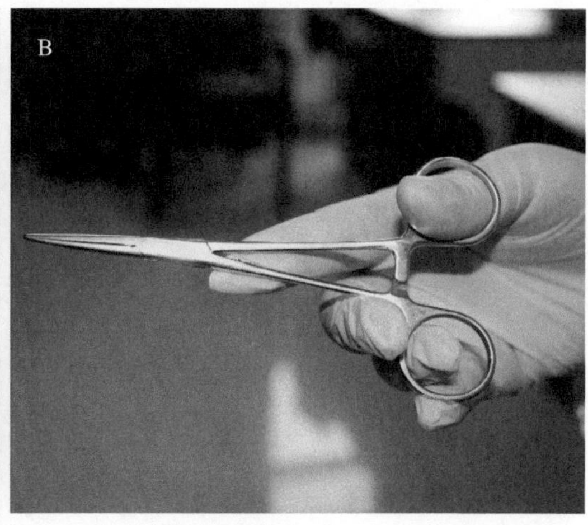

图 1-12　止血钳的持法及开（A）、闭（B）方法

（六）缝合针与缝合线

缝合针（图 1-11E）有直针和弯针之分，也有圆针和棱针之分。直针缝合一般需要较大的操作空间，弯针有弧度，适于在空间狭小的部位进行缝合。常用缝合线为 0～10 号，标号越大，线越粗。一般缝合肌肉组织用弯圆针和细线行连续缝合；而皮肤则用弯的三棱针和粗线行结节缝合。

（七）金属探针

金属探针也称为毁髓针，是蟾蜍类实验中，用来捣毁蟾蜍脑和脊髓的工具（图 1-13A）。

（八）玻璃针

玻璃针主要用于分离神经与血管等组织（图 1-13B）。

（九）蛙心夹

蛙心夹是用于夹持蟾蜍心脏的专门器械。用蛙心夹的前端在蟾蜍心室舒张时迅速夹住心室尖，另一端即可用棉线系在张力换能器上来记录全心的收缩和舒张曲线（图 1-14A）。

（十）动脉夹

动脉夹用于短时间阻断动脉血流，在制作动脉插管时使用（图 1-14B）。

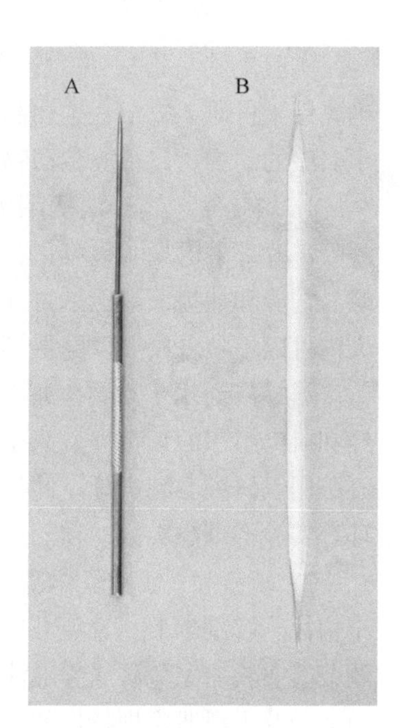

图 1-13　毁髓针（A）及玻璃针（B）

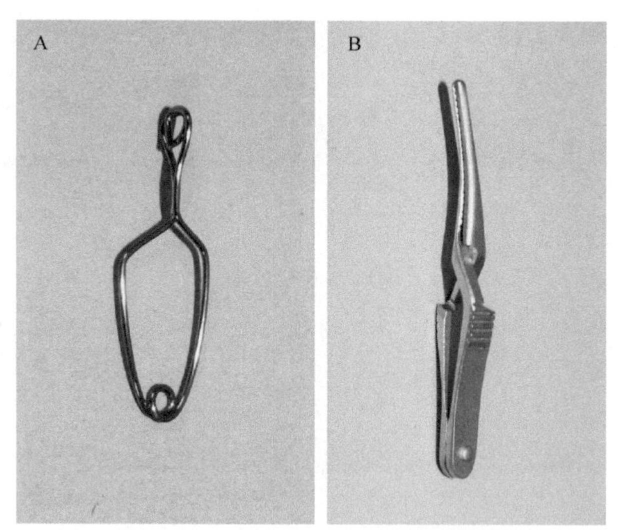

图 1-14　蛙心夹（A）及动脉夹（B）

各种手术器械使用后，都应及时清洗。清洗干净后用干布擦干，以防器械生锈。

二、动物生理学实验常用的实验动物及其选择

（一）动物生理学实验常用的实验动物

实验动物是指按照一定的实验目的，通过人工饲养繁殖，遗传背景清晰，来源明确，用于科研、教学、生物制品的生产和检测等的动物。而实验用动物则是指一切可用于实验的动物，包括实验动物、野生动物等。

1. 蟾蜍　属于两栖纲无尾目蟾蜍科。幼体水生，鳃呼吸，成体陆生，肺和皮肤呼吸。背部淋巴囊明显可见，注射药物易于吸收。心脏两心房一心室，具冬眠习性。蟾蜍易饲养和捕捉，一般是野外捕捉后直接供实验使用，也可短期饲养于潮湿环境中，几天内可以不喂食或喂以昆虫等。

蟾蜍广泛用于动物生理学实验，可制作坐骨神经-腓肠肌标本，用来观察和研究神经和肌肉组织的兴奋性、兴奋的传导和传递、肌肉收缩等基本生理现象，也可制作离体心脏用以研究心脏生理。此外，蟾蜍也是脊髓休克、脊髓反射、反射弧分析及血管微循环等实验的理想实验动物。

2. 家兔　属哺乳纲兔形目，草食性动物。性情温顺，听觉和嗅觉十分灵敏，胆小怕惊。解剖学上，家兔减压神经独立，适合做心血管、呼吸运动的调节及泌尿功能的调节等实验。家兔耳缘静脉浅，易找，常用于静脉给药；消化道运动活跃，可进行消化道运动及平滑肌生理特性的研究。此外，家兔可用于大脑皮层功能定位和去大脑僵直等实验。

3. 小鼠　属啮齿目鼠科。体型小，体重一般在 50g 内。杂食性动物，性情温顺，

易捕捉，但胆小怕惊，对外来刺激敏感。喜居暗环境，昼伏夜动。小鼠成熟早、繁殖力强，一般雌鼠 35～50 日龄、雄鼠 45～60 日龄即性发育成熟，寿命为 1～3 年。

小鼠实验研究资料丰富，参考、对比性强，因此实验结果的科学性、可靠性和重复性高，被广泛用于各类科研实验，如药理学、肿瘤学、遗传学、免疫学及临床疾病的研究。

4. 大鼠　也为啮齿目鼠科。性情不如小鼠温顺，行动较迟缓，受惊吓或捕捉方法粗暴时，易咬人。嗅觉发达，对外界刺激敏感。抵抗力较强，易于饲养。成熟快，繁殖力强。

大鼠是生理学研究中最常用的实验动物之一。离体器官可用于静态肺顺应性实验，在体可进行胃酸分泌、胃排空、垂体、肾上腺系统的研究。此外，还可广泛用于生殖生理、胚胎学、营养学、药理学、毒理学、肿瘤学及遗传学的实验研究。大鼠大脑各部的功能立体定位已相当成熟和标准化，是研究中枢神经生理的极好材料。

5. 豚鼠　又名荷兰猪，与大鼠、小鼠同属啮齿目。性情温顺，对外界刺激敏感。喜居干燥、清洁的环境。耳蜗管发达，听觉灵敏，但自动调节体温能力较差，对环境温度变化敏感，适宜环境温度为 18～20℃。豚鼠体内缺乏维生素 C 合成酶，无法自身合成维生素 C，必须依赖外界补充。

在生理学实验中，豚鼠可用于耳蜗微音器电位的观测和记录实验，也用于临床听力实验研究。此外，还可用于离体肠平滑肌生理特性及心肌细胞电生理特性的实验及传染病、变态反应、维生素 C 缺乏等实验研究。

6. 猫　属于哺乳纲食肉目猫科。喜欢自由生活，大脑和小脑均很发达，适于神经生物学研究。猫眼瞳孔大小能随光线的强弱变化而快速调节。猫大脑各部位动物生理学研究已非常成熟和标准化，故在动物生理学实验中，可用于研究神经递质等活性物质的释放、条件反射、外周与中枢神经的联系、去大脑僵直、交感神经的瞬膜和虹膜反应，以及呼吸、心血管反射的调节等实验。此外，也用于药理学和临床疾病的实验研究。

7. 狗　属哺乳纲，品种较多，个体差异较大。嗅觉、听觉灵敏，反应快，适应力强，易饲养，好调教，能很好地配合实验研究的需要。血液循环与神经系统发达，内脏构造及比例与人相似，是较理想的实验动物。

在动物生理学中，狗常用于心血管系统、脊髓传导、大脑皮层功能定位、条件反射、内分泌和各种消化系统功能的实验研究，还可用于药理学、毒理学、行为学、肿瘤学、核医学及临床某些疾病的研究。

（二）实验动物的选择

实验动物的选择和准备直接关系到整个实验的成败。首先应按实验目的、要求和实验内容选择动物种类、品系等。例如，蟾蜍易于制作离体标本，在研究离体心脏的生理活动及其影响因素分析，动作电位的产生、传导及不应期测定实验中使用。家兔的减压神经在颈部自成一束，可用于减压神经放电、动脉血压的神经调节实验。

确定实验动物种类后，应对实验动物个体进行选择，要选择健康的个体。外观上看，毛色明亮、有光泽，行动敏捷、活泼。为了充分利用动物、节省时间和经费，在不影响实验结果的情况下，可利用同一动物完成不同的实验内容。

在慢性实验中，实验动物应选择年轻、健康的个体。在手术前数周训练动物，使其熟悉和适应实验环境。实验前12h禁食，但喂水。实验应无菌操作，实验后精心护理和喂养。

（三）实验动物的捉拿和固定

实验中，首先需要将实验动物从饲养笼中捉拿至实验解剖台上，正确的捉拿可保证动物不被惊吓，有利于麻醉和实验的顺利进行。

1. 蟾蜍　捉拿蟾蜍时，首先让蟾蜍俯卧于左手手掌上，左手食指和中指夹住蟾蜍的两前肢，小指和无名指夹住其两后肢，拇指轻抵在枕骨大孔处。也可用左手拇指及食指夹住蟾蜍头及躯干交界处，其他三指握住其躯干及后肢。右手持毁髓针，破坏脑和脊髓。

蟾蜍的固定：用蛙板和蛙腿夹固定蟾蜍，将蛙腿夹套在蟾蜍四肢的腕关节和踝关节，拉紧四肢插入蛙板上的小孔内。如果没有蛙板和蛙腿夹，也可取一块木板，用大头针直接将蟾蜍四肢钉在木板上。经过双毁髓的蛙已经没有活动能力，也可以直接放在木板上，无需固定。

2. 家兔　捉拿时，一只手捉拿其颈背部的皮肤，另一只手托住臀部，使之呈坐姿。麻醉后，将家兔固定于兔体解剖台。切忌以手提抓兔耳、拖拉四肢或提拿腰背部。

家兔的抓持与固定

家兔固定依不同的实验需要，常用兔盒固定或兔体解剖台固定。

（1）兔盒固定　用于耳缘静脉注射、取血，或观察耳部血管的变化等，可将家兔置于木制或铁皮制的兔固定盒内（图1-15）。

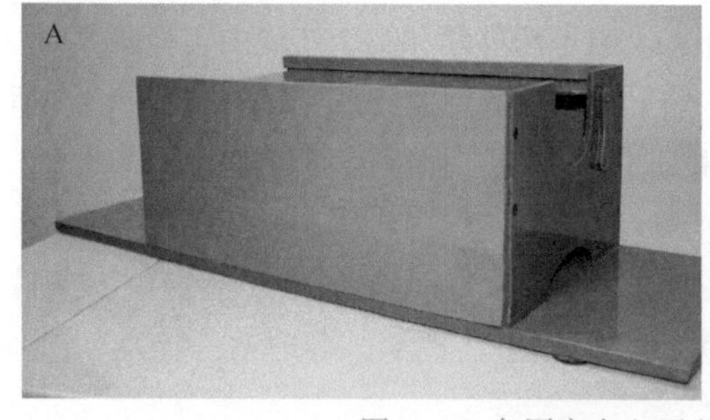

图1-15　兔固定盒上面观（A）和侧面观（B）

（2）兔体解剖台固定　家兔被麻醉后需要将其固定在兔体解剖台上进行手术操作，实验动物的固定随实验内容和动物手术部位不同而不同。固定方法一般有背位（仰卧式）和腹位（俯卧式）固定两种。

背位固定法：是使动物背部接触解剖台，呈仰卧姿势的固定方法，又称为仰卧式固定。一般在做循环、呼吸、消化及泌尿等实验及颈部、腹部手术时采用此方法

（图 1-16）。家兔背位固定时，需先用兔头夹固定头部。将兔头夹用双凹夹固定在手术台前段的金属支架上后，将麻醉好的家兔背位置于解剖台上，用兔头夹的半圆形铁圈于背部夹持住兔的颈部，将其嘴部套入铁圈内，调整至合适位置，旋紧螺丝固定。注意：铁圈应避开鼻部，以免阻塞呼吸。另一种固定头部的简易方法，即用粗棉线一端打活结套于家兔上门齿，另一端直接系于兔体解剖台的金属支架上。头部固定好之后，进行四肢固定，粗棉绳打活结（图 1-17），系于前肢腕关节上部及后肢踝关节上部，后肢棉绳可直接拉紧分别固定在解剖台两侧固定柱，两前肢平放在胸部两侧，适当调节固定柱前后位置后，将棉绳系于两侧。动物头部和四肢固定后，就可进行下一步手术操作。

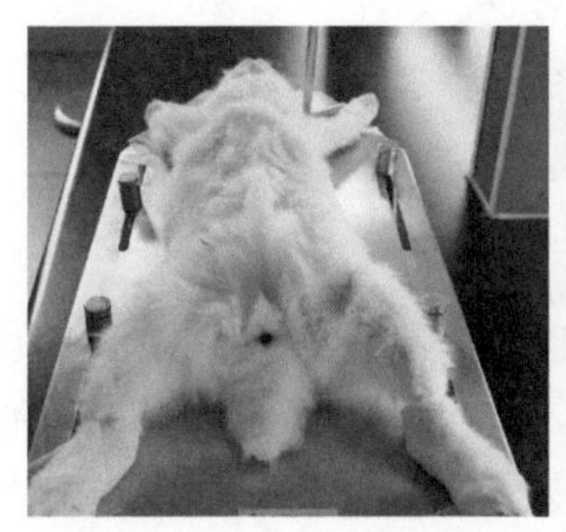
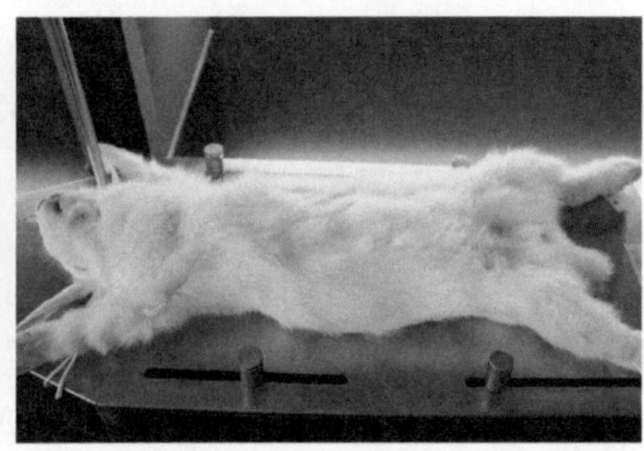

图 1-16　家兔的背位固定

家兔的背位固定

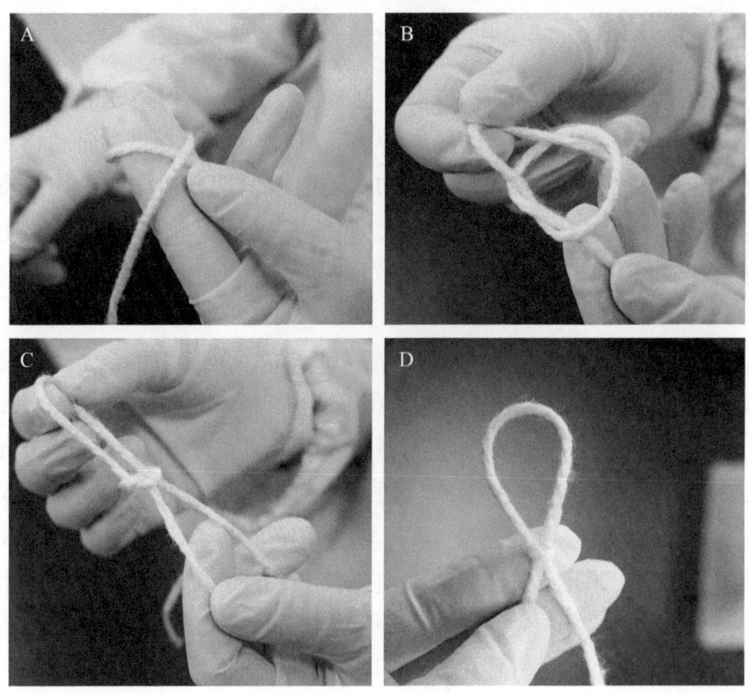

图 1-17　活结的打法
以 A~D 步骤进行

腹位固定法：使动物腹部接触解剖台，呈俯卧姿势的固定方法，又称为俯卧式固定。一般做脑、脊髓等手术，如去大脑僵直实验采用这种固定方法。其头部固定常用马蹄型头固定器固定，四肢固定与背位固定法相同（图 1-18）。

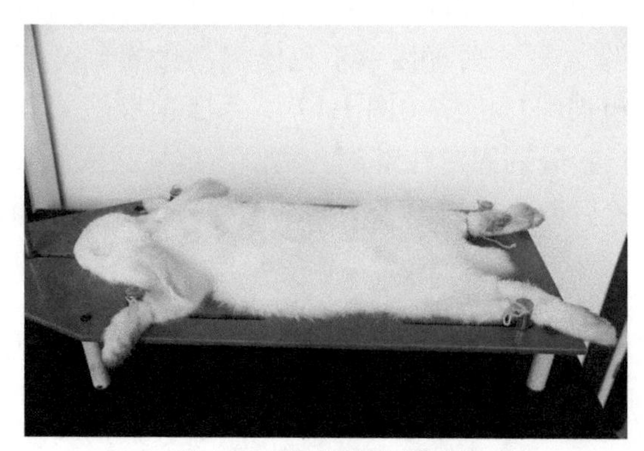

图 1-18　家兔的腹位固定

3. 大、小鼠　右手捉住其尾，鼠会本能地向前爬行，左手拇指和食指抓住两耳后颈背部皮肤，使腹部向上，拉直躯干，以左手小指和掌部夹住其尾固定在左手上，暴露腹部，便于腹腔麻醉。也可用金属筒、有机玻璃筒或铁丝笼式固定器固定，露出尾部，做尾静脉注射。

（四）实验动物麻醉

在动物生理实验中，常需将动物麻醉，使动物无痛感，保持安静状态，保证实验顺利进行。麻醉药种类较多，各种不同的麻醉药，其作用特点不同，而动物对药物耐受有种属或个体差异。因此，应根据实验内容和实验要求，选择适合的动物及麻醉药物。理想的麻醉药物应对动物麻醉适当，毒性小，对生理功能影响小，使用方便。麻醉过深或过浅都会影响实验的进行和结果。在本教材附录 5，给出了动物常用麻醉剂的剂量及用法。

1. 麻醉剂的选择　首先，应熟悉麻醉药物和实验动物的特点，再根据实验内容选择合适的麻醉剂。例如，氨基甲酸乙酯（乌拉坦）温和、安全，对多数动物都适用，尤其小动物，药效较稳定，不影响动物的循环及呼吸功能。氯醛糖对呼吸和循环运动中枢影响较小，很少抑制神经系统的活动，适于保留生理反射的实验。乙醚对呼吸道有刺激作用，抑制心肌功能，但可兴奋交感-肾上腺系统，适合小动物的短时间手术。硫喷妥钠对交感神经抑制作用明显，会导致副交感神经功能相对增强而诱发的喉痉挛，但静脉缓慢注射给药对心血管和内脏损伤较小，持续时间短。其次，在动物麻醉之前应核对药物名称、生产日期等，保证药品在有效期内使用。再次，对狗、猫等动物，应术前禁食 12h，以减轻呕吐反应。最后，对需全身麻醉进行手术的慢性实验动物，可适当给予麻醉辅助药，如皮下注射吗啡镇静止痛、注射阿托品减少呼吸道分泌物产生等。

2. *麻醉方式*　动物的麻醉方式有全身麻醉和局部麻醉，全身麻醉的方式又分吸入式麻醉和药物注射式麻醉。吸入式麻醉适用于挥发性麻醉药，如乙醚。在用乙醚麻醉时应注意，乙醚对呼吸道的刺激较强大，极易引起呼吸道黏膜产生大量的分泌物而阻塞呼吸道，可在用乙醚麻醉前先皮下注射阿托品预防。在麻醉过程中应密切观察动物状态，防止吸入过量，导致麻醉过度而死亡。药物注射式麻醉适用于非挥发性麻醉药，如氨基甲酸乙酯、氯醛糖等。药物注射方式有静脉注射、腹腔注射、肌内注射、皮下注射及皮下淋巴囊注射。局部麻醉是用局部麻醉药暂时性阻断神经兴奋传导，达到局部组织器官的麻醉效果。

3. *动物麻醉效果的观察*　动物麻醉效果可影响实验的进行和结果。麻醉过浅，动物会挣扎，影响手术过程、实验观察和实验结果；麻醉过深，则会导致机体反应减弱，甚至消失、死亡。因此，在麻醉过程中必须准确判断麻醉程度，观察麻醉效果。麻醉程度主要从呼吸、反射活动、肌张力及皮肤夹捏反应的观察等几方面进行判断。

（1）呼吸　动物呼吸加快或不规则，说明麻醉过浅，当呼吸由不规则变为规则且平稳时，说明达到麻醉深度；但当动物呼吸变慢，以腹式呼吸为主时，说明麻醉过深，有生命危险。

（2）反射活动　通过角膜反射来观察，角膜反射灵敏说明麻醉过浅；角膜反射慢，则麻醉适宜；若角膜反射消失，同时瞳孔散大，说明麻醉过深。

（3）肌张力　全身肌肉松弛，说明麻醉适宜；如肌紧张亢进，可能是麻醉太浅。

（4）皮肤夹捏反应　在麻醉过程中可随时用止血钳或有齿镊夹捏动物皮肤，反应灵敏说明麻醉过浅；反应消失时说明麻醉合适。

在麻醉过程中要仔细观察麻醉效果，综合考虑各项指标，最佳麻醉状态为动物卧倒、四肢及腹部肌肉松弛、呼吸深慢平稳、皮肤夹捏反射消失、角膜反射明显迟钝或消失、瞳孔缩小。

4. *动物麻醉的注意事项*　首先，麻醉前应正确选用麻醉药品和给药途径，计算好用药剂量。静脉麻醉应先将总药量的 1/3 快速注入，使动物迅速渡过兴奋期，剩余 2/3 应缓慢注射，并密切观察动物麻醉状态及反应，判断麻醉深度。

其次，当麻醉过浅时，需补充药量，单次补充量不得超过总用量的 1/5。麻醉过深时应根据麻醉剂种类和麻醉程度采取不同的处理措施：仅呼吸减慢且不规则时可行人工通气，注射咖啡因、苯丙胺、印防己毒素和尼可刹米等苏醒剂；如果呼吸停止，心跳减慢、变弱，血压下降，应在通气的同时注射 50% 的温热葡萄糖 5～19ml，同时给予肾上腺素等强心药物及苏醒剂；如果情况进一步严重，心跳刚停止时可用 5% 二氧化碳和 60% 氧气的混合气体进行人工通气，同时注射温热葡萄糖、肾上腺素和苏醒剂，甚至开胸按摩心脏。

最后，在麻醉过程中，应保持呼吸道通畅和体温稳定。

（五）实验动物的给药方法

动物实验中常要通过给药来观察动物机能状态的变化，动物可以经口、皮下、肌肉、腹腔、静脉及淋巴囊等途径给药。

1. 经口给药　在动物实验中，经口给药多用灌胃法，常用于小鼠、大鼠、家兔等动物给药。

小鼠、大鼠（或豚鼠）给药时，用左手固定动物，右手持带有灌胃针的注射器，将灌胃针插入动物口中，沿咽后壁缓缓插入食管。灌胃时要注意让动物口腔与食管顺直，使灌胃针无阻力插入。若插入有阻力或动物挣扎，应立即停止进针或将针拔出，避免损伤食管或误入气管。灌胃针在小鼠插入3～4cm，大鼠或豚鼠4～6cm后即可灌药。小鼠灌胃量一般为0.1～0.2ml，大鼠为1～2ml，豚鼠为1～2ml。狗、家兔、猫等动物进行灌胃时，应先将动物固定，再将特制的扩口器放入动物上下门牙后，固定嘴部，将带有弹性的橡皮导管（如导尿管）经扩口器上的小孔插入，沿咽后壁进入食管灌胃。为判断导管是否正确插入食管，可将导管外口置于盛水烧杯中，如不发生气泡，即在食管中。各种动物一次灌胃能耐受的容积，小鼠为0.5ml左右，大鼠为4ml左右，豚鼠为4ml左右，家兔为80～150ml，狗为200～500ml。

2. 注射给药　注射给药是通过注射方式给动物施加药物，一般有皮下注射、肌内注射、腹腔注射、静脉注射及淋巴囊注射等。

（1）皮下注射　是将药物注射到动物皮肤与肌肉之间的注射方式，适用于所有哺乳动物。注射时左手拇指和食指提起皮肤，将注射器针头刺入皮下，针头左右摆动，确定在皮下，之后回抽注射器，确定没有进入血管，再注射药物（图1-19）。

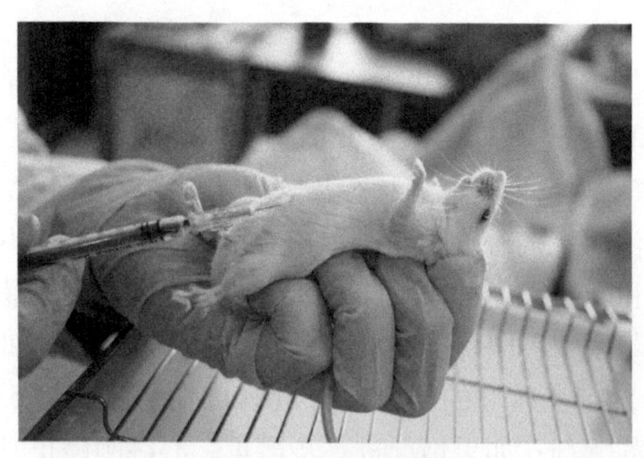

图1-19　皮下注射

（2）肌内注射　适合肌肉发达的动物，如猫、狗、家兔等，选择注射部位应该是肌肉发达、无大血管通过的部位，多为臀部。注射时要垂直迅速刺入肌肉，回抽无回血，即可进行注射，注射完成后拔出针头，用棉签按压并按摩注射部位，以利于药物吸收。小鼠、大鼠等小动物肌肉较少，不宜肌内注射，需要肌内注射时，可选择股部肌肉。

（3）腹腔注射　适合注射多种刺激性小的水溶性药物，腹腔吸收面积大，吸收速度快，适用于多种动物的药物注射，是啮齿类动物常用的给药途径（图 1-20）。腹腔注射一般选择在下腹部中线两侧，将动物固定好后，注射器刺入皮下，然后使针头与皮肤呈 45°角缓慢进入腹腔，进入腹腔后可感到进针阻力突然减小，回抽容易且无血，确定在腹腔后，缓慢注射药物。

图 1-20　腹腔注射

（4）静脉注射　是将药物直接注射入血液的方法，与前面几种给药方法的最大区别是药物直接在血液中发挥药效。因此，是动物生理急性、慢性实验中最常用的给药方法。静脉注射因动物种类不同，选择注射的静脉血管的部位也不同，下面介绍常用实验动物的静脉注射途径。

兔耳缘静脉注射：兔耳中央为动脉，耳缘为静脉。内缘静脉较深，不易固定，一般不用。外缘静脉浅表，易固定，常用来静脉注射。注射前，先将家兔固定于固定箱或在实验台上安抚好后，拔去注射部位的被毛，用手指弹动或轻揉兔耳缘，使静脉充盈，酒精棉球擦拭耳缘静脉，左手食指和中指夹住静脉的近心端，拇指绷紧静脉的远心端，无名指及小指垫在下面，右手持注射器尽量从静脉的远心端刺入，移动拇指到针头上以固定针头，放开食指和中指，将药液按要求全部注入后拔出针头，用棉球压迫针眼片刻。如果在注射过程中感到阻力较大，并且注射部位或耳根部出现肿胀，说明针头脱出血管，必须重新注射，再次注射位置需选择在上次注射部位的近心端一侧。

尾静脉注射：大鼠和小鼠一般采用尾静脉注射（图 1-21）。在小鼠、大鼠的尾部左右两侧和背部各有一根静脉，两侧静脉更适宜静脉注射。注射时，将小鼠、大鼠固定在暴露尾部的固定器内，尾部用 45～50℃温水浸润几分钟或用酒精棉球反复擦拭扩张血管，使表皮角质软化。左手拇指和食指捏住鼠尾两侧，用中指从下面托起鼠尾，右手持注射器，使针头尽量与尾部平行，从尾末端处刺入静脉并注入药液，如推注无阻力，表示针头进入静脉。注射完成并退针后将尾部向注射侧弯曲，或以棉球按压注射部位止血。

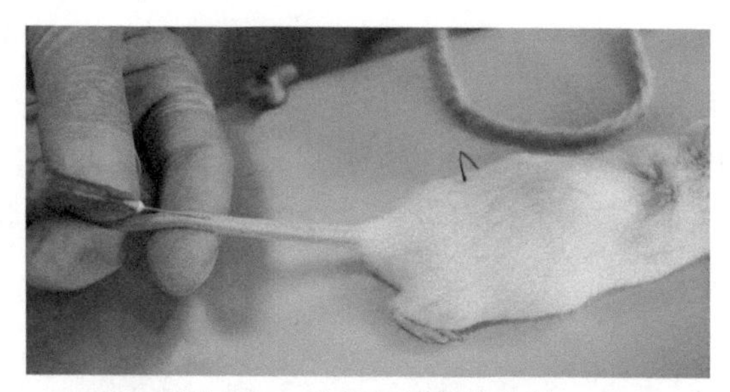

图 1-21　小鼠的尾静脉注射

（5）淋巴囊注射　常用于蟾蜍的药物注射。蟾蜍皮下有数个淋巴囊，分别为颌下囊、胸囊、腹囊、侧囊（2 个）、股囊（2 个）和胫囊（2 个），注射的药物易吸收。蟾蜍腹部和头背部淋巴囊常作为给药途径。注射时将注射器针头从蟾蜍后腿上端刺入，经肌层进入腹壁肌层，再进入腹壁皮下，进入淋巴囊，然后注入药液。胸淋巴囊给药时，针头刺入口腔，穿过下颌肌层入胸淋巴囊内。股淋巴囊注射时，针头应由小腿刺入，经膝关节穿刺到股部皮下（图 1-22）。淋巴囊注射一次注射量为 0.2～0.5ml。

图 1-22　股淋巴囊注射

（六）实验动物外科手术的基本操作

1. 手术切口与止血　动物手术种类与方法有许多种，但最基本的操作是切开、止血、结扎与缝合。在切口前，首先要将切口部位及其周围的被毛剪掉，将剪毛剪凸面贴近动物皮肤，依次剪毛。切记不要将动物皮肤提起剪毛，这样易剪到皮肤。剪掉的被毛要放到盛有水的污物桶里，避免被毛散落在实验室。剪毛之后进行切口，切口时要注意切开口的大小和位置，应尽量避免损伤神经和血管，切口方向尽量与肌纤维方向一致。切口时用左手拇指和食指、中指将上端及两侧的皮肤固定，右手持手术刀，刀刃与皮肤垂直，用力均匀，一次切开皮肤及皮下组织，避免切口边缘参差不齐及斜切。深部组织要逐层切开。切口大小以便于操作为准，但也不可过大。

手术过程中要注意止血，避免因出血影响手术野辨别解剖结构和手术操作。止血的主要方法有：①按压止血，对于微小血管出血，用温热生理盐水浸过的纱布按压在出血处进行止血。②结扎止血，较大血管出血用此方法，以血管钳夹住出血组织，再以丝线结扎出血处。应对大血管破损，要准确、快速地止血，否则出血过多会影响动物状态和实验结果。在手术完成后，进行实验项目观察时，应将切口暂时闭合，或用温热生理盐水纱布覆盖，防止组织干燥。

2. 手术结和缝合　手术打结是手术的最基本技术之一，主要包括结扎打结（如结扎血管、胆管、淋巴管等）、固定打结（如固定引流管、引流条等）及缝合打结。常用手术结有方结、外科结、三重结及多重结等，其中以方结和三重结最安全可靠。生理学实验中常用到的是方结。打结的方法有单手打结法、双手打结法和持钳打结法。每种打结方法均可用来打方结、外科结、三重结及多重结。不同情况使用不同的打结方法，利于更快更好地打出牢固可靠的手术结。

单手打结法是最常用的打结法，由一只手牵线，另一只手完成两种不同的打单结动作，分别简称为食指结和中指结，优点是方便、快捷，但易打成滑结（图 1-23）。

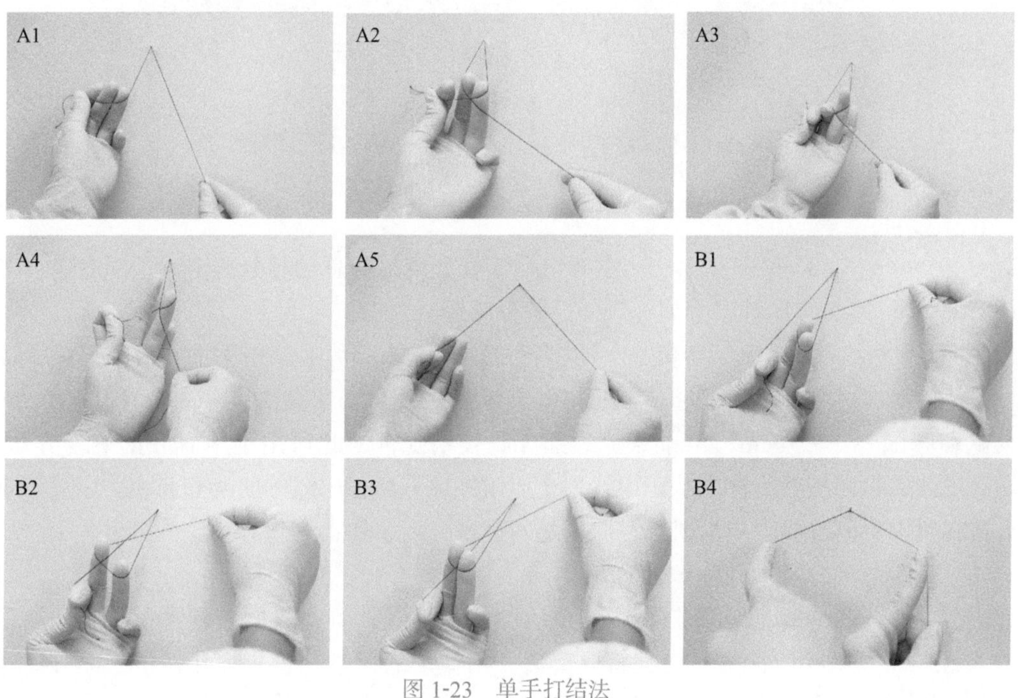

图 1-23　单手打结法
第一结 A1～A5，第二结 B1～B4

双手打结法是两只手同时运动完成两种不同的打单结，此法动作较多，不够快捷，但打结动作较稳固，不易打成滑结，牢固可靠，多用于深部及张力较大或重要部位的打结。

持钳打结法借助持针器进行打结，多用于结扎线（或缝合线）过短或为节约用线或皮肤缝合等打结。深部手术打结困难时及显微手术时也采用持钳打结（图 1-24）。

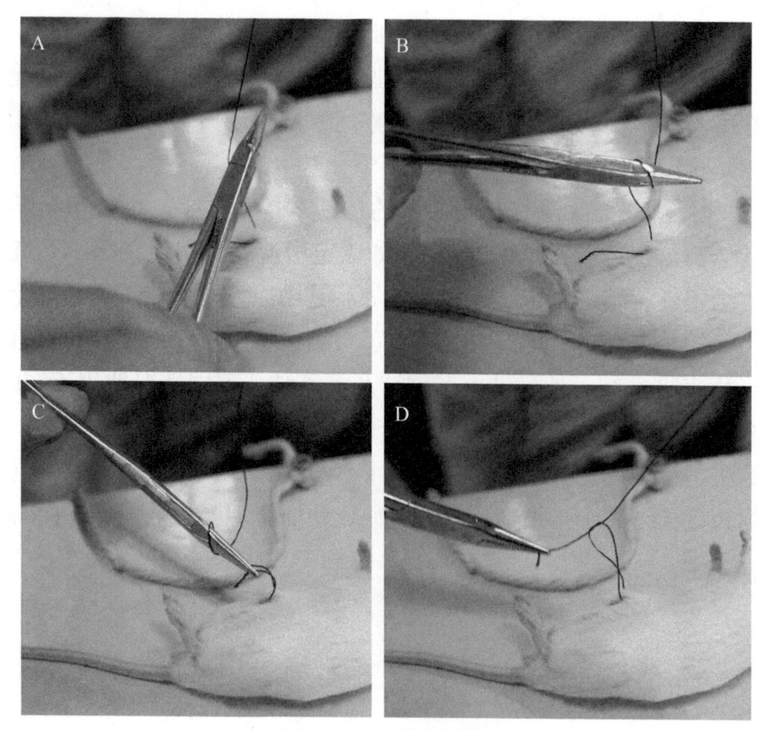

图 1-24　持钳打结法

以 A~D 步骤进行

颈部手术

3. 颈部手术　主要包括气管分离，颈总动脉分离术，颈部迷走、交感、减压神经分离，颈外静脉分离等。

（1）气管分离　动物背位固定，颈部剪毛。用手术刀沿颈部正中线从甲状软骨处向下靠近胸骨上缘做一切口，家兔为 4～6cm，狗约 10cm，大鼠和豚鼠为 2.5～4cm；由于家兔颈部皮肤较松弛，因此可用手术剪沿正中线剪开。切开皮肤后，以气管为标志从正中线用止血钳钝性分离正中线的肌群和筋膜。注意不要直接在肌肉中间分离，应沿肌膜在肌肉之间进行分离，暴露气管。

（2）颈总动脉及颈动脉窦分离

颈部神经血管的分离

颈总动脉分离：颈总动脉位于气管外侧，腹面被胸骨舌骨肌和胸骨甲状肌覆盖。在气管分离后，用左手的拇指和食指捏住切口一侧分离好的胸骨肌将内部组织向外翻出，并用中指从皮肤外侧将内部组织顶起隆出，即可较清晰地暴露神经束和颈总动脉周围组织，用玻璃解剖针或止血钳轻轻分离动脉周围的结缔组织，将颈总动脉分离出 3～4cm，穿两根棉线备用。分离颈总动脉时要注意，颈部神经和颈总动脉被结缔组织包绕在一起，形成神经血管束，分离动脉时要注意神经的部位和走向，用玻璃解剖针沿动脉走向平行小心分离，勿损伤伴行神经。

颈动脉窦分离：在分离颈总动脉的基础上，继续向上方深处剥离，直到颈总动脉分叉处的膨大部分，即颈动脉窦，剥离时注意不能损伤附近的血管和神经。

（3）颈部迷走、交感和减压神经分离　与颈总动脉分离一样，暴露出神经血管束后，用玻璃解剖针小心分离结缔组织膜，可看到颈总动脉和各类神经。如果不能分辨各类神经，可将分离的 0.5cm 颈总动脉轻轻提起，透过灯光，可看到动脉拉开的结缔组织膜中的各类神经。神经分布因动物种类不同而不同，这里主要介绍动物生理实验中常用的家兔和猫的颈部神经分离。

家兔颈部神经主要有迷走、交感和减压神经（又称为主动脉神经），可根据各条神经的形态、位置和走向等特点来辨认。迷走神经最粗，白色，位于颈总动脉外侧，易于识别；交感神经比迷走神经细，位于颈总动脉的内侧，呈浅灰色；减压神经细如头发，位于迷走神经和交感神经之间。家兔的减压神经独立成束，紧贴交感神经外侧走行，而猫的减压神经汇于迷走神经中。将需要的神经仔细分离出 2～3cm，各自穿细线备用。分离神经一定要用尖头细长、圆滑的玻璃解剖针，轻柔地沿着神经走向小心分离。

（4）颈外静脉分离　哺乳动物的颈外静脉壁薄粗大，位置较浅，位于颈部皮下、胸骨乳突肌（狗是胸头肌）外缘，先行颈部正中切口，用左手拇指和食指捏住切口一侧，向外翻，中指从皮肤外将内部组织顶起隆出，在胸锁突乳肌外缘，可见暗紫色的粗而明显的颈外静脉。用玻璃解剖针或细止血钳由静脉外侧仔细分离结缔组织，将颈外静脉分离 3～4cm，穿两线备用。

（5）气管及颈总动脉插管　将气管、血管分离后，按实验需要进行插管。

气管插管：暴露气管后，在气管中段、两软骨环之间，剪开气管 1/3～1/2 的口径，再向头端纵切，呈倒 T 形。用镊子夹住 T 形切口一角，将适当口径的气管套管由切口向心方向插入气管腔，用粗线扎紧，再将结扎线固定于 Y 形气管插管分叉处，以防气管套管脱出（图 1-25）。

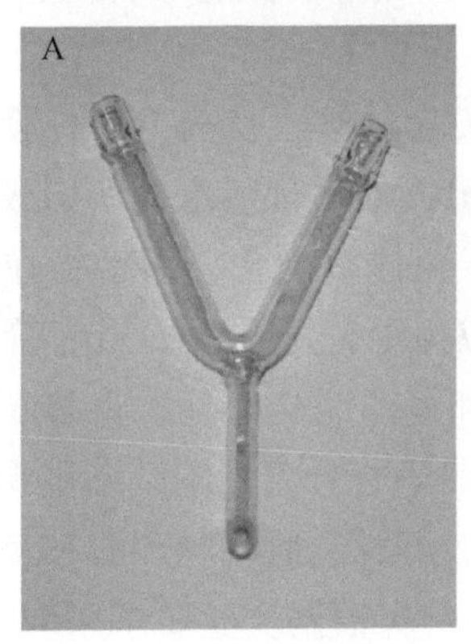

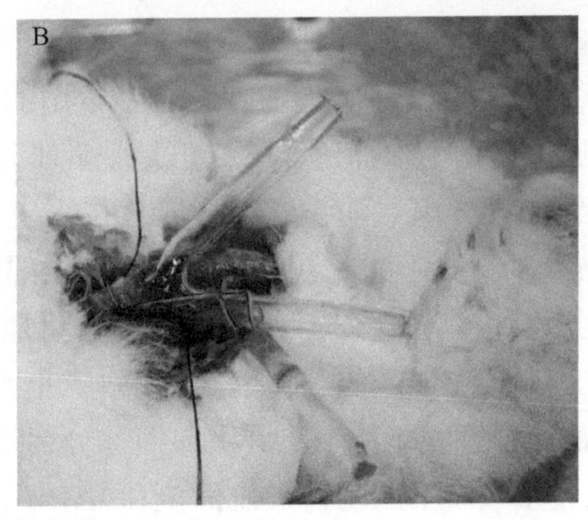

图 1-25　气管套管（A）及手术（B）

颈总动脉插管：主要用于测量颈动脉压。插管前要先做好抗凝的液导系统。将分离出的颈总动脉下穿两根棉线备用。将远心端用线结扎，近心端用动脉夹夹住，两端距离尽可能长。以左手拇指及中指轻轻提起远心端结扎线头，食指从血管背后轻扶血管。右手持眼科剪，与血管呈 45°角，在靠远心端结扎线处向近心端方向剪口，剪口深度为动脉壁管径1/3左右即可，注意要一次剪好，避免反复修剪造成边缘不齐，插管时形成动脉内膜翻卷。剪口后，右手持动脉套管，以套管尖斜平面与动脉平行，向心端插入动脉，用近心端的备用线结扎固定动脉和插管并在插管分叉处打结固定以防止插管脱落。实验中应将动脉插管适当固定，保证测量血压过程中血液顺畅进出插管（图1-26）。

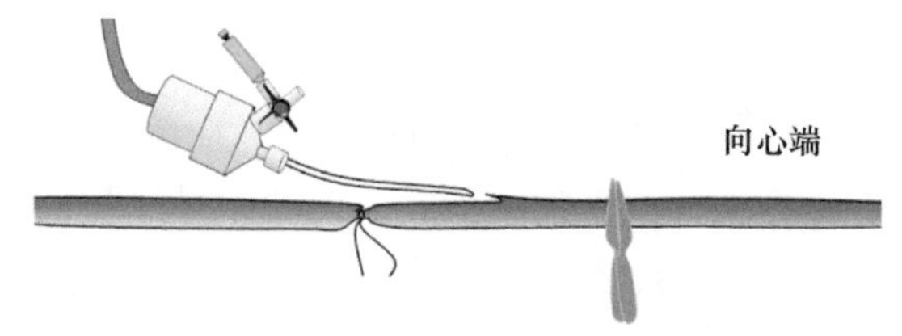

图1-26　动脉插管示意图

4. 腹部手术　动物腹部手术常在腹白线做切口。腹白线是位于腹中线下的白色腱膜线，从胸骨剑突隆起至耻骨联合止，属于结缔组织间层，神经血管少。因此，在此做切口不伤肌肉、神经和血管，对动物损伤较小，出血少。切口长度依动物和实验目的而定。

（1）家兔胃肠运动观察　在胸骨剑突下方做8～10cm的腹部切口暴露胃肠组织。

（2）家兔尿生成调节　在耻骨联合向前做2～3cm的腹部切口，引出膀胱。

（3）家兔内脏大神经分离　将家兔麻醉后背位固定于兔体解剖台，剪去腹部毛，从剑突向后沿腹白线做3～10cm的切口，用温热生理盐水纱布简单包裹胃肠道，轻推向一侧，在另一侧腹腔后壁找到肾，在肾上方可见浅黄色的肾上腺，紧贴于腹主动脉与肾动脉夹角的上方，用止血钳分离肾上腺附近的脂肪，向肾上腺斜外上方分离，在腹膜下可见乳白色的纤细神经与腹主动脉并行，此神经即内脏大神经。其自上而下走行，在肾上腺前分成两条，分支处略膨大，即腹腔神经节。

5. 股部手术　股部血管和神经也是常用的实验对象。股三角内有股神经和股动脉、股静脉通过，是手术部位，股三角是耻骨肌与缝匠肌后部后缘间所形成的三角区。

股部神经血管分离：动物麻醉后，背位固定于兔体解剖台，用手指在股部内侧根部触摸动脉搏动，确定动脉走向。随后剪去该部位兔毛，用手术刀沿血管行走方向做4～5cm的切口，分离皮下结缔组织，分离耻骨肌和缝匠肌交汇处，将缝匠肌后部向外拉，暴露下方鞘膜包围的神经血管束，用蚊式止血钳小心分离周围结缔组织膜，将血管和神经分离出来，穿线备用。三者由内而外分别是股静脉、股动脉和股神经。

6. 采血技术　不同动物采血部位和方法不同，应根据实验要求采取合适的方法，这里介绍几种动物生理学实验中常用的采血方法。

（1）家兔　采血方法较多，有耳缘静脉采血、耳中央动脉采血、心脏采血、股静脉采血等。

耳缘静脉采血：是常用的采血法之一，可多次反复采血。将家兔放入固定盒中或由一人手扶固定。将要采血部位的耳缘静脉处的被毛剪去，75%乙醇局部消毒，并用酒精棉球揉搓兔耳缘，使静脉充血。用注射器在耳缘静脉末端刺破血管待血液渗出取血或将针头逆血流方向刺入耳缘静脉取血，取血完毕后用棉球压迫止血，此采血法一般每次采血 2～3ml。

耳中央动脉采血： 将家兔置于兔固定盒内或由一人手扶固定，用酒精棉球揉搓兔耳，使其充血，在耳中央有一条较粗、颜色较鲜红的中央动脉，左手固定兔耳，右手持注射器，在中央动脉末端，沿动脉平行地向心方向刺入动脉，轻轻抽动针管，即可见血液进入针管，取血完毕后注意止血。此法一次一般可采血 15ml 左右。采血时应注意，兔耳中央动脉易发生痉挛性收缩，因此抽血前必须先使兔耳充血。采血针头不宜太细，一般用 6 号针头。针刺部位从中央动脉末端开始，尽量避免直接在近耳根部取血，因耳根部软组织较厚，血管位置略深，易刺透血管造成皮下出血。

心脏采血： 将家兔背位固定，剪去左侧胸部心脏投影部位的皮肤被毛，用碘酒和 75% 乙醇擦拭，局部消毒皮肤，在心脏跳动最明显的部位做穿刺。一般在第三肋间隙，胸骨左缘外 3mm 处将注射针垂直刺入即可刺入心脏。穿刺时最好左手触诊心脏，当针头接近心脏时可感到心脏跳动的变化，这时将针头再向里穿刺即可进入心室，血液随着心脏的搏动进入针管。做心脏采血要动作迅速，缩短在心脏内的留针时间并防止血液凝固；如果针头已进入心脏但抽不出血时，可将针头稍稍退出一点；针头不宜在胸腔内左右摆动，防止过度损伤心脏、肺等脏器。一次可取血 20～25ml。一次采血 6～7d 后可重复进行采血。

后肢胫部皮下静脉采血： 将家兔背位固定，或一人手扶固定。剪去胫部被毛，在胫部上端股部扎以橡皮管，使远端静脉充血。在胫部外侧皮肤下浅表处，可见皮下静脉。用左手两指固定好静脉，右手用 5 号针头的注射器沿皮下静脉平行方向刺入血管，回抽针管若有血液进入注射器，表示针头已入血管，松开橡皮管取血。一次可采血 2～5ml。采血后用棉球压迫止血，时间要长，如止血不妥，易造成皮下血肿，影响连续取血。

股静脉、颈静脉采血： 先进行股静脉和颈静脉分离。股静脉取血时针头与血管尽量平行，从股静脉下端向心方向刺入，抽动针管即可采血。抽血完毕后要注意止血，股静脉易止血，用纱布轻压取血部位即可。若连续取血，取血部位尽量选择远心端。颈静脉取血用注射器由近心端（距颈静脉分支 2～3cm）向远心端方向顺血管刺入。此处血管较粗，易取血，取血量较多，一次可取 10ml 以上。取血完毕，拔出针头，用干纱布轻压即可止血。家兔急性实验的静脉取血，此法较为方便。

（2）豚鼠采血技术　　主要有耳缘剪口采血、心脏采血和股动脉采血。

耳缘剪口采血： 将耳部皮肤消毒后，用锐器（刀或刀片）割破耳缘，在切口边缘涂抹 20% 柠檬酸钠溶液，防止血凝，血液即自动渗出，可收集入抗凝管中。注意采血前尽量使耳充血。此法能采血 0.5ml 左右。

心脏采血： 探明心脏搏动最强部位，通常在胸骨左缘正中，第 4～6 肋间隙进行穿刺。针头宜细长，以免发生手术后穿刺孔出血过多，其操作注意事项与家兔心脏采血相同。豚鼠身体较小，不必固定在解剖台，可手扶固定前后肢进行采血。

股动脉采血： 麻醉后，背位固定在手术台上，剪去腹股沟区皮肤被毛并用碘酒局部消毒。切开2～3cm皮肤，行股动脉分离术。用镊子提起股动脉，远心端结扎，近心端用止血钳夹住，在动脉中央剪小口，用无菌玻璃管或聚乙烯、聚四氟乙烯管插入，放开止血钳，血液即由导管口流出。此法一次可采血10～20ml。

（3）狗、猫采血

股动脉采血： 此法为狗动脉采血最常用的方法，操作也较简便。将在清醒状态下的狗，卧位固定于狗解剖台上，伸展后肢向外伸直，暴露腹股沟三角动脉搏动的部位并剪去被毛，用碘酒局部消毒。左手中指、食指探摸股动脉跳动部位，并固定好血管，右手持注射器，将针头由动脉跳动处直接刺入血管。若刺入动脉，可见鲜红血液流入注射器，有时需稍稍调整针头的角度和深度，方见血液流入；若刺入静脉，则没有血液流入，须退针重新刺入。待抽血完毕，迅速拔出针头，用棉球压迫止血2～3min。

心脏采血： 麻醉后，固定在手术台上，前肢向背侧方向固定，暴露胸部，将左侧第3～5肋间的被毛剪去，用碘酒、75%乙醇消毒皮肤。采血者用左手触摸选择心跳最明显处用6（1/2）号针头做穿刺。一般选择第4肋间胸骨左缘外1cm处。采血者可随针头接触心脏时对心跳的感触随时调整刺入方向和深度，但避免针头的左右摆动，以防过度损伤心肌，或造成胸腔大出血。当针头正确刺入心脏时，血液即可进入注射器，此法可采集大量血液。

耳缘静脉采血： 本法宜取少量血液做血常规或微量酶活力检查等。已受驯的狗可不必绑嘴，直接剪去耳尖部短毛，即可见耳缘静脉，方法与兔耳缘采血相同。

颈静脉采血： 狗不需麻醉，但应固定。侧卧位，剪去颈部被毛约10cm×3cm，用碘酒、75%乙醇消毒皮肤。将狗颈部拉直，头尽量后仰。用左手拇指压住颈静脉入胸部位的皮肤，使颈静脉扩张，右手持连有6（1/2）号针头的注射器，针头沿血管平行向心端方向刺入血管。由于此静脉在皮下易滑动，针刺时除需用左手固定好血管外，刺入要迅速准确。取血后注意压迫止血。采用此法一次可取血量较多。

猫的采血法基本与狗相同。常采用前肢皮下头静脉、后肢股静脉、耳缘静脉取血。需大量血液时可从颈静脉取血，方法见前述。

（4）小鼠、大鼠的采血　可用割（剪）尾采血、鼠尾刺血法、眼眶静脉丛采血、断头采血、心脏采血、颈动（静）脉采血、腹主动脉采血及股动（静）脉采血等方法。

割（剪）尾采血： 当所需血量很少时采用本法。固定动物并露出鼠尾。将尾部被毛剪去后消毒，然后浸在45℃左右的温水中数分钟，使尾部血管扩张。将尾部擦干，用锐器（刀或剪刀）割去尾尖0.3～0.5cm，让血液自由滴入盛器或用血红蛋白吸管吸取，采血结束，伤口消毒并压迫止血。也可在尾部做一横向切口，割破尾动脉或静脉，收集血液的方法同上。每只鼠一般可采血10余次。小鼠每次可取血0.1ml，大鼠0.3～0.5ml。

鼠尾刺血法：大鼠用血量不多时（仅做白细胞计数或血红蛋白检查），可采用本法。先将鼠尾用温水擦拭，再用乙醇消毒并擦拭使鼠尾充血。用 7 号或 8 号注射针头，刺入鼠尾静脉，拔出针头时即有血液滴出，一次可采集 10～50mm^3。如果长期反复取血，应先靠近鼠尾末端穿刺，以后再逐渐向近心端穿刺。

眼眶静脉丛采血：采血者的左手拇指、食指从背部较紧地握住小鼠或大鼠的颈部（大鼠采血需带上纱手套），应防止动物窒息。取血时左手拇指及食指轻轻压迫动物的颈部两侧，使眶后静脉丛充血。右手持 7 号针头的 1ml 注射器或长颈（3～4cm）硬质玻璃滴管（毛细管内径 0.5～1.0mm），使采血器以 45°的夹角由眼内角刺入，针头斜面先向眼球，刺入后再转 180°使斜面朝向眼眶后界。刺入深度小鼠为 2～3mm，大鼠为 4～5mm。当感到有阻力时即停止推进，并随即将针退出 0.1～0.5mm，边退针边抽吸。若穿刺适当，血液能自然流入毛细管中，采集到所需的血量后，即除去施加于颈部的压力，同时将采血器迅速退出，以防止术后穿刺孔出血。若技术熟练，用本法短期内可重复采血，双眼轮换更好。体重 20～25g 的小鼠每次可采血 0.2～0.3ml；体重 200～300g 的大鼠每次可采血 0.5～1.0ml，可适用于某些生物化学项目的检验。

断头采血：采血者的左手拇指和食指从背部较紧地握住大（小）鼠的颈部皮肤，使动物做俯视的姿势。右手用剪刀迅速剪断 1/2～4/5 的颈部，让血自由滴入盛器。小鼠可采血 0.8～1.2ml；大鼠可采血 5～10ml。

心脏采血：鼠类心脏较小，且心率较快，因此心脏采血比较困难，并不常用。活体采血方法与豚鼠相同。若做开胸单次采血，先将动物深度麻醉后打开胸腔，暴露心脏，用针头刺入右心室，吸取血液。小鼠可采血 0.5～0.6ml；大鼠可采血 0.8～1.2ml。

颈动（静）脉采血：将动物背位固定，切开颈部皮肤，分离皮下结缔组织，暴露颈静脉，用注射器刺入静脉抽取血液。在气管两侧分离出颈动脉，离心端结扎，向心端剪口，将血滴入试管内，即颈动脉采血。

腹主动脉采血：将动物麻醉，背位固定在手术台上，从腹正中线皮肤切开腹腔，小心移开内脏，暴露腹主动脉，用注射器刺入吸血，或用无齿镊子剥离结缔组织，夹住动脉近心端，用眼科剪在动脉切口，收集血液即可。

股动（静）脉采血：固定动物，左手拉直动物下肢，使静脉充盈，随后左手感触脉搏搏动找到合适的血管位置，右手持注射器刺入血管。体重 15～20g 小鼠一次采血 0.2～0.8ml，大鼠 0.4～0.6ml。

7. *动物处死*　　实验动物的处死方法较多，应根据实验内容及实验动物种类选择处死方法。在实施处死过程中应尽可能地遵循动物保护原则，使动物尽可能地无痛苦、快速地安乐死。

蟾蜍：可将蟾蜍头部剪去或用金属探针经枕骨大孔破坏脑和脊髓处死。

大鼠、小鼠：用颈椎脱臼法使其死亡。具体方法是右手将鼠尾用力向后上方拉，同时左手拇指与食指用力向下按住鼠颈，将脊柱在颈部拉断。

家兔：使用空气栓塞法。由耳缘静脉注入一定量的空气（约 20ml），使之发生空气栓塞而致死。

此外，还有一种急性放血法，即切断动脉或较大的静脉，快速放血使动物迅速死亡，可用于家兔、猫及狗等。

（七）动物实验意外事故的处理

1. 麻醉过量和窒息　　见本章动物麻醉部分。

2. 大出血　　在实验过程中，当操作失误或其他未能预见的某些原因导致动物大出血时，首先要保持镇定并尽快查明出血原因和出血点，用棉球迅速清理血迹，使手术视野尽量清晰以判断出血点。一般引起出血的原因有两种，一种是血管破损，可以用止血钳钳住出血口的两侧，如创口不大，钳住一段时间就可以使血液凝固堵塞创口，松开止血钳即可，但若创口较大，在止血钳钳住后应用棉线在出血口两侧进行血管结扎，以防止进一步出血。如果血管破裂严重，止血钳一时无法钳住血管，可用手指捏住出血口，再用止血钳较准确地钳住血管。另一种造成出血的原因是渗透出血，主要是由于手术中损伤了一些小血管，出现这种状态时应先找到出血部位，用温热生理盐水浸透的药棉压在出血部位加速血液凝固以进行止血。

三、动物生理学新技术、新方法简介

（一）核磁共振

核磁共振（nuclear magnetic resonance，NMR）是自旋的原子核在磁场中与电磁波相互作用的一种物理现象。当具有磁矩的原子核位于恒定磁场中时，将以一定的角速度围绕磁场轴做进动并最终沿磁场趋向。如果垂直于该恒定磁场外加一个弱交变磁场，且当交变磁场的圆频率和恒定磁场满足一定的关系时，核磁矩将会沿着固定轨道绕恒定磁场进动，同时出现能量的最大吸收。NMR 的基本关系式可用拉莫（Larmor）方程表示为

$$\omega=\omega_0=\gamma B_0$$

式中，ω 为共振频率；ω_0 为进动频率；γ 为旋磁比；B_0 为外磁场强度。

NMR 波谱是在均匀外加恒定磁场中测量的，因为所探测的样品中的原子核都处在同一个外加恒定均匀场中，分子中不等价位置的原子核才能显出共振频率的微小变化。

诞生于 20 世纪 70 年代的磁共振成像（magnetic resonance imaging，MRI）是基于 NMR 现象发展起来的一种无损测量技术，该技术是利用人体中的氢原子在强磁场内受到脉冲激发后产生的 NMR 现象，经过空间编码技术，把在 NMR 过程中所散发的电磁波及与这些电磁波有关的质子密度、弛豫时间、流动效应等参数接收转换，通过电子计算机的处理，最后形成图像。MRI 技术包括自旋回波成像、快速自旋回波成像、梯度回波成像、梯度自旋回波成像和反转恢复成像。在临床检查诊断与人体基础研究中，该技术采用静磁场和射频磁场使人体组织成像，在成像过程中，既不用电子离辐射也不用

造影剂就可获得高对比度的清晰图像。它能够通过人体内部结构分子成像来反映出人体器官失常和早期病变。除了具备 X 射线计算机体层摄影（CT）的解剖类型特点，即获得无重叠的质子密度体层图像之外，还可借助核磁共振原理精确地测出原子核弛豫时间 t_1 和 t_2，将人体组织中有关化学结构的信息反映出来。这些信息通过计算机重建得到成分图像（化学结构像），可将同样密度的不同组织和同一组织的不同化学结构通过影像显示表征出来。在脑疾病诊断中可清晰地区分脑中的灰质与白质，对组织坏死、恶性疾患和退行性疾病的早期诊断效果具有极大的优越性，其软组织的对比度也更为精确。目前已广泛应用于临床检查与诊断，并在人体科学基础研究中，尤其在脑科学与脑疾病研究中发挥越来越重要的作用。

（二）膜片钳技术

膜片钳技术（patch clamp technique）是 1976 年德国马普生物物理研究所 Neher 和 Sakmann 创建的，是记录离子通道的跨膜电流，反映细胞膜单个或多个离子通道分子活动的技术。该技术的应用将生命科学研究迅速推进到了细胞和分子水平，Neher 和 Sakmann 也因此获得 1991 年的诺贝尔生理学或医学奖。

膜片钳技术发展至今，广泛应用于神经（脑）科学、心血管科学、药理学、细胞生物学、病理生理学、中医药学、植物细胞生理学、运动生理等多学科领域。

膜片钳实验系统构成包括机械系统、光学部件、电子部件和微操纵器等。机械系统有防震工作台、屏蔽罩、仪器设备架等。光学部件包含倒置显微镜（用于单细胞膜片钳）或正置显微镜（用于脑片膜片钳）、视频监视器、单色光系统等。电子部件包括膜片钳放大器、刺激器和数据采集卡及计算机系统等。除此之外还有一些附件，如玻璃微电极拉制仪、抛光仪、振动切片机、灌流设备等。

膜片钳的基本原理是利用负反馈电子线路，将微电极尖端所吸附的细胞膜电位固定在一定水平，对通过通道的离子电流做动态或静态观察，从而研究其功能。玻璃微电极边缘与细胞膜间形成的高阻抗封接，其阻抗可达 GΩ 级别。高阻抗封接不仅改善了电流记录性能，还随之出现了多种研究通道电流的膜片钳方式。根据不同的研究目的，可选择不同的膜片钳方式：① 细胞贴附记录模式（cell-attached recording）。将微电极置于细胞膜表面上，形成高阻抗封接，隔离出一小片膜，通过微电极对膜片进行电压钳制，高分辨测量膜电流。该方法不破坏细胞的完整性，又称为细胞膜上的膜片记录。② 内面向外记录模式（inside-out recording）。高阻抗封接形成后，将微电极轻轻提起，与细胞分离，电极端形成密封小泡，在空气中短暂暴露数秒，小泡破裂后再回到溶液中，得到内面向外膜片。③ 外面向外记录模式（out-side recording）。高阻抗封接形成后，以负压抽吸，膜片破裂，将电极尖端慢慢地从细胞表面垂直提起，断端游离部分自行融合成脂质双层，此时高阻抗封接仍然存在。膜外侧面接触浴槽液。④ 全细胞记录模式（whole-cell recording）。高阻抗封接形成后，继续以负压抽吸使电极管内细胞膜破裂，电极与胞内液直接相通，而与浴槽液绝缘，这种形式称为全细胞记录。

第二部分

基础及综合实验

实验1 蟾蜍坐骨神经-腓肠肌标本的制备

【实验目的】

学习蟾蜍双毁髓的方法；学习和掌握制备蟾蜍坐骨神经-腓肠肌标本的方法；巩固对兴奋概念的理解，观察刺激引起可兴奋组织产生兴奋的现象。

【实验动物】

蟾蜍。

【实验药品与器材】

任氏液，粗剪刀，手术剪，眼科镊，毁髓针，玻璃解剖针，蛙板，细线，培养皿，滴管，锌铜弓电极等。

【方法与步骤】

1. 双毁髓　取蟾蜍一只，用自来水冲洗体表泥沙。左手握住蟾蜍（图2-1），使其背部向上，右手持毁髓针由颅骨后缘的枕骨大孔处垂直刺入椎管（图2-2，图2-4A）。将探针向前探入颅腔内，左右搅动毁髓针2～3次，捣毁脑组织。可通过搅动毁髓针判断其是否刺入颅腔，若有触碰骨壁的感觉，表明位置正确。

蟾蜍毁脑后，将毁髓针退回至枕骨大孔，使针尖转

TIPS

对蟾蜍进行双毁髓时，应避免挤压蟾蜍耳后腺，同时将体背对向无人处，以免蟾蜍体背或耳后腺分泌物射向人体。

A

抓持正面观

B

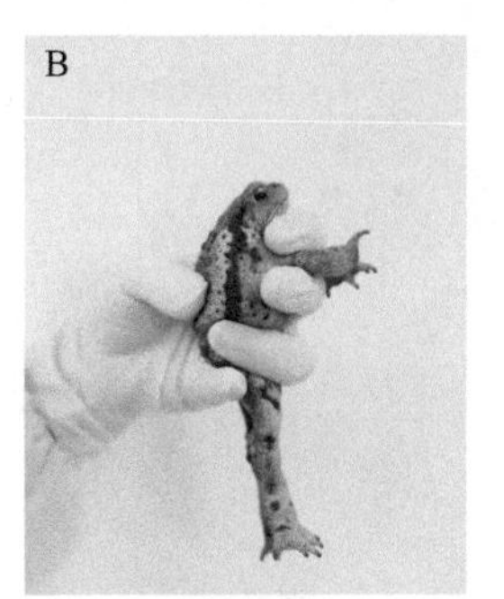

抓持侧面观

图2-1　蟾蜍的抓持及耳后腺的位置（图A红圈）

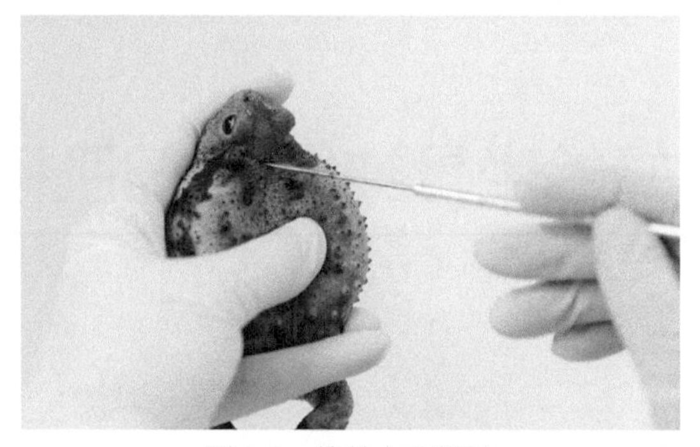

图 2-2　枕骨大孔毁髓

向尾端，旋动毁髓针，使其刺入椎管，上下抽动若干次，捣毁脊髓。成功损毁脊髓时，蟾蜍下肢会突然伸直，随之瘫软或尿失禁。若脑和脊髓破坏完全，蟾蜍四肢完全松软，失去一切反射活动。此时可将探针反向旋动，退出椎管。

2. 剥制后肢　将双毁髓的蟾蜍置于蛙板上，轻轻提起背部脊柱（图 2-3），在枕骨大孔下缘水平方向用手术剪横向剪开皮肤，暴露肌肉，再用手术剪在侧面剪开一小块肌肉，之后用粗剪刀从开口处深入腹腔剪断脊柱（图 2-4B 中 1 处）。左手隔着皮肤从背部脊柱轻轻提起蟾蜍，用手术剪沿脊柱两侧腹壁将头及内脏剪去（图 2-4B 中 2 处），留下脊柱和后肢。在脊柱腹侧面可见白色坐骨神经干行走于脊椎两侧。

图 2-3　毁髓后蟾蜍的抓持

制作后肢标本

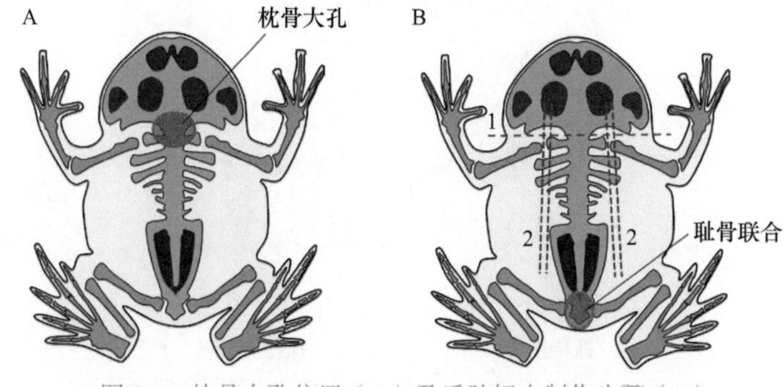

图 2-4　枕骨大孔位置（A）及后肢标本制作步骤（B）

左手沾少量生理盐水捏住脊柱的断端，或用大镊子夹住（此处尽量避免触碰坐骨神经），用右手向下剥离全部后肢皮肤（图 2-5）。将剥制好的后肢标本迅速浸润在任氏液中。将手、蛙板及使用过的手术器械冲洗干净。

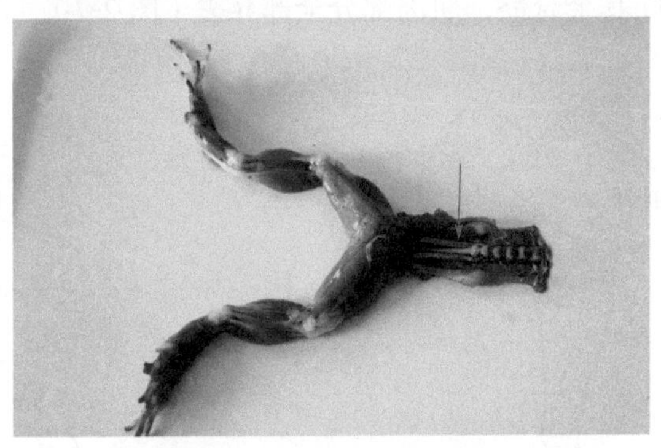

图 2-5　后肢标本（箭头所示为右侧坐骨神经）

3. 分离两后肢　　将标本腹面向上置于蛙板上，左手的拇指和食指捏住脊柱断端和股部肌肉，用手术刀沿耻骨联合处切开耻骨联合（图 2-4B），用粗剪刀纵向剪开脊柱，尾骨可留向一边（图 2-6）。将分离好的两后肢标本一只用于继续分离坐骨神经-腓肠肌标本，另一只置于任氏液中备用。

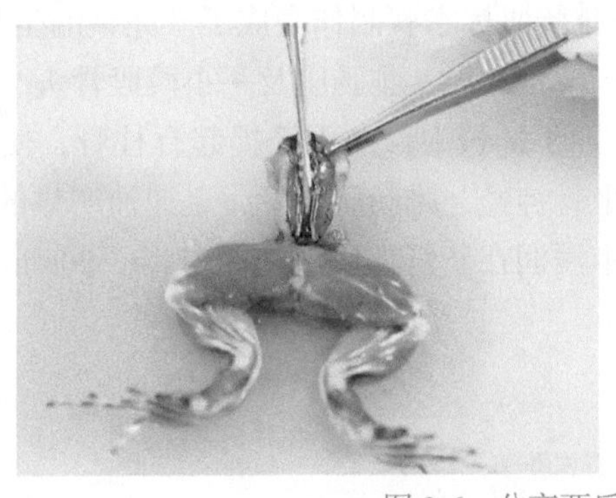

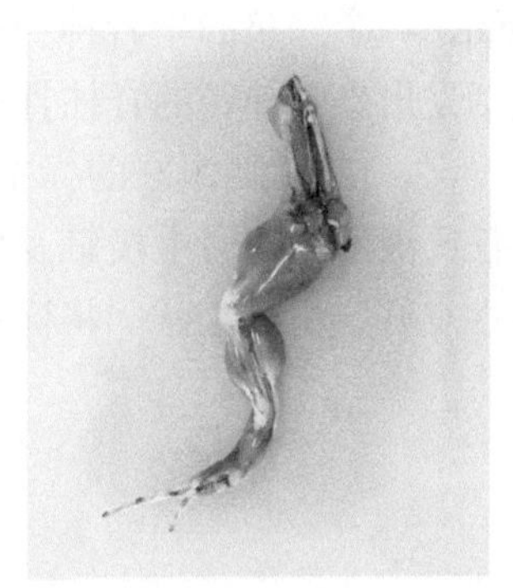

图 2-6　分离两后肢

4. 游离坐骨神经　　在脊柱腹面两侧，坐骨神经清晰可见，用玻璃解剖针沿神经行走方向小心分离坐骨神经脊柱段。继续向下用玻璃解剖针在半膜肌和股二头肌的肌缝之间分离出坐骨神经。坐骨神经从躯干向股骨走行处，背方有一块梨状肌将坐骨神经覆盖，可用玻璃解剖针小心挑起肌肉并剪断，完全暴露出坐骨神经。用玻璃解剖针轻轻提起坐骨神经，由发出

TIPS

在实验操作过程中，应不断地给剥去皮肤的组织、神经和肌肉用滴管滴加任氏液，防止表面干燥，影响标本的兴奋性；分离过程中切勿损伤神经，勿用金属器械触碰坐骨神经。

分离坐骨神经

部位向腘窝处分离，用眼科剪剪去沿途分支（图 2-7）。

5. 分离腓肠肌　在腓肠肌的跟腱处穿线结扎，提起结线，剪断结扎线下方的跟腱及其他结缔组织，游离腓肠肌至膝关节处，注意保留腓肠肌浅表走行的坐骨神经分支。将膝关节以下小腿其余骨骼、肌肉部分全部弃去（图 2-7）。

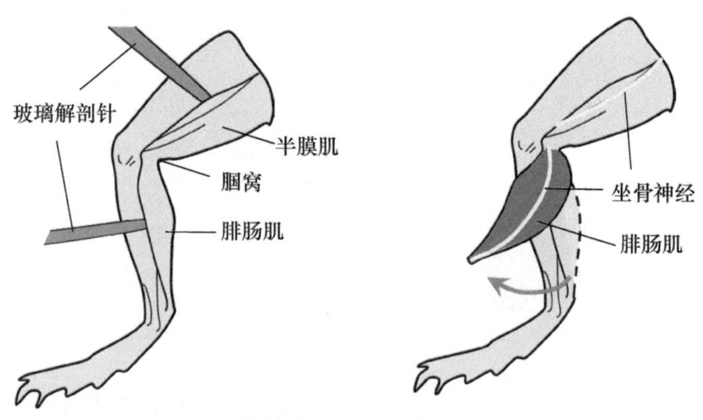

图 2-7　蟾蜍背面腿部肌肉及坐骨神经

6. 分离股骨头　去除膝关节周围以上、坐骨神经发出段部分脊柱骨以下，除股骨外的全部骨骼和肌肉，并用手术剪剔除股骨周围的肌肉，保留其与膝关节相连的下半段股骨约 1cm，一个完整的坐骨神经-腓肠肌标本就制作完成了。完整的坐骨神经-腓肠肌标本应包括发出坐骨神经的脊柱骨、坐骨神经、腓肠肌及一小段股骨头（图 2-8）。

7. 检验标本　将制作好的标本置于蛙板上，左手轻提起脊柱骨，使坐骨神经悬空，用沾有任氏液的锌铜弓电极触及坐骨神经，腓肠肌会发生迅速而明显的收缩，说明标本的兴奋性良好，机能正常。将标本浸润在新鲜任氏液中稳定 10～20min 后进行后续实验。

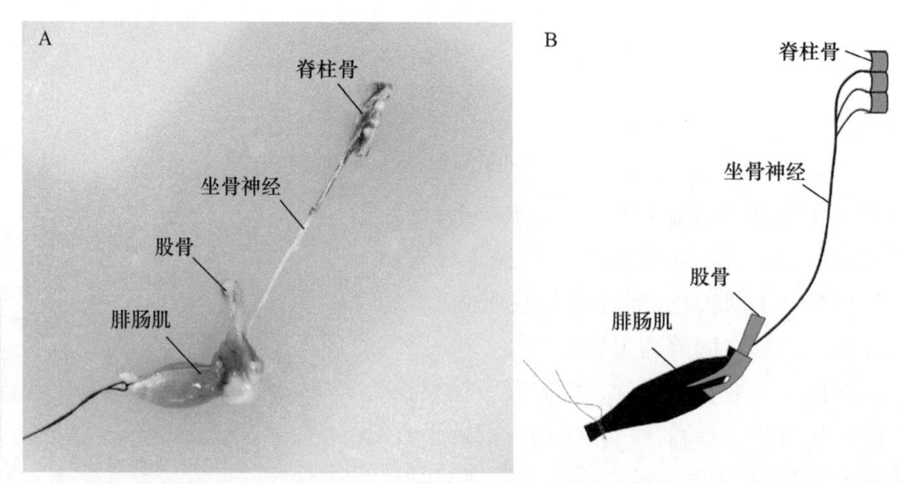

图 2-8　坐骨神经-腓肠肌标本实物图（A）和示意图（B）

【实验探索项目】

1. 锌铜弓电极的锌极和铜极先后触碰神经，即调整锌铜弓电极触及神经的先后顺序，观察肌肉收缩分别发生在哪个时刻？

2. 将坐骨神经股骨段用棉线结扎，再分别用锌铜弓电极触碰结扎处上游和下游的神经干，观察是否能引起肌肉收缩。

【注意事项】

1. 对蟾蜍进行双毁髓时，应避免挤压蟾蜍耳后腺，同时避免蟾蜍体背朝向眼睛或人体，防止刺激引起耳后腺分泌物入眼或射向人体。

2. 尽量避免动物皮肤分泌物、血液等污染神经和肌肉，不要用自来水冲洗剥制好的标本，以免影响组织机能。

3. 操作过程中切勿损伤神经，勿用金属器械触碰、牵拉坐骨神经。

4. 使用锌铜弓电极刺激神经时，应将神经轻轻提起悬空，勿与其他物体接触。

【思考题】

1. 为什么锌铜弓触及神经干会引起肌肉收缩？

2. 兴奋是在锌和铜哪个金属电极下方产生的？

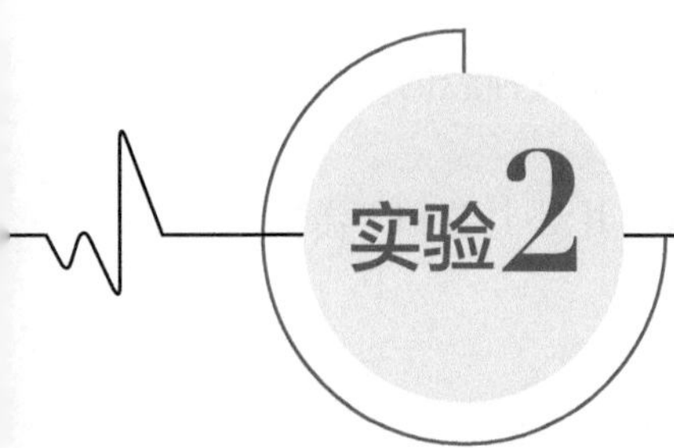

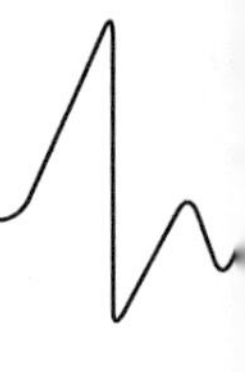

实验2 神经干动作电位的记录与分析

【实验目的】

学会利用多媒体生物信号采集分析系统引导生物电信号，掌握生物电信号记录的一般原则和方法；掌握刺激参数的设置方法；学会分析和辨别神经干动作电位，了解其产生的基本原理；加强对兴奋性和阈强度的理解。

【实验原理】

给予神经细胞一次有效电刺激，就可记录到一次可传导的电位波动，即动作电位（action potential，AP）。动作电位是细胞膜迅速除极、超射和复极的过程，是细胞膜上电压门控通道的开启和关闭导致细胞内外离子流动变化所引起的。

1. *动作电位的细胞外记录方法*　动作电位产生后，沿着神经纤维进行传导，将两个记录电位分别放置在神经纤维表面，随着在刺激电极的阴极下方产生的动作电位向外传导，当动作电位先后经过两引导电极下方时，在两电极间可以记录到两次大小相等但方向相反的电位差。细胞外记录反映的是细胞膜外兴奋部位与静息部位的电位差，虽然不是细胞内外电位差，但可反映动作电位产生的频率和幅度（图 2-9）。

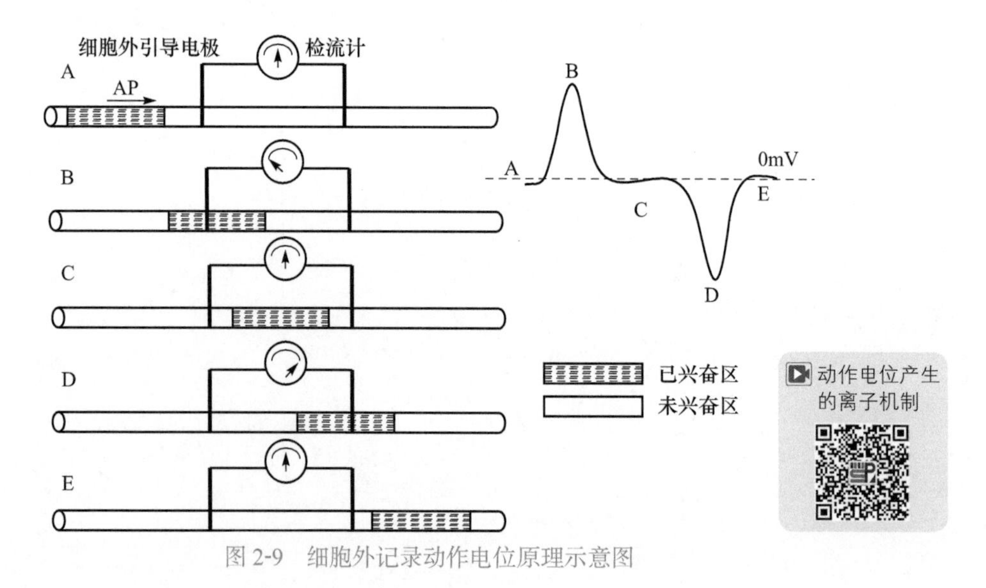

图 2-9　细胞外记录动作电位原理示意图

2. 复合动作电位　单个神经细胞，其动作电位的发生具有“全或无”的性质，但神经干是由多条神经纤维组成，在神经干上引导出的动作电位属于复合动作电位，由于每个神经细胞兴奋性不同，复合动作电位的幅度在一定范围中会随着刺激强度的增加而增加。将刚能引起复合动作电位的最小刺激强度称为神经干的阈强度，即神经干中兴奋性最高的神经纤维的阈强度；随着刺激强度增加，兴奋的神经纤维增加，记录到的复合动作电位的幅度也随之增加；当达到一定刺激强度后，复合动作电位的幅度不再随着刺激强度的增加而增加，该刺激强度称为最适刺激强度，即引起所有神经纤维产生兴奋的最小刺激强度。

【实验动物】

蟾蜍。

【实验药品与器材】

任氏液，常用手术器械，蛙板，毁髓针，玻璃解剖针，神经屏蔽盒，大头针，烧杯，培养皿，RM6240 多道生理信号采集处理系统等。

【方法与步骤】

1. 坐骨神经的制备

（1）双毁髓　取蟾蜍一只，用自来水冲洗体表泥沙，按照实验 1 的方法破坏脑和脊髓。

（2）剥制后肢标本　将双毁髓后的蟾蜍置于蛙板上，按照实验 1 的方法剥离蟾蜍皮肤和内脏，保留脊柱和后肢。在脊柱腹侧面可见白色坐骨神经干，行走于脊椎两侧。用左手沾少量生理盐水捏住脊柱断端，右手向下剥离全部后肢的皮肤。将剥制好的后肢标本迅速浸润在盛有任氏液的烧杯中。将手、蛙板及使用过的手术器械冲洗干净。

（3）分离两后肢　将标本腹面向上置于蛙板上，左手的两个手指捏住脊柱断端和股部肌肉，用手术刀沿耻骨联合处切开耻骨联合，再用粗剪刀纵向剪开脊柱，尾骨可留向一边。或直接用粗剪刀沿脊柱中央纵向剪开后，再用手术刀切开耻骨联合。将分离好的两后肢标本一只继续分离坐骨神经，另一只置于装有任氏液的培养皿中备用。

（4）坐骨神经的制备　标本腹面向上置于蛙板上，将神经干从脊柱发出处略下方穿线结扎，并在结扎处以上、脊神经根部剪断神经，使结扎线连于坐骨神经。用玻璃解剖针沿着坐骨神经向下分离至腘窝处后，坐骨神经分为两支，内支行走在浅表，为胫神经；外侧行走较深，为腓神经。沿胫神经、腓神经小心分离至踝关节附近，尽量使神经长些，在神经干最末端穿线结扎，并在其下方剪断神经，用两端的棉线将坐骨神经提起，置于任氏液中稳定 5min 左右。

2. 仪器连接　将神经屏蔽盒外的电极分别与刺激电极和引导电极相连接，刺激电极靠近中枢端，具体连接方法如图 2-10、图 2-11 所示。刺激电极连接在 0 号和 1 号接线柱，2 号接线柱接地线，通道一连接一对引导电极（3 绿-负极和 4 红-正极）。

• TIPS

神经屏蔽盒使用注意事项。

1. 屏蔽盒内要保持一定的湿度，但电极间不要短路，电极的银丝必需保持清洁。
2. 实验时，标本应经常保持湿润，标本两端的结线要悬空。
3. 神经的近中枢端应置于刺激电极一侧，外周端置于引导电极侧。

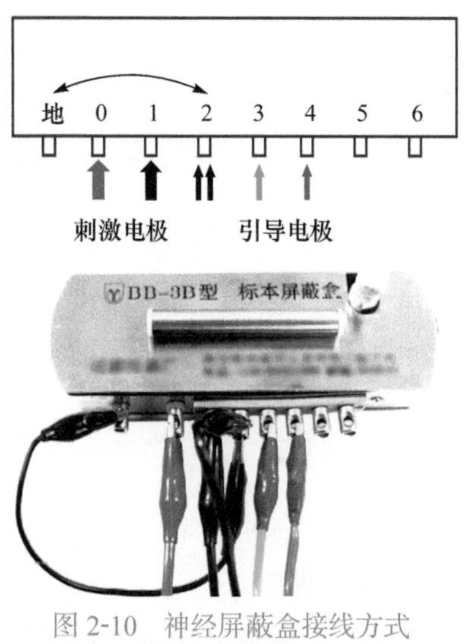

图 2-10　神经屏蔽盒接线方式

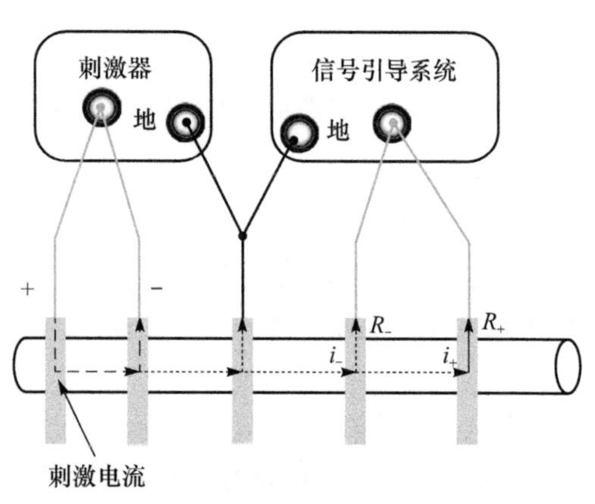

图 2-11　神经屏蔽盒连线原理示意图

3. 参数设置　　打开 RM6240 多道生理信号采集处理系统软件，进入采集分析系统，在实验菜单栏选择“肌肉神经”模块中的“神经干动作电位”（图 2-12）。在“标尺及处理区”（通道左侧）的“选择”中选择“显示刺激标注”。

• TIPS

注意观察已设定好的相关通道参数及刺激器参数。

1. 通道选择为生物电模式，采样频率 20～40kHz。灵敏度 2～5mV/div，时间常数 0.001s，高频率波 1～10kHz。扫描速度 1～2ms/div。

2. 刺激器参数：在实验模块中，系统自动设置有合适的参数，波宽 0.1～0.2ms。强度从 0V 逐渐增强，延时 2～5ms，同步触发。

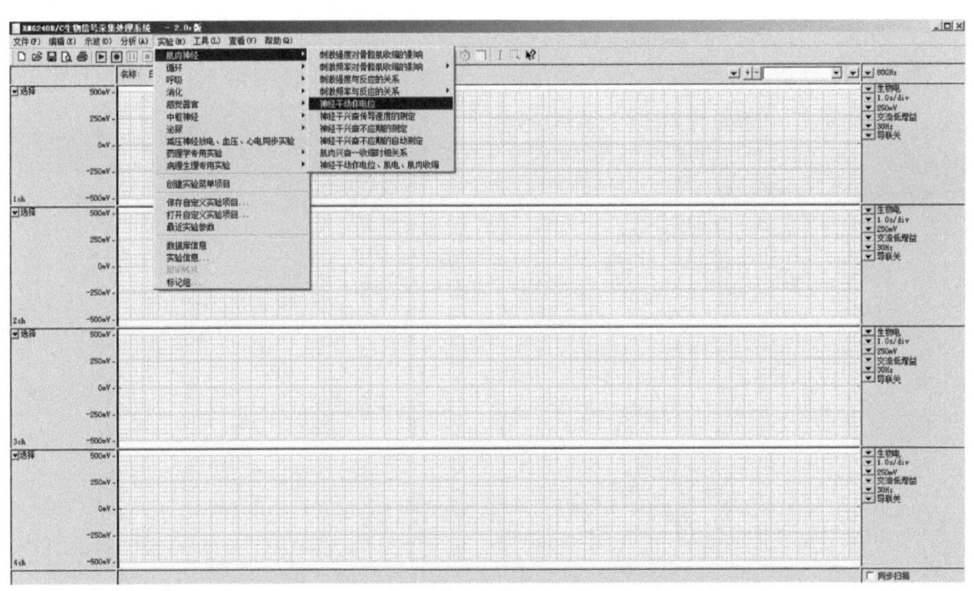

图 2-12　实验模块选择

【实验项目】

将制作好的神经干标本放置于神经屏蔽盒内，将中枢端置于刺激电极处，保证接触良好不短路，即可开始实验。

1. 测量坐骨神经干的阈强度、最适刺激强度　调整刺激强度，从 0V 开始以 0.1V 或 0.05V 的幅度递增，每增加一次，点击“开始刺激”键，屏幕上即可出现一屏双向动作电位的波形，从无到有，并逐渐增大，当增大到一定程度时不再增大。记录刚出现动作电位时的刺激强度即为阈强度，记录动作电位波形开始不再随着刺激强度增加而增大时的刺激强度为最适刺激强度（图 2-13）。

2. 在最适刺激强度下，观察动作电位形状，测量其时程及幅度　给予最适刺激强度，记录出波形后，点击“标尺及处理区”的“选择”下拉菜单中的“专用静态测量”→“生物

• TIPS

注意区分刺激伪迹与动作电位。

刺激伪迹是刺激电流通过导电介质扩散至记录电极而形成的电位差信号。刺激伪迹无潜伏期，其幅度大小与刺激强度呈正相关，其波形与刺激脉冲的极性有关；动作电位的产生必须有一定的潜伏期，当刺激达到最适刺激强度后，动作电位的大小不再随刺激强度的增加而增大，动作电位的波形与刺激脉冲的极性无关。

消除刺激伪迹方法：① 要制备新鲜的标本；② 刺激脉冲的波宽越小越好，刺激强度不可过大，达到最适刺激强度即可；③ 刺激电极、地线和记录电极的极性要安排合理，刺激电极的负极应接靠近记录电极的一侧；④ 尽量加大地线与标本的接触面积。

电”→“神经干”，弹出对话框，选择所要测量的项目（最大峰电压 A_{max}、最小谷电压 A_{min}、动作电位时程 +/−APD），点击“确定”，并用鼠标准确选取给予刺激时间点和动作电位结束时间点，即可在通道下方弹出数据板及测量结果（图 2-14）。

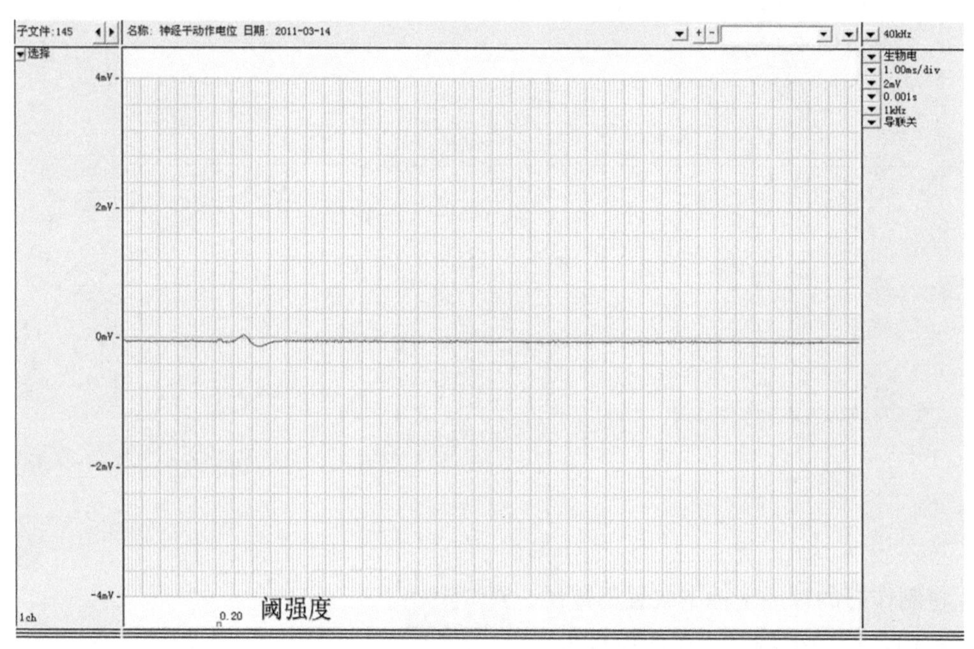

图 2-13　阈强度与最适刺激强度

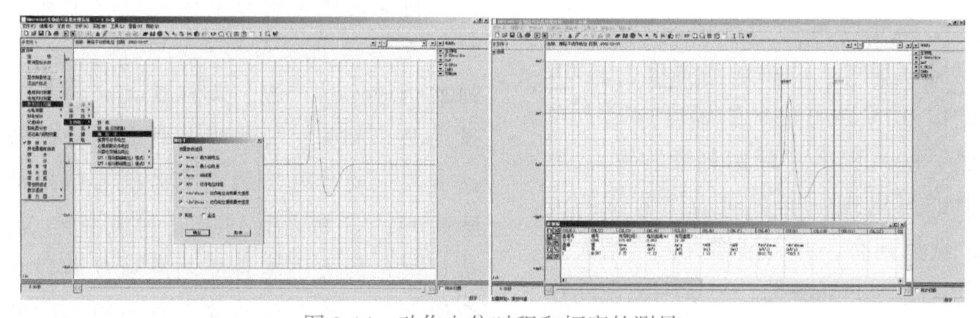

图 2-14　动作电位时程和幅度的测量

【实验探索项目】

1. 刺激电极的极性对动作电位的影响：将两个刺激电极相互倒换，再给予神经干刺激，观察产生双向动作电位的刺激阈值和最大刺激强度与之前“实验项目”中的测量值（以下称“对照组”）比较有何变化。

2. 引导电极间的距离对动作电位的影响：改变引导电极间的距离，再刺激神经干，观察并测量双向动作电位的波形参数，比较与对照组的差异。

3. 刺激神经干外周端，引导动作电位：将神经干中枢端置于引导电极处，即与之前的神经干放置方式倒向，再用最适刺激强度刺激，观察动作电位波形及参数与对照组相比有何变化。

4. 单向动作电位的记录：用镊子夹毁两记录电极间的神经干，再以最适刺激强度给予刺激，观察动作电位波形的变化。

【数据输出】

在“文件”的下拉菜单中选择“当前屏图像输出”，即可将屏幕所显示实验数据输出为 Word 文档，调整大小后保存并打印。

【注意事项】

1. 分离神经过程中为防止损伤神经，尽可能分离足够长的神经干。
2. 为防止神经屏蔽盒内干燥，可用滤纸片蘸任氏液置于盒内，切忌直接滴加任氏液于神经上，易造成短路。
3. 注意区分刺激伪迹与动作电位。

【思考题】

1. 双向动作电位是如何引导的?
2. 双向动作电位的双向波形为何不对称?
3. 刺激伪迹是如何产生的? 如何消除刺激伪迹?

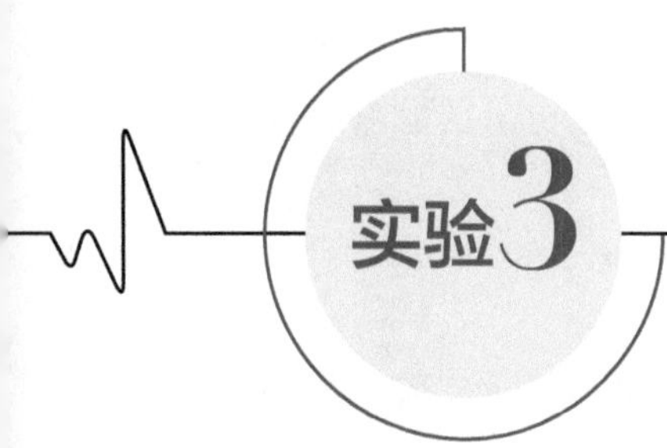

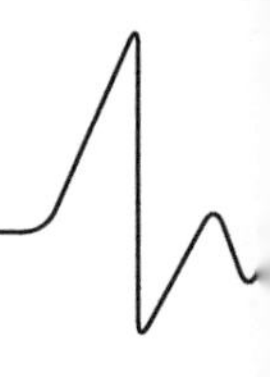

实验3 神经兴奋传导速度的测定

【实验目的】

学习测定离体神经干动作电位的传导速度；理解动作电位传导机制的局部电流学说。

【实验原理】

刺激神经使之兴奋，产生的动作电位脉冲式传导。其传导机制是神经纤维某一点受足够强的刺激会产生动作电位，该处的膜电位暂时变成内正外负。与该兴奋区相邻的未兴奋区膜电位仍处于静息状态，膜电位表现为内负外正的极化状态。于是，在已兴奋区和其相邻的未兴奋区之间的膜两侧就产生了电位差。由于膜两侧溶液有导电性，膜两侧电位差引起电荷移动，产生局部电流：膜外正电荷从未兴奋区流向兴奋区，膜内正电荷由兴奋区流向未兴奋区。该电流引起未兴奋区神经纤维膜电位产生去极化，当去极化达到阈电位，即引起未兴奋区神经纤维产生一个新动作电位。动作电位以局部电流形式，沿神经纤维传导。

不同类型的神经纤维，传导速度不同。无髓神经纤维动作电位（图 2-15A）以局部电流形式传导，传导速度较慢。有髓神经纤维由于有髓鞘包裹，只有在郎飞结处，轴突膜和细胞外液直接接触，允许离子跨膜移动。因此，有髓神经纤维在受到刺激时，局部电流只在相邻神经纤维结形成，动作电位仅在郎飞结处产生，以跳跃式传导的方式进行动作电位传导（图 2-15B），传导速度较无髓神经纤维快。

兴奋的传导

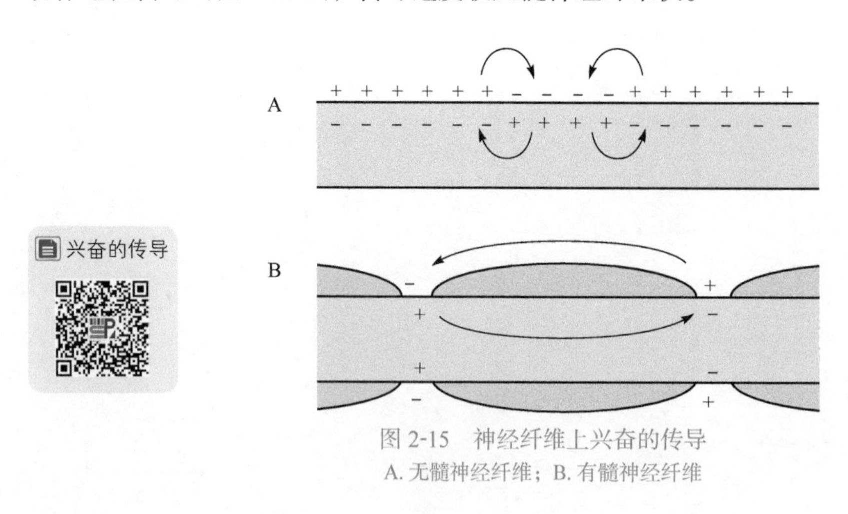

图 2-15　神经纤维上兴奋的传导

A. 无髓神经纤维；B. 有髓神经纤维

影响兴奋传导的因素很多，如温度和神经纤维的类型、直径等。兴奋在粗纤维上的传导速度往往快于细纤维，而过高或过低的温度会影响兴奋在同一纤维上的传导速度。蟾蜍坐骨神经为混合性神经，纤维直径为 3～29μm，正常条件下，传导速度约为 20m/s。

测定动作电位传导速度时，在一根神经纤维上要有两对引导电极，以两对引导电极之间的距离来记录动作电位传导的距离，测量动作电位波形出现的时间差，根据速度测量公式 $v=s/t$ 计算传导速度（图 2-16）。

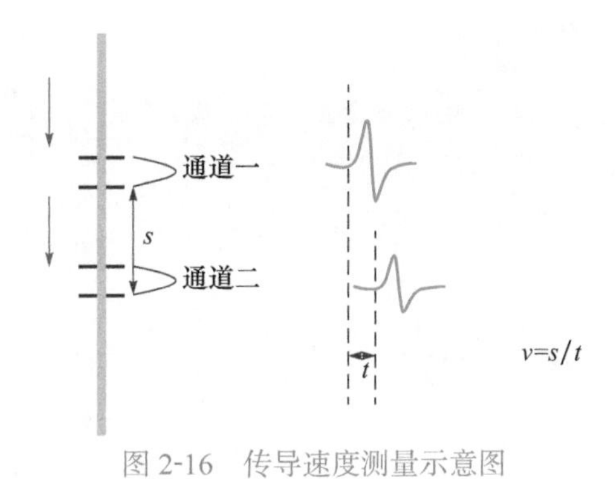

图 2-16　传导速度测量示意图

【实验动物】

蟾蜍。

【实验药品与器材】

任氏液，常用手术器械，蛙板，毁髓针，玻璃解剖针，神经屏蔽盒，大头针，烧杯，培养皿，RM6240 多道生理信号采集处理系统等。

【方法与步骤】

1. 坐骨神经干的制备　　按照实验 2 的制备方法制备坐骨神经干标本。

2. 仪器连接　　按照图 2-17 的方法连接。刺激电极连接在 0 号和 1 号接线柱；2 号柱接地线，本实验中需用两对引导电极，通道一连接第一对引导电极（3 绿-负极和 4 红-正极），通道二连接第二对引导电极（5 绿-负极和 6 红-正极）。

> **TIPS**
> 连接神经屏蔽盒外接线柱时注意各电极间不要短路。

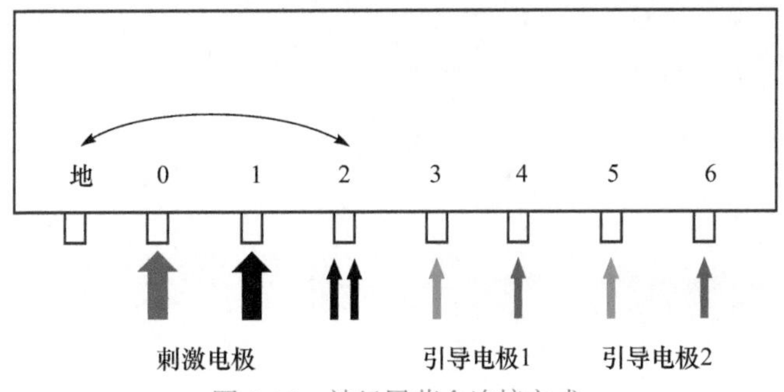

图 2-17　神经屏蔽盒连接方式

3. 参数设置　　实验菜单栏“肌肉神经”模块中的“神经干兴奋传导速度的测定”。

【实验项目】

> **• TIPS**
>
> 注意观察本实验模块已设定好的相关通道参数及刺激器参数与实验2的异同。体会为何本实验模块采用双通道单刺激模式及同步触发。

动作电位传导速度的测定。

1. 最适刺激强度的测定　将制作好的神经干放置于神经屏蔽盒内，保证接触良好。按照实验2的方法进入“肌肉神经”→“神经干动作电位”模块，按照实验2的步骤找出神经干的最适刺激强度。

2. 传导速度测量的波形记录　进入实验模块“肌肉神经”→“神经干兴奋传导速度的测定”，将软件刺激器窗口内的“刺激强度”设置为已测得的最适刺激强度。在左侧“标尺及处理区”的“选择”中选择“显示刺激标注”。点击“开始刺激”键，屏幕上通道一和通道二出现“双相动作电位”的波形，可看到两个波形之间存在时间差。

3. 传导速度的测量　点击“示波”菜单栏中的“传导速度测量”，在系统弹出的对话框中输入电极距离（极性相同的两电极之间的距离，注意距离单位）。可选择进行“手动测量”或“自动测量”（图2-18）。

如选择了“自动测量”，点击“确定”键，系统将自动搜索两个通道内动作电位的起始位置，计算传导时间，并随即在“数据板”将自动测量的有关信息（“传导时间”“电极距离”“传导速度”）显示出来；如选择“手动测量”并点击“确定”键，则需用鼠标分别在两个通道的动作电位波形的起点各准确点选一次，系统随即在“数据板”显示出有关测量结果信息（图2-18）。

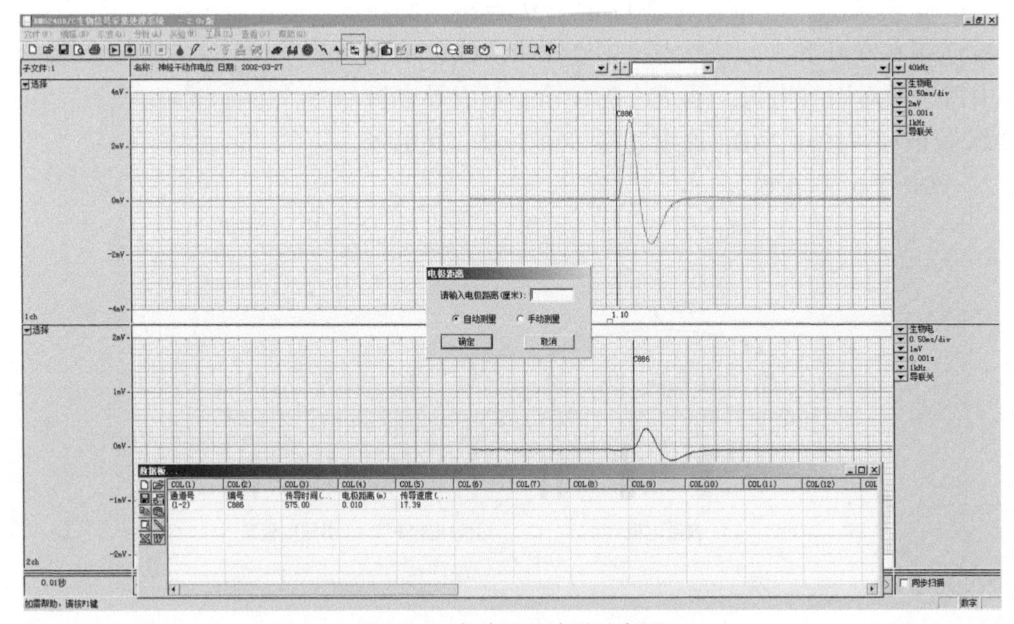

图2-18　实验记录波形示意图

【实验探索项目】

1. 改变两对引导电极之间的距离，测量动作电位传导速度，观察测量值变化范围，同时比较在纤维不同位置记录出的动作电位波形有何差别。

2. 分别用“自动测量”和“手动测量”测量一次传导速度，观察数据有无差别。

3. “手动测量”中选择两通道动作电位波形的波峰处，计算动作电位传导速度，比较与选择起点测量有无差别。

【数据输出】

在“文件”的下拉菜单中选择“当前屏图像输出”，将屏幕所显示实验数据输出为 Word 文档，调整大小后保存并打印。

【注意事项】

1. 两对引导电极与信号输入通道连接时要注意，不要短路，且通道一在电极近中枢端前，通道二在电极近末梢端。

2. 两对引导电极的距离尽量远，距离越远，则测量出的传导速度越准确。

【思考题】

1. 为什么第一对引导电极引导的动作电位幅度大于第二对引导电极引导的动作电位幅度？

2. “手动测量”中选择两通道动作电位波形的波峰处，计算动作电位传导速度，与选择起点测量有无差别？为什么？

3. 如果刺激伪迹较大，对测量结果是否有影响？如何解决？

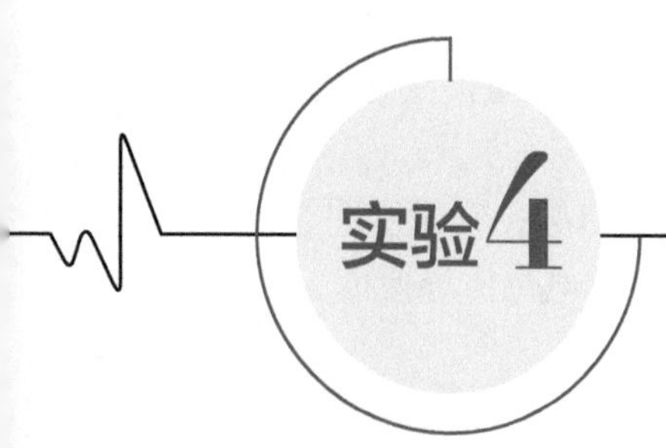

实验4 神经兴奋不应期的测定

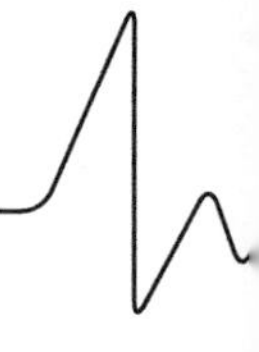

【实验目的】

了解神经兴奋性的周期性变化，巩固和加强对兴奋性的认识，学习测定不应期的基本方法，进一步熟悉生物信号采集分析系统软件的应用。

【实验原理】

神经细胞在一次兴奋的过程中，其兴奋性会发生变化，对另外一个外来刺激会有不同的反应，即兴奋性的周期性变化。神经细胞兴奋性的周期性变化经历 4 个时期：绝对不应期、相对不应期、超常期和低常期。绝对不应期占据整个锋电位时程，此时所有钠离子通道都处于正在激活或刚失活的状态，不能对外界刺激做出反应，兴奋性为零；相对不应期是绝对不应期之后的一段复极化期，钠通道逐渐恢复备用状态，细胞兴奋性低于正常水平；超常期是钠通道完全恢复至备用状态，膜电位处于去极化水平，距阈电位较近的一段复极化期，表现出较高的兴奋性；低常期对应超极化后电位，膜电位水平距离阈电位较远，需要较大刺激才能引起新的动作电位产生，细胞兴奋性低于正常值（图 2-19）。

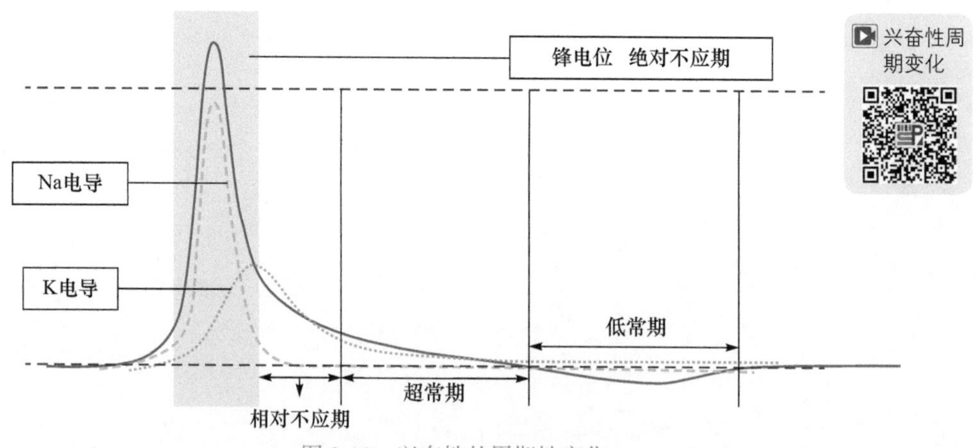

图 2-19　兴奋性的周期性变化

测量不应期时给予强度为最适刺激强度的双刺激，通过不同刺激间隔所引发的第二个复合动作电位的幅值、形状来判断兴奋性的变化。当双刺激间隔足够大时，如 20ms，先后产生的两个复合动作电位幅度和时程均相等（图 2-20A）；随刺激间隔逐渐缩小，两个复合动作电位波形会逐渐靠近，当第二个复合动作电位的幅值开始小于第一个复合动作电位时，表示此时有一些不应期较长的神经纤维已不能产生第二个动作电位，此时的双刺激间隔称为坐骨神经的不应期 t_1（图 2-20B）。继续缩小刺激间隔，当第二个复合动作电位刚消失，表明所有的神经纤维均进入了各自的不应期，此时的刺激间隔称为坐骨神经的绝对不应期 t_2（图 2-20C），用不应期减去绝对不应期，即 t_2-t_1 为相对不应期（图 2-20）。

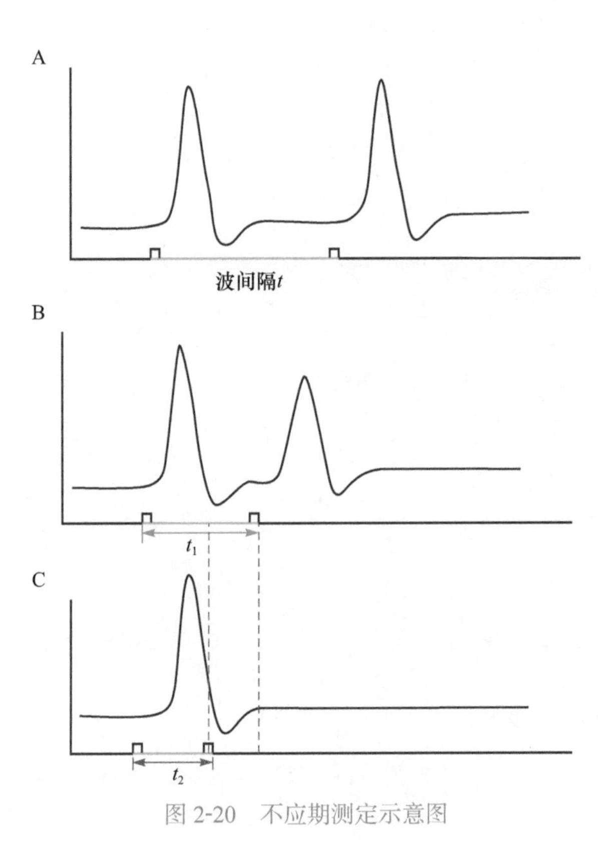

图 2-20　不应期测定示意图

【实验动物】

蟾蜍。

【实验药品与器材】

任氏液，常用手术器械，蛙板，毁髓针，玻璃解剖针，神经屏蔽盒，大头针，烧杯，培养皿，RM6240 多道生理信号采集处理系统等。

【方法与步骤】

1. 坐骨神经干的制备　　按照实验 2 的制备方法制备坐骨神经干标本。

• TIPS

注意观察本实验模块中刺激参数的设置。刺激器选择同步触发，刺激方式为双刺激。刺激延时 2.0ms，波宽 0.1～0.2ms，波间隔自动默认从 20ms 起逐渐递减至 0.3ms。

2. 仪器连接　按照实验 2 的方法连接。

3. 参数设置　打开 RM6240 多道生理信号采集处理系统软件，进入采集分析系统，在实验菜单栏选择“肌肉神经”模块中的“神经干兴奋不应期的自动测定”。通道参数同实验 2（图 2-21）。

【实验项目】

测定不应期有自动测定和手动测定两种方式。

1. 测定最适刺激强度　将制备好的神经干放置于神经屏蔽盒内，保证接触良好。按照实验 2 的方法进入“肌肉神经”→“神经干动作电位”模块，测定神经干的最适刺激强度。

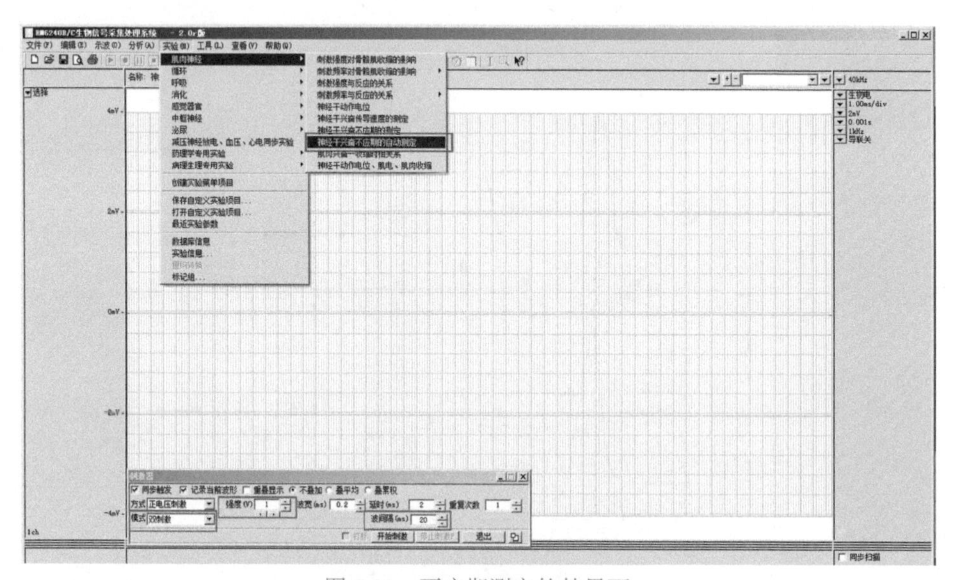

图 2-21　不应期测定软件界面

2. 利用“自动测定”记录波形　将测得的最适刺激强度输入“神经干兴奋不应期自动测定”模块刺激器的刺激强度一栏，设定为本实验的刺激强度。确认标本、仪器连接无误后，点击“开始记录”→“开始刺激”，系统自动产生双刺激，并以同步触发的方式记录。双刺激的波间隔从 20ms 开始自动逐步减小，直至 0.3ms。

3. 测量绝对不应期和相对不应期　按照实验 2 动作电位参数测量的方法，测量多组刺激所记录到的波形中先后两个复合动作电位的幅值，当第二个复合动作电位幅度刚开始降低时，刺激波间隔为不应期近似值（图 2-22A）。当第二个复合动作电位刚消失时，刺激波间隔为绝对不应期近似值（图 2-22B）。不应期减去绝对不应期即相对不应期。

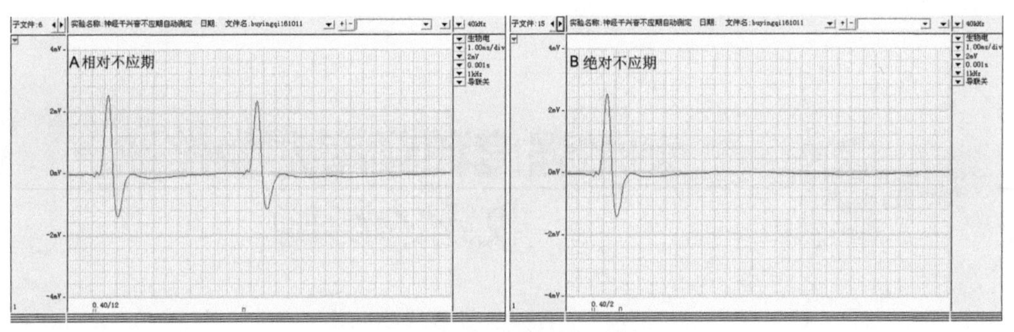

图 2-22　不应期测定示例

【实验探索项目】

1. 利用“手动测定”模块测定不应期：仔细观察“自动测定”实验模块中的刺激参数，随后进入“手动测定”模块，通过手动改变刺激参数中双刺激的波间隔（波间隔可以由大到小，也可以由小到大），观察第二个复合动作电位波形特征，测定不应期。

2. 刺激频率对坐骨神经动作电位产生的影响：将刺激器的刺激模式选择为连续单刺激，频率由低到高逐渐增加，可由 50Hz 开始逐渐增加，观察不同刺激频率对动作电位产生频率的影响及动作电位对刺激的最大响应频率。

【数据输出】

将记录的图形添加图注、标尺并将相关实验数据导入实验信息后，保存、打印。

【思考题】

1. 绝对不应期与相对不应期的形成机制是什么？
2. 影响不应期的因素有哪些？
3. 不同刺激频率对动作电位产生有何影响？

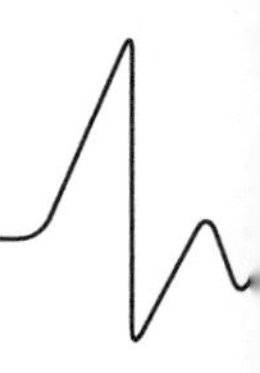
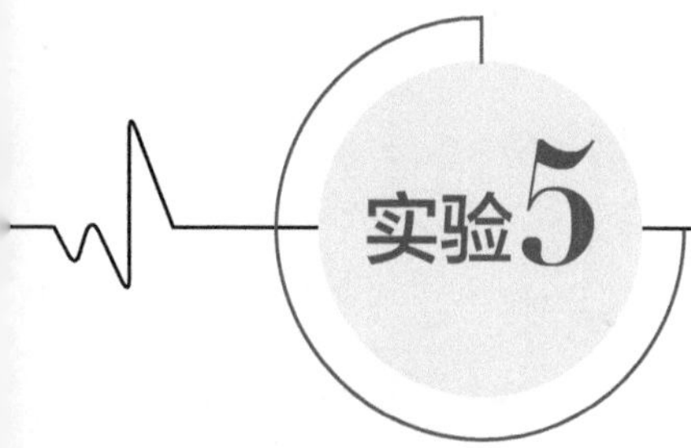

实验5 刺激强度和频率对骨骼肌收缩的影响

【实验目的】

学会记录肌肉收缩的方法；观察刺激强度与骨骼肌收缩反应的关系；观察刺激频率与骨骼肌收缩反应的关系；分析单收缩、复合收缩。

【实验原理】

给予坐骨神经-腓肠肌标本的坐骨神经足够强的刺激，坐骨神经产生兴奋，兴奋经神经纤维传导，在神经-肌肉接头处进行兴奋传递，使肌肉细胞兴奋，通过兴奋收缩偶联，骨骼肌产生收缩。若给予刺激强度过小，则不足以引起肌肉收缩；当刺激强度能引起少数兴奋性较高的肌细胞收缩，刚能表现出较小的张力变化，此时的刺激强度即该神经肌肉标本的阈刺激强度。继续给予阈上刺激，会发现在一定范围内，随着刺激强度的增加，骨骼肌收缩的幅度、产生的张力也增加。但当刺激强度增大到一定程度后，肌肉收缩产生的张力达到最大，不再随着刺激强度的增加而增加，此刺激强度即该神经肌肉标本的最适刺激强度，即引起肌肉产生最大张力的最小刺激强度。

给予骨骼肌一次最适刺激，肌肉发生一次快速收缩，称为单收缩（图 2-23）。单收缩曲线包括潜伏期、收缩期和舒张期。肌肉收缩时程远长于动作电位时程。若给予连续的、不同频率的刺激，肌肉产生连续收缩，当刺激间隔小于肌肉单收缩的时程，肌肉产生的收缩波就会发生叠加，称为收缩的复合。在收缩复合过程中，若刺激间隔小于肌肉收缩总时程，而大于潜伏期和收缩期时程，则波形叠加发生在肌肉前一次收缩的舒张期，肌肉尚未完全舒张就又产生一次收缩，形成锯齿状的收缩曲线，这种现象称为不完全强直

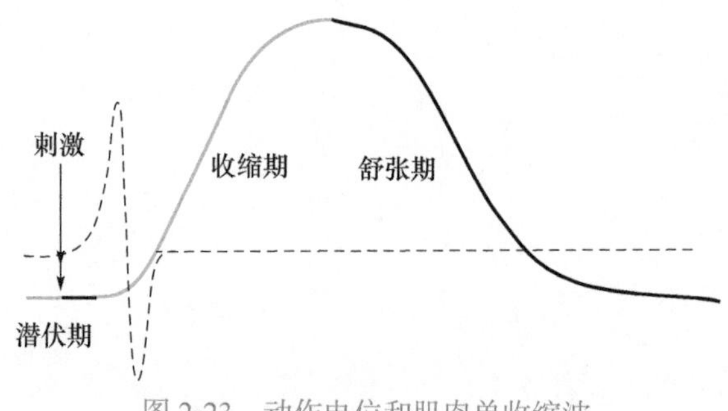

图 2-23　动作电位和肌肉单收缩波

收缩。若刺激间隔小于肌肉收缩的收缩期（但必须大于动作电位的不应期），就会使肌肉出现收缩期复合，形成一个光滑的、连续的收缩曲线，这种现象称为完全强直收缩（图2-24）。

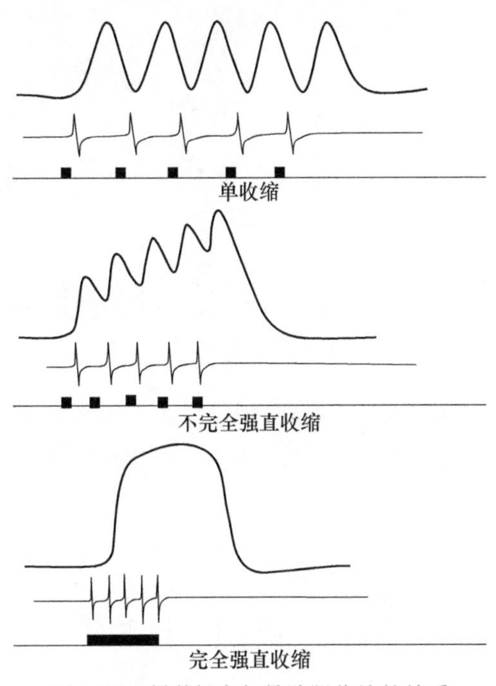

图2-24　刺激频率与骨骼肌收缩的关系

【实验动物】

蟾蜍。

【实验药品与器材】

任氏液，常用手术器械，蛙板，毁髓针，玻璃解剖针，纱布，棉线，神经屏蔽盒，锌铜弓电极，张力换能器，RM6240多道生理信号采集处理系统，培养皿，滴管，双凹夹等。

【方法与步骤】

1. 制作坐骨神经-腓肠肌标本　　按照实验1的方法制备坐骨神经-腓肠肌标本，制作完成后用锌铜弓电极检测其活性，随后置于任氏液中稳定15min。

2. 仪器连接　　将标本的股骨头插入屏蔽盒侧面螺丝下方凹槽内并旋紧螺丝固定，坐骨神经轻轻铺设在屏蔽盒内电极上。将张力换能器用双凹夹固定于支架上，在换能器空载时（即未与肌肉标本连接时）对基线“调零”（使基线在0g水平）。神经屏蔽盒置于实验台上，提起结扎腓肠肌的棉线（肌肉、神经和股骨头应两两垂直），连接到张力换能器，张力换能器连接到RM6240多道生理信号采集处理系统面板通道一，输入张力信号（图2-25）。调整张力换能器的高低，使肌肉处于垂直自然拉长的状态。

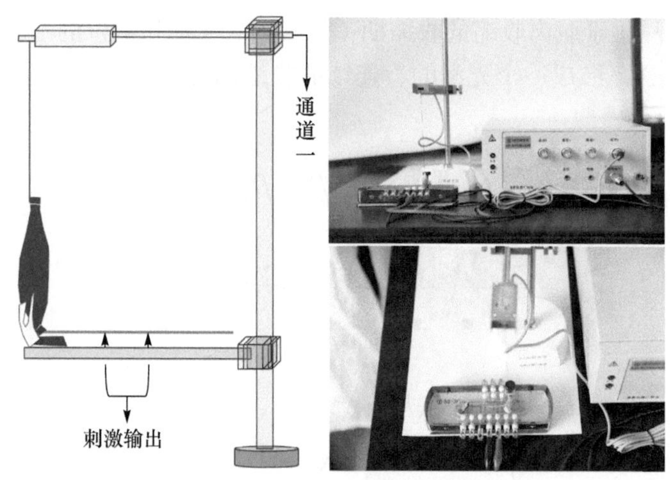

图 2-25　坐骨神经-腓肠肌标本连接图

3. 参数设置　　打开 RM6240 多道生理信号采集处理系统软件，进入采集分析系统，在实验菜单栏选择“肌肉神经”模块中的“刺激强度与反应的关系”及“刺激频率与反应的关系”。

【实验项目】

1. 刺激强度与收缩反应的关系　　在菜单栏选择“肌肉神经”模块中的“刺激强度与反应的关系”。

1）观察模块中通道各项参数的设置。标尺及处理区选择显示刺激标注（强度、频率）。

2）刺激器参数设置，模式设置为强度递增刺激，取消“同步触发”（图 2-26）。可根据实验情况调节初始刺激强度及强度增量。

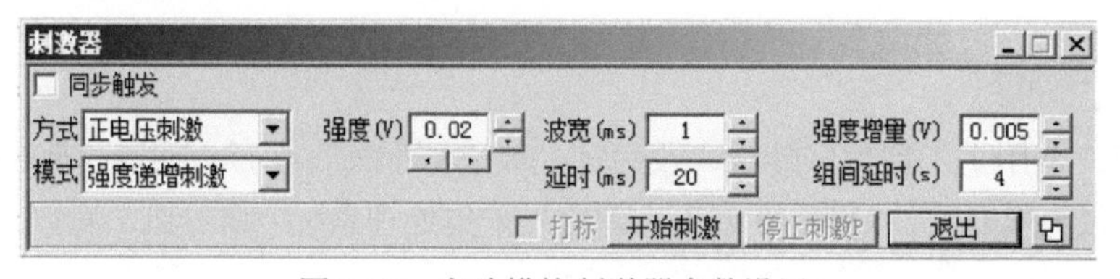

图 2-26　实验模块刺激器参数设置

• TIPS

整个装置调整过程中一定要尽量保证悬线的垂直，且一旦张力基线调整好后，不得再在实验中移动装置。请留意张力检测模块中的纵坐标单位。

3）点击“开始示波”，适当调节腓肠肌和张力换能器悬线的松紧，观察收缩波形基线的变化，调整基线大约为 2g。

4）点击“开始记录”→“开始刺激”后，系统自动以强度递增方式输出刺激。观察肌肉收缩波形的幅度变化及刺激标记处刺激强度的变化，当确定收缩幅值不再增加时点击“停止刺激”→“停止记录”，得到如图 2-27 所示的记录波形。

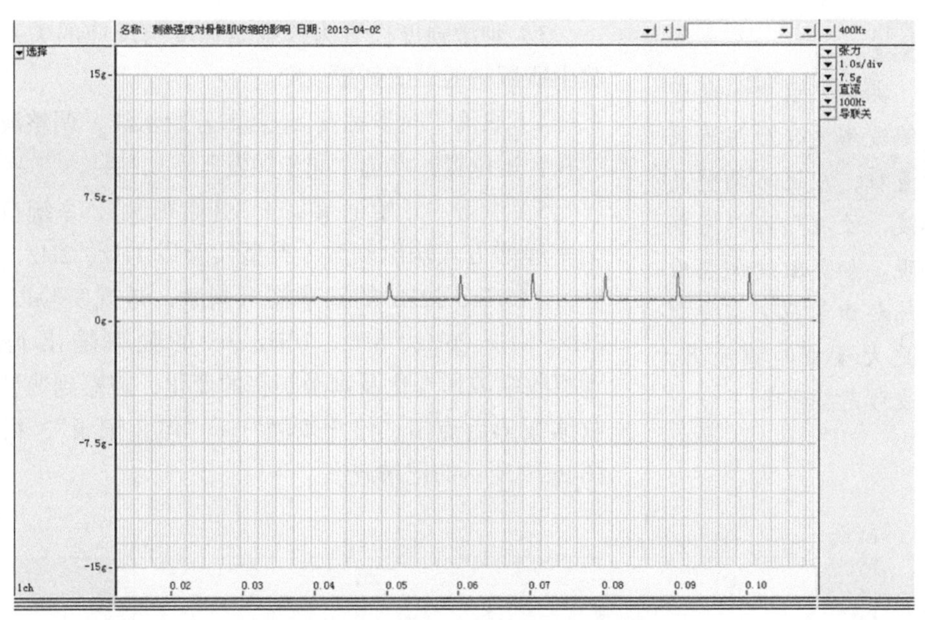

图 2-27　刺激强度对骨骼肌收缩的影响

5）根据波形，找出阈刺激强度和最适刺激强度。

6）利用图形剪辑工具对波形进行适当剪辑，保存并打印。

2. 刺激频率与收缩反应的关系　在菜单栏选择“肌肉神经”模块中的“刺激频率与反应的关系”。

1）在标尺及处理区选择显示刺激标注（强度、频率）。

2）刺激器的参数设置，模式设置为频率递增刺激，同步触发（图 2-28）。

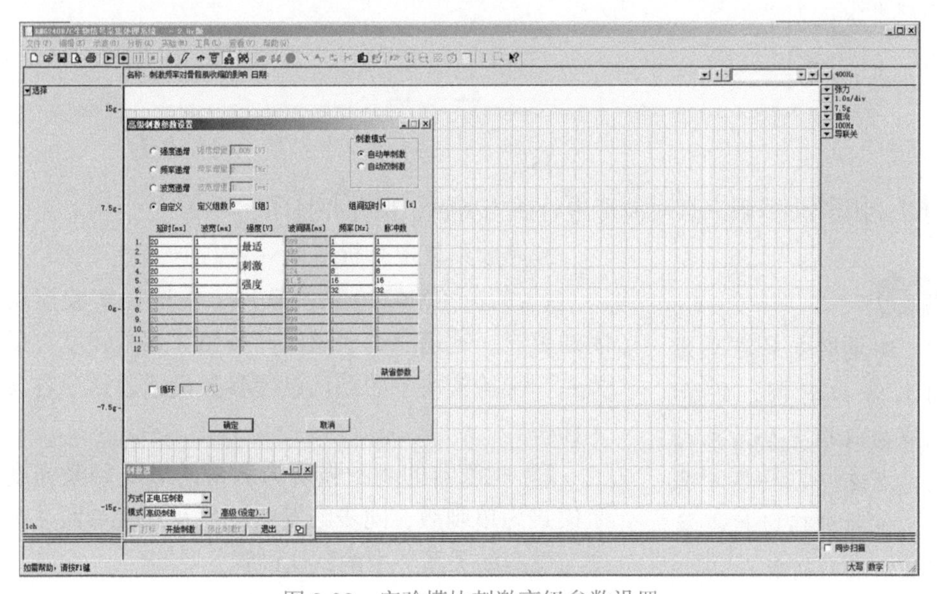

图 2-28　实验模块刺激高级参数设置

• TIPS

实验记录中如发现收缩波形复合后超出显示量程，应适当调整灵敏度，使波形可以完整呈现。如灵敏度调整后依然超出量程，需要更换更大量程的换能器，使波形完整呈现。

3）刺激强度设置为“刺激强度与反应的关系”实验中所测得的最适刺激强度。

4）取消“同步触发”，点击开始示波，调整波形基线在合适位置，点选“同步触发”。

5）点击“开始记录”→“开始刺激”，系统自动以频率递增方式输出刺激（典型实验以 1Hz、2Hz、4Hz、8Hz、16Hz、32Hz 的频率输出刺激，常规实验以 1Hz、2Hz、4Hz、6Hz、8Hz、10Hz…… 的频率输出刺激）。观察收缩波形变化及刺激频率的变化，观察到典型强直收缩波形后点击“停止刺激”→“停止记录”，得到如图 2-29 所示的记录波形。

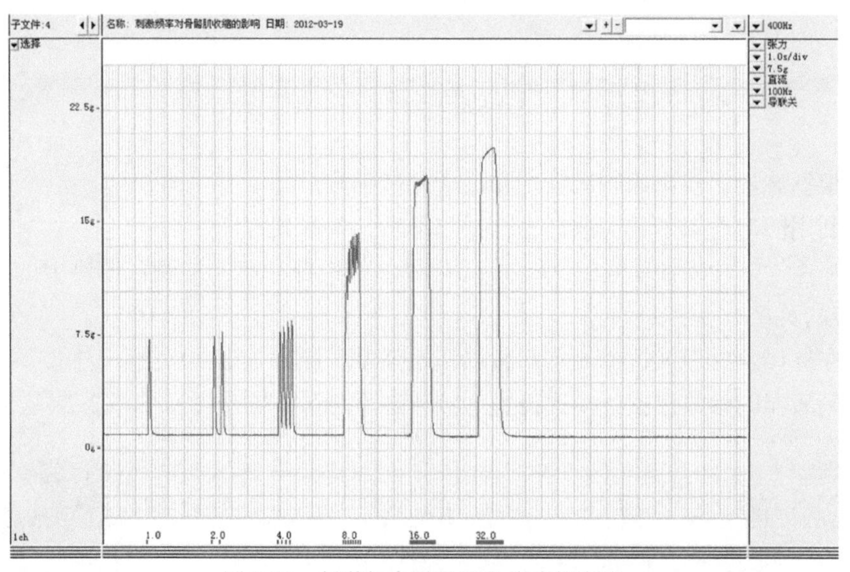

图 2-29 刺激频率对骨骼肌收缩的影响

6）利用图形剪辑工具对波形进行适当剪辑，保存并打印。

3. 单收缩波形分析

• TIPS

测量时起始点应为刺激给出时间，终止点应为收缩完全结束时间，点选一定要尽量准确，可打开实时位点数据显示辅助判断。

1）打开 RM6240 系统软件，不选择实验模块，关闭通道二、通道三、通道四。按照“刺激强度与反应的关系”实验模块中的默认设置参数设置通道一各参数及采样率。

2）刺激器的刺激强度为测得的最适刺激强度，刺激模式为单刺激、同步触发，波宽及延时参照“刺激强度与反应的关系”中的默认设置。

3）标尺及处理区选择“显示刺激标注（强度）”。

4）点击“开始记录”→“开始刺激”，记录到单收缩波形，调整扫描速度使波形在显示器上适当展开，以便进行波形测量与分析。

5）点击标尺及处理区“选择”→“静态统计测量”→“张力”→“肌肉收缩单波分析”（图 2-30A），在弹出对话框内选择需要测量的参数（各时期的时程及张力增量）（图 2-30B），准确点选波形的起始和终止区间，获得区间内测量数据（图 2-30C）。

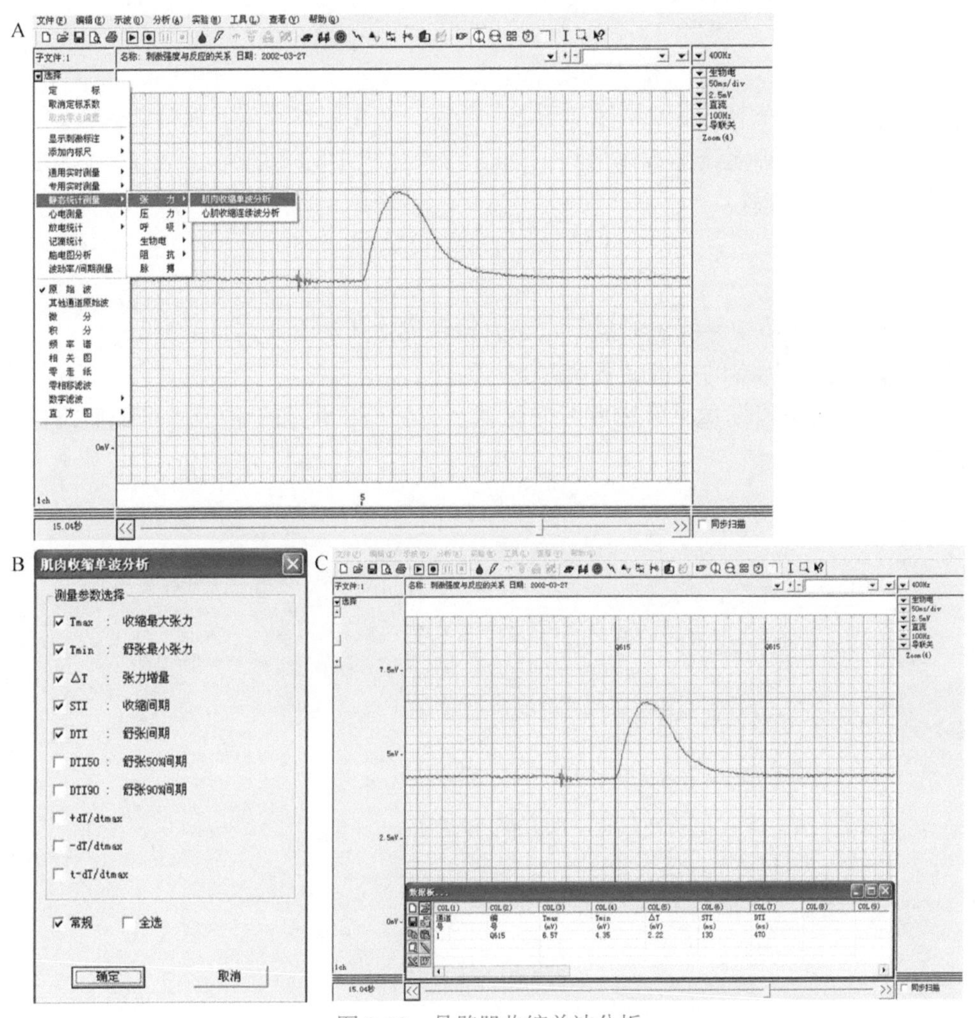

图 2-30　骨骼肌收缩单波分析

【实验探索项目】

1. 尝试设置不同的通道参数（采样率、灵敏度、扫描速度等）记录波形，看有何区别，体会各参数的意义。

2. 调整悬线松紧，改变肌肉初长度，观察并分析同样刺激强度引起的单收缩波形有何变化？分析其原因。

3. 直接刺激肌肉是否产生同样的收缩效应？分析其收缩波形和刺激神经引起的收缩波有无差别？

【数据输出】

在“文件”的下拉菜单中选择“当前屏图像输出”，将屏幕所显示实验数据输出为Word 文档，调整大小后保存并打印。

【注意事项】

1. 整个实验过程中要不断给标本滴加任氏液，防止标本干燥，保持其兴奋性。

2. 每次刺激后必须让标本休息约 1min。实验过程中标本的兴奋性会发生改变，因此要抓紧时间进行实验。

【思考题】

1. 为什么在实验中悬线要尽量垂直？为什么实验开始前要调整基线？

2. 实验过程中标本的阈值是否会改变？为什么？

3. 单收缩的潜伏期包括了哪些时间因素？有神经支配和无神经支配的肌肉标本单收缩有何差异？

实验6 兴奋由神经传递至骨骼肌并产生收缩的过程中生物信号的检测

【实验目的】

学会同步记录多个信号的方法；加深对信号记录分析系统各项参数的理解；加深对神经肌肉接头的兴奋传递、骨骼肌兴奋收缩偶联过程中的生物电变化和肌肉收缩之间关系的理解；认识结构与机能的相关性。

【实验原理】

给予运动神经元一个有效刺激，引起神经兴奋，产生动作电位，动作电位沿神经纤维传导至神经末梢，在神经-肌肉接头进行兴奋的“电-化学-电”的传递，使骨骼肌细胞兴奋，肌细胞膜产生动作电位。肌细胞动作电位通过兴奋收缩偶联，引起终末池中 Ca^{2+} 大量释放至肌质中（图 2-31），作用于粗、细肌丝，引发肌丝滑行，产生肌肉收缩。在神经兴奋引起肌肉收缩的过程中，任何一个过程受到干扰都会影响肌肉收缩。

肌肉细胞的肌管系统是兴奋收缩偶联的结构基础，利用甘油破坏其结构，就会阻断兴奋收缩偶联，无法引起肌肉收缩。

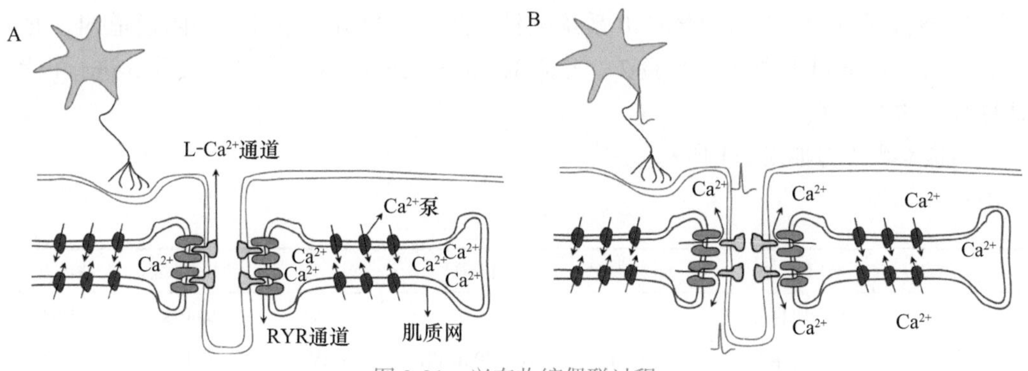

图 2-31　兴奋收缩偶联过程

A. 静息时；B. 兴奋时

【实验动物】

蟾蜍。

【实验药品与器材】

任氏液，常用手术器械，蛙板，锌铜弓电极，毁髓针，玻璃解剖针，大头针，烧杯，培养皿，引导电极，张力换能器，RM6240多道生理信号采集处理系统等。如果有其他实验设计，准备相关实验设计的药品及设备。

【方法与步骤】

1. 坐骨神经-腓肠肌标本的制备　按照实验1的制备方法制备坐骨神经-腓肠肌标本。

2. 仪器连接　按照实验5的方法连接标本、屏蔽盒和RM6240信号采集系统；神经电信号输入通道一；肌肉电信号通过引导电极输入通道二；腓肠肌与张力换能器相连后输入通道三（图2-32）。

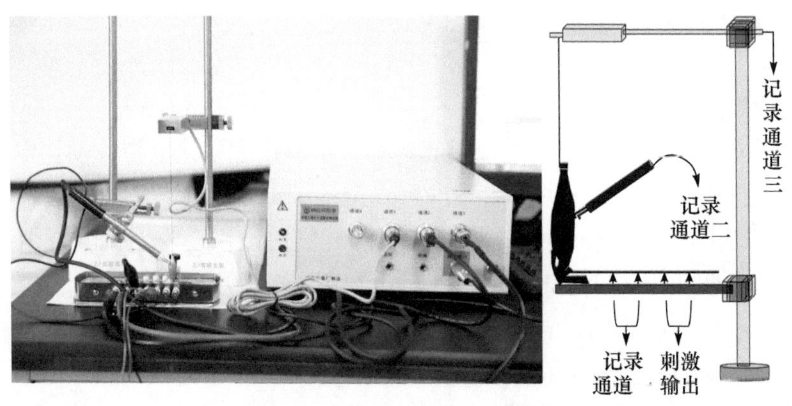

图2-32　仪器连接及示意图

3. 参数设置　打开RM6240系统软件，进入采集分析系统，关闭通道四。通道一和通道二的通道参数参考实验2、实验3，通道三的通道参数参考实验5进行设置。选择合适的采样率。

通道参数参考如表2-1所示。

表2-1　各通道参数设置

通道	通道信号	采集频率	扫描速度	灵敏度	时间常数	滤波常数
通道一	神经电信号			1mV	0.001s	1kHz
通道二	肌肉电信号	20kHz	20～40ms/div	1mV	0.02s	1kHz
通道三	肌肉收缩信号			10mV	直流	30Hz

刺激器参数：同步触发，刺激方式为单刺激，刺激强度选择最适刺激强度。刺激延时2.0ms，波宽0.1～0.2ms。

【实验项目】

1. 记录对照组的神经、肌肉动作电位和肌肉收缩　按照实验 5 的方法，调整通道三肌肉收缩的张力基线，并找到刺激肌肉收缩的最适刺激强度，此刺激强度作为本实验的刺激强度。

点击“开始记录”→“开始刺激”，观察并记录神经干动作电位、肌肉动作电位和肌肉收缩张力的图形，根据波形适当调节灵敏度和扫描速度，让各通道波形均可较好地呈现（各通道扫描速度需一致）。观察并比较其相关性和差异。

点击“标尺及处理区”下拉菜单中的“专用静态测量”，分别测量神经纤维和肌肉细胞动作电位的幅度和时程，肌肉收缩波的张力增量及潜伏期、收缩期和舒张期的时程。这些数据作为对照组数据。

2. 记录实验组数据　根据实验设计，对标本或连接装置进行不同的操作，记录条件变化后神经、肌肉动作电位和肌肉收缩张力曲线的变化，采集数据并对照组的对应数据进行分析。这些数据作为实验组数据。

3. 完成实验重复　制备新标本后重复 1、2 步骤，收集对照组与实验组数据。

【数据输出】

数据收集完成后，利用数据分析软件对数据进行统计分析，计算各组数据的平均值和标准差，并进行 t 检验，分析对照组和实验组数据的差异显著性。

将记录的典型图形添加图注、标尺并将相关实验数据保存、打印。

分析得出结果后，试讨论其机制。

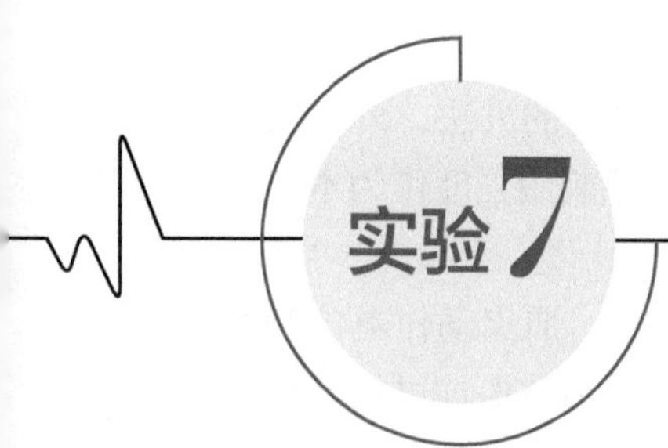

反射时测定和反射弧分析

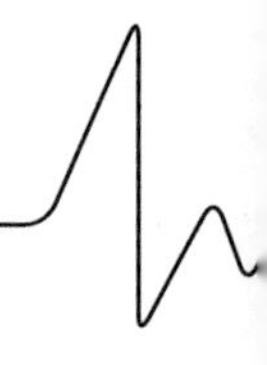

【实验目的】

学习测定反射时的方法；巩固反射弧的组成；进一步理解结构与机能的关系。

【实验原理】

反射是神经调节的主要方式，反射弧是反射的结构基础。完整的反射弧由感受器、传入神经、中枢、传出神经和效应器组成。反射活动的前提是反射弧结构上和机能上的完整性。反射弧的任何组成部分结构或机能受损，都会影响反射的完成。

反射时是指从刺激开始到产生反应为止所需的时间，其组成包括感受器兴奋的潜伏期、兴奋在神经纤维上的传导时间，以及中枢延搁、神经-肌肉接头的兴奋传递、肌肉的兴奋收缩偶联等过程。多突触反射的反射时往往长于单突触反射。

【实验动物】

蟾蜍。

【实验药品与器材】

常用手术器械，支架，蛙嘴夹，蛙板，小烧杯，小纸片，棉球，秒表，纱布，0.5%及1%硫酸溶液，2%普鲁卡因等。

【方法与步骤】

1. 制备脊蟾蜍　取蟾蜍一只，只损毁脑而不损毁脊髓，制成脊蟾蜍。
2. 分离股部坐骨神经　将脊蟾蜍腹位置于蛙板上，剪开右侧股部皮肤，分离出一小段坐骨神经穿线备用。
3. 固定　用蛙嘴夹夹住脊蟾蜍下颌，悬挂于支架上，待其安静后进行以下实验。

【实验项目】

1）将蟾蜍右后肢的最长趾浸入0.5%硫酸溶液中2～3mm，并立即开始计时（以秒计算）。当出现屈反射时停止计时，此为屈反射时。结束后立即用清水冲洗受刺激的皮肤，并用纱布擦干。

重复测定 3 次，求均值作为右后肢最长趾的屈反射时。

用同样的方法测左后肢最长趾的屈反射时。

2）用手术剪自右后肢最长趾基部环切皮肤，然后用手术镊剥净其上皮肤。重复实验项目 1），用硫酸刺激该去皮的长趾，记录结果。

• TIPS

每次硫酸浸入时间最长不超过 10s，且尽量保持浸入皮肤面积不变。

3）改换右后肢有皮肤的趾，将其浸入硫酸溶液中，测定反射时，记录结果。

4）取浸有 1% 硫酸溶液的纸片，贴于右侧背部或腹部，记录擦或抓反射的反射时。反射活动一旦出现，立即去除纸片，并清洗该处皮肤。

5）用一细棉条包住分离出的坐骨神经，在细棉条上滴几滴 2% 普鲁卡因后（记录加药时间），每隔 2min 重复一次实验项目 3），计时。

6）当屈反射刚刚不能出现时（记录时间），立即重复实验项目 4）。每隔 2min 重复一次实验项目 4），直到擦或抓反射不再出现为止（记录时间）。记录加药至屈反射消失的时间及加药至擦或抓反射消失的时间，并记录反射时的变化。

7）将左侧后肢最长趾再次浸入 0.5% 硫酸溶液中，条件同实验项目 1），记录反射时与最初记录的左侧与右侧后肢最长趾反射时有无差异。

反射时测定结果记录于表 2-2。

表 2-2　反射时测定结果

	右侧最长趾屈反射时	右侧最长趾（环切）屈反射时	右侧其他趾屈反射时	左侧最长趾屈反射时	擦 / 抓反射时
第一次					
第二次					
第三次					
平均值					
屈反射消失时间			擦 / 抓反射消失时间		

【实验探索项目】

损毁脊髓后再重复上述实验，记录结果。

【注意事项】

1. 每次实验时，要使皮肤接触硫酸的面积不变，以保持相同的刺激强度。
2. 刺激后要立即用水洗去硫酸，以免损伤皮肤。

【思考题】

根据实验结果分析屈反射反射弧和擦 / 抓反射反射弧组成及特点。

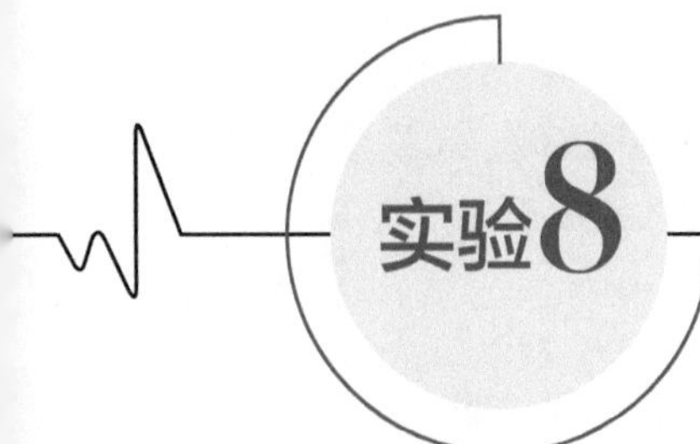
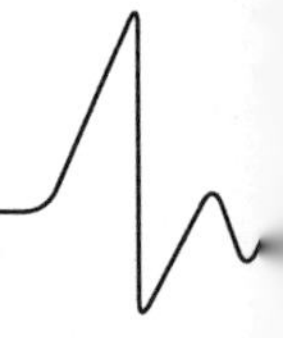

实验8 去小脑动物的观察

【实验目的】

加深对于小脑对运动调控功能的理解；观察动物小脑损伤后，对肌紧张和身体平衡等躯体运动的影响。

【实验原理】

小脑是维持机体平衡，调节肌紧张和协调躯体随意运动的重要中枢，接受来自运动器官、平衡器官和大脑皮层运动区三个方面的信息输入，通过其传出纤维与大脑皮层运动区、脑干网状结构、脊髓和前庭器官等广泛联系，通过对肌紧张的实时调节和对躯体平衡的维持，在随意运动的完成过程中起重要的协调和稳定作用（图 2-33）。小脑损伤后会发生复杂的躯体运动障碍，主要表现为躯体平衡失调、肌张力增强或减退及共济失调等。动物越高等，小脑功能越丰富，对随意运动完成的参与度越高，损伤后引起的效应也越广泛和复杂。

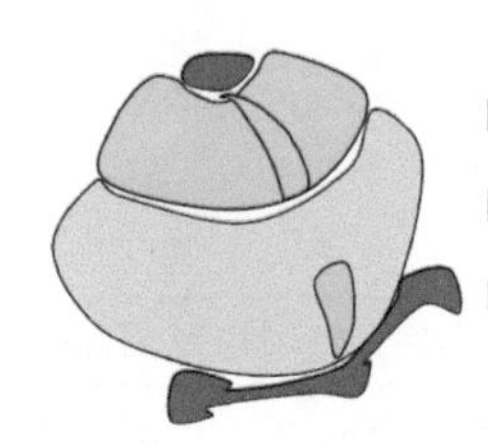

图 2-33　小脑功能示意图

【实验对象】

蟾蜍或小鼠。

【实验药品与器材】

乙醚，生理盐水，常用手术器械，手术胶带，鼠手术台，棉球，烧杯等。

【方法与步骤】

1. 观察正常运动表现　注意观察小鼠或蟾蜍的姿势、肌张力及运动的表现。

2. 麻醉　　将小鼠或蟾蜍置于大烧杯内，放入一块浸有乙醚的棉球，密闭烧杯片刻使其麻醉。待动物呼吸变深变慢，不再有随意活动时，将其取出，腹位固定于鼠手术台或蛙板。

3. 手术

（1）小鼠　　剪去头顶部被毛，用左手将头部固定，用手术刀沿正中线从两眼中线位置切开皮肤直达耳后部，用刀背向两侧剥离颅顶部肌肉及骨膜，暴露颅骨。透过颅骨可见小脑，在颅骨正中线旁 1～2mm 处，将大头针垂直刺穿颅骨，刺入一侧小脑，进针深度为 2～3mm，略做搅动，破坏该侧小脑。损毁后取出大头针，迅速用棉球压迫止血。简单缝合头部皮肤创口，或用手术胶带简单黏合。

（2）蟾蜍　　将蟾蜍头部皮肤做 T 形切开，打开颅盖，在延脑上方找出狭长小脑，用小刀切除一半，棉球止血，简单处理头部皮肤创口。

> **TIPS**
>
> 麻醉时间切忌过长，密切观察动物的呼吸变化以做判断。
>
> 若动物在手术过程中苏醒或挣扎，必须及时用乙醚棉球追加麻醉。
>
> 操作过程中应尽量避免操作者过多地吸入乙醚，操作应迅速准确。

> **TIPS**
>
> 手术中切勿损伤对侧小脑和小脑下方的延髓。进针深度在 2～3mm，不可过深。

【实验项目】

待小鼠或蟾蜍清醒后，观察小鼠或蟾蜍静止体位和姿势的改变，观察小鼠或蟾蜍运动时躯体有何异常。

描述一侧小脑损伤后，动物的姿势和躯体运动有何异常？根据实验结果，总结小脑对躯体运动的调节功能。

【注意事项】

1. 麻醉时间不宜过长，密切注意动物的呼吸变化，避免麻醉过深导致动物死亡。
2. 手术过程中如动物苏醒或挣扎，可随时用乙醚棉球追加麻醉。
3. 损毁小脑时不可刺入过深，避免伤及脑干或对侧小脑。

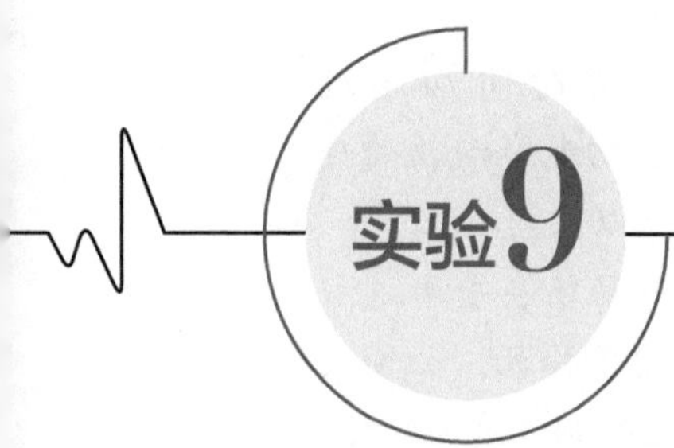
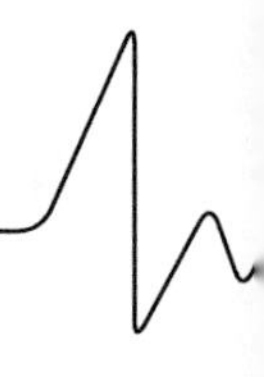

实验9 家兔大脑皮层诱发电位的引导

【实验目的】

学习记录大脑皮层诱发电位的方法；观察大脑皮层诱发电位的波形特征。

【实验原理】

当外周感受器、感觉器官、感觉传入系统受到刺激，在大脑皮层某一局限区域可以引导出电位变化，即大脑皮层诱发电位（图 2-34）。通过引导皮层诱发电位可以确定动物大脑皮层的代表感觉区，在研究皮层机能定位中起重要作用。皮层诱发电位包括主反应和后发放两个部分。主反应是通过特异性投射系统投射到相应皮层部位，诱发产生的电位变化，表现为先正后负、正相波较恒定的电变化；后发放是非特异性投射系统引起的电位变化，在主反应之后，常为一系列正相的周期性电变化。后发放出现与否及其持续时间取决于刺激的强度和动物的机能状态。由于大脑皮层存在自发电活动，诱发电位经常出现在自发电活动的背景上。背景的自发电活动越弱，引导出的诱发电位就越明显。为了尽量减弱自发电活动，引导清晰的诱发电位，实验时常将动物深度麻醉。

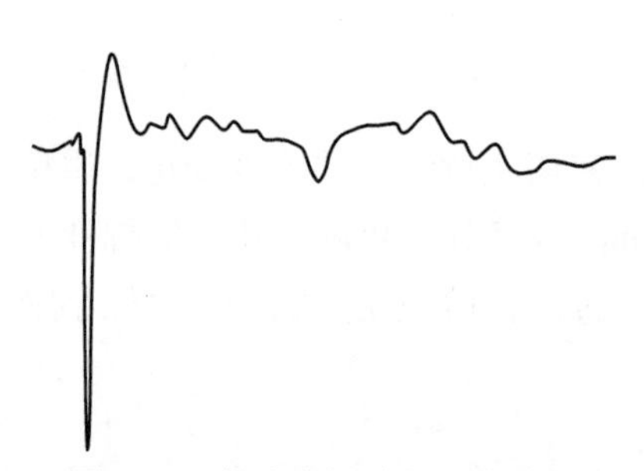

图 2-34　大脑皮层诱发电位波形

【实验动物】

家兔。

【实验药品与器材】

液体石蜡，20% 氨基甲酸乙酯，常用手术器械，颅骨钻，咬骨钳，兔体解剖台，

RM6240 多道生理信号采集处理系统等。

TIPS

麻醉程度观察：注射时前 1/3 时速度可稍快，后 2/3 时速度要慢，并同时观察家兔各项指标。家兔出现呼吸减慢、肌肉松弛良好、止血钳夹肢体末端皮肤无自主活动、角膜反射迟钝，可视为麻醉适度。

【方法与步骤】

1. 麻醉及固定　取家兔一只，称重，耳缘静脉注射 20% 氨基甲酸乙酯（1g/kg 体重）麻醉（图 2-35），麻醉后腹位固定于兔体解剖台上。

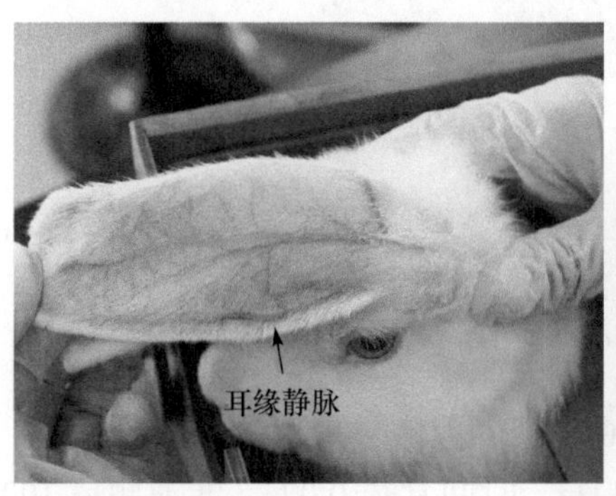

图 2-35　家兔麻醉

2. 开颅　用剪毛剪将头顶部被毛剪去，用手术刀由眉间至枕骨部位纵向切开皮肤（图 2-36），钝性分离，暴露颅骨，用刀柄刮净骨膜。本实验是以适当的电刺激作用于左前肢的桡神经浅支，其诱发电位出现在右侧大脑皮层的感觉区。开颅位置在矢状缝右侧 2mm，冠状缝后侧 3mm 处。标记好钻孔位置，手持颅骨钻（直径约 1.5mm），调节钻头钻进深度（约 2mm），将钻头从标记钻孔定位点垂直下压并旋转钻头，缓缓推进，至有突破感时立即停止钻孔，此时钻头刚好接触到皮层（图 2-37）。

TIPS

颅骨钻孔时尽量保证钻头垂直，不能用力下压，避免开颅瞬间过度损伤下方皮层；电钻开颅时间不宜过长，避免颅骨由于过度钻磨温度升高，损伤下方皮层。

电极放置时必须保证与皮层表面硬脑膜接触，不可损伤皮层表面的脑组织，接地电极放在头部皮肤切口边缘上。

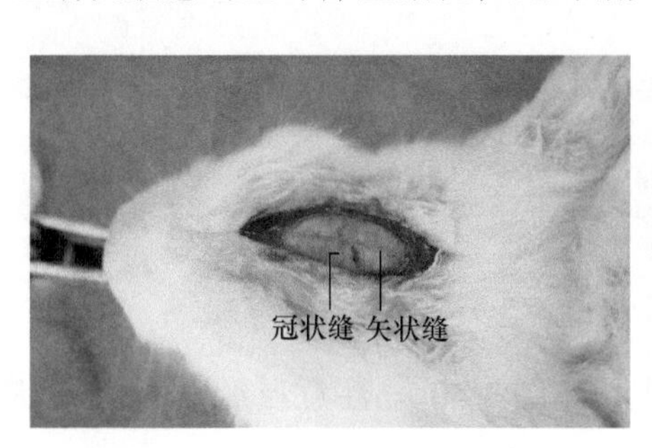

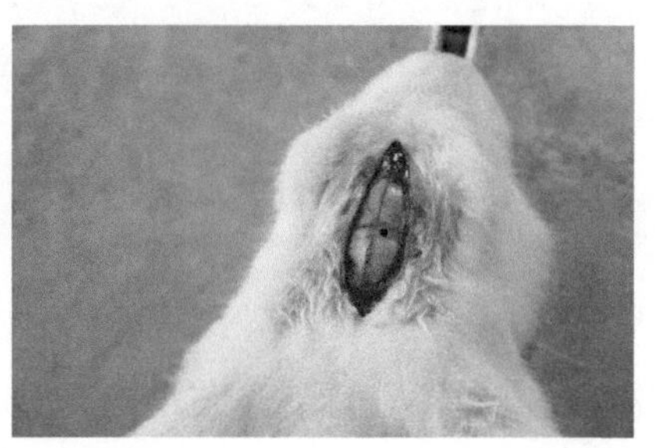

图 2-36 暴露颅骨　　　　图 2-37 钻孔定位

3. 放置记录电极　小心取出钻头，将球形电极从颅骨开孔放入，使其轻轻触碰皮层表面，固定电极。球形电极连接通道一，参考电极接皮肤切口（图 2-38）。

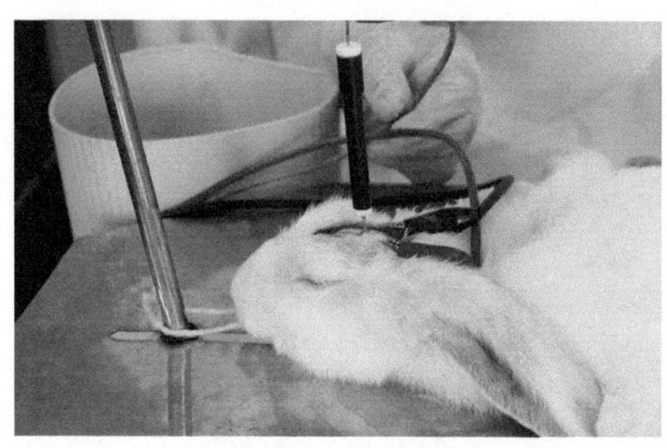

图 2-38 放置记录电极

4. 仪器参数设置　打开 RM6240 多道生理信号采集处理系统软件，设置通道一参数：通道模式生物电，采样频率 40kHz，时间常数 0.02s，滤波频率 100Hz，扫描速度 20ms/div；单刺激，波宽 0.1ms，同步触发（图 2-39）。根据波形特征适当调整灵敏度，观察自发脑电的波形。

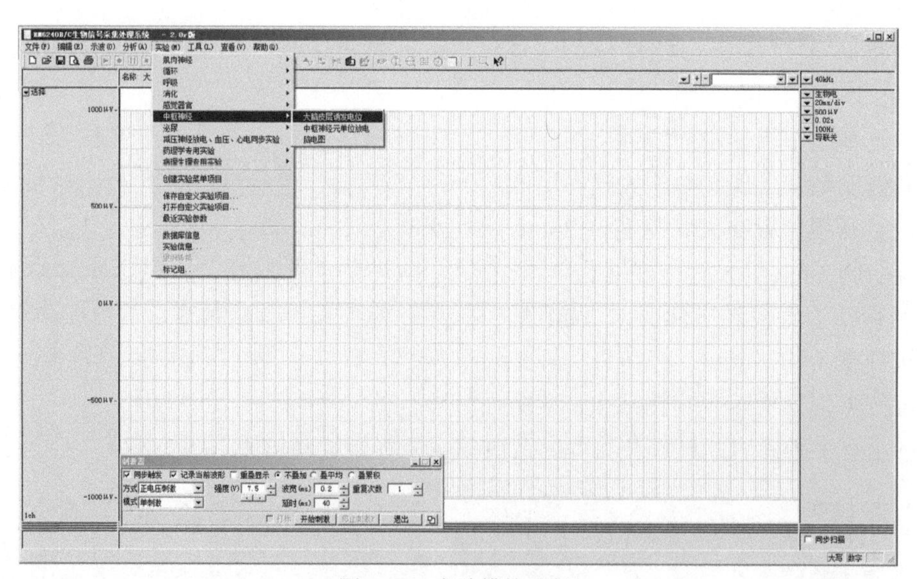

图 2-39 实验模块选择

【实验项目】

刺激前肢腕部，记录大脑皮层的皮层电位（图 2-40）。注意观察诱发电位的潜伏期、主反应与后发放的时程及主反应的相位与振幅。用单刺激刺激前肢腕部，强度由弱逐渐增强，直至引起诱发电位。

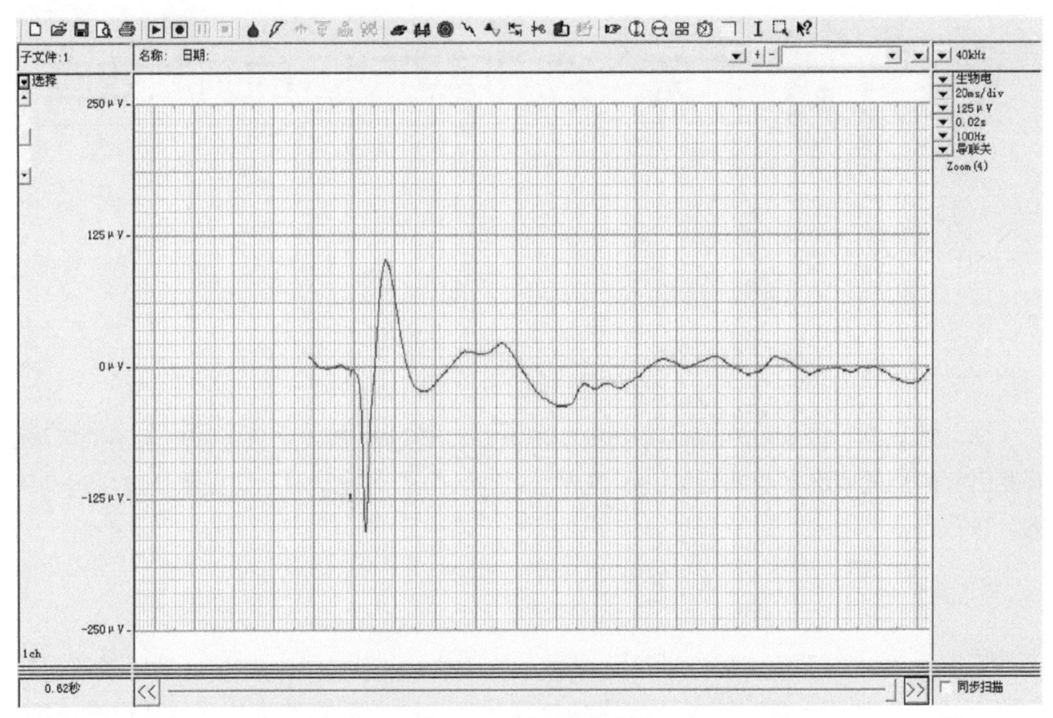

图 2-40　记录波形示例

【实验探索项目】

1. 分离左肢浅桡神经，刺激并引导诱发电位。诱发电位是对外周感受器、感觉神经、感觉系统中任何结构进行特定刺激，在大脑皮层记录到的电位变化。在左前肢肘部绕侧剪毛，切开皮肤，分离出浅桡神经。单刺激刺激左肢浅桡神经，强度由弱逐渐增强，直至诱发电位产生。

2. 试绘制或验证家兔感觉皮层图谱。在开孔的基础上，用咬骨钳进一步开颅，对不同部位皮肤进行刺激，观察对应哪些皮层区域出现诱发电位，绘制家兔感觉皮层图谱，或根据文献获得的图谱对感觉皮层分布进行验证。

【注意事项】

1. 实验记录中尽量关闭非必需电源，金属器械尽量远离动物，以减少干扰信号源。

2. 皮层诱发电位对温度十分敏感，如进一步开颅，在剪开脑膜后，要经常更换湿热液体石蜡。

3. 皮层引导电极以轻触为佳，不可过分压迫皮层，以免影响观察。

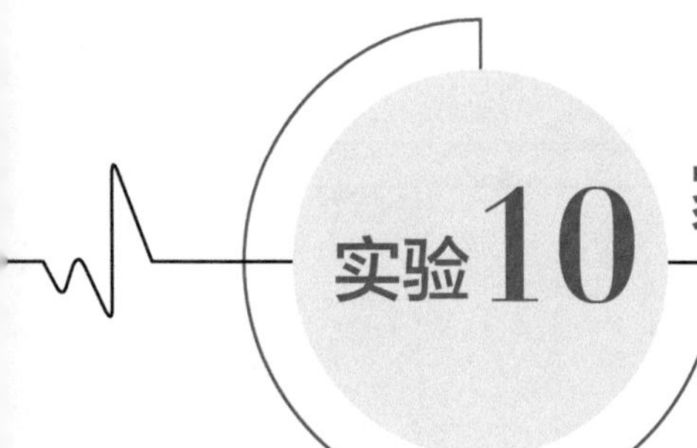

家兔大脑皮层运动区的刺激效应

【实验目的】

学习哺乳动物的麻醉和刺激大脑皮层的方法。通过电刺激家兔大脑皮层不同区域，观察引起的相关肌肉的收缩活动，了解皮层运动区与肌肉运动的定位关系及皮层运动区的分布特点。

【实验原理】

脑干对躯体运动的调节

大脑皮层运动区是躯体运动调节的高级中枢。皮层运动区对肌肉运动的支配呈交叉、有序的排列状态。随着动物的进化，运动逐渐精细，鼠和家兔的大脑皮层运动区机能定位已具有一定雏形。电刺激大脑皮层运动区的不同部位，能引起特定的肌肉或肌群产生收缩运动。

【实验动物】

家兔。

【实验药品与器材】

20% 氨基甲酸乙酯，常用手术器械，兔体解剖台，颅骨钻，咬骨钳，剪毛剪，球形刺激电极等。

【方法与步骤】

1. 麻醉与固定　取一只家兔，称重，耳缘静脉注射 20% 氨基甲酸乙酯（1g/kg 体重）麻醉，将家兔轻度麻醉后，腹位固定于兔体解剖台上。

2. 暴露颅骨，连接电极　用剪毛剪剪去家兔头顶部被毛，用手术刀从眉间至枕部将皮肤和骨膜纵行切开，用刀柄向两侧剥离肌肉和骨膜，暴露颅骨。参照刺激区图谱（图 2-41），在相应部位用颅骨钻钻孔。

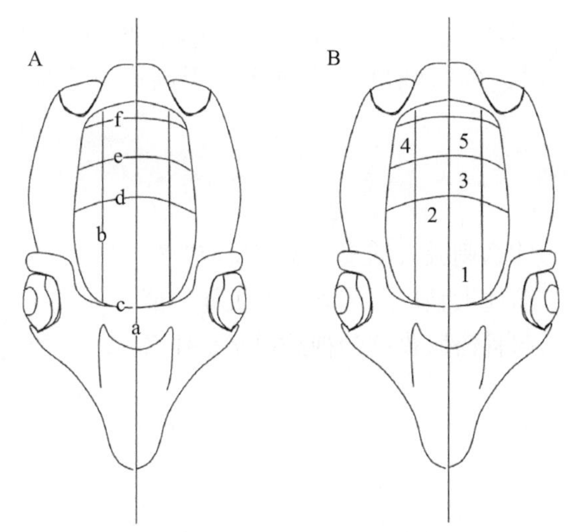

图 2-41　骨标志线（A）与最佳刺激区（B）

字母表示骨缝的连线，数字表示相应的运动区：

a. 矢状线，为与矢状缝重合的直线；b. 旁矢状线，为沿眶后切迹内侧缘与矢状线相平行的直线；c. 切迹连线，为两侧眶后切迹前缘连线；d. 冠状线，为冠状缝的平均线；e. 顶冠间线，为顶间前线与冠状之间的平行线；f. 顶间前线，为沿顶间骨前端（人字缝顶点）与冠状线的平行线；1. 动头；2. 咀嚼；3. 动前肢；4. 竖耳；5. 举尾

用颅骨钻在相应数字区的颅骨上打钻（注意不要伤及大脑皮层），将球形刺激电极从钻孔处插入 2～3mm，使其接触皮层表面。将刺激输出线的正极连接刺激电极，负极夹在头部皮肤开口上作为地线。

【实验项目】

观察刺激效应：解开固定家兔的绳子，使动物四肢放松，以便观察躯体运动效应。选择适宜刺激强度刺激大脑皮层运动区，观察躯体运动反应。

> **TIPS**
>
> 刺激强度的选择。
>
> 用刺激电极接触皮下肌肉，逐渐增大刺激强度，以引起肌肉收缩的最小刺激强度为佳。参考的刺激参数为 5～15V，波宽 20ms，频率 10～20Hz。

【实验探索项目】

在实验完成后，继续开颅。用咬骨钳扩大钻口，向前开颅至额骨前部，向后开至顶骨后部及人字缝之前（切勿掀动人字缝前的顶骨，以免出血不止）。用眼科剪小心剪开脑膜，暴露脑组织。用适宜刺激强度逐点刺激家兔大脑皮层运动区，观察躯体运动反应。比较开颅法与不开颅法所得结果有无差异。

【实验结果】

描述刺激大脑皮层的各个部位时躯体产生的反应，并绘制成图。

【注意事项】

1. 麻醉不宜过深。

2. 颅骨钻孔时要掌握好力度，一旦有通透感时即停止钻孔，防止损伤大脑皮层。

3. 刺激大脑皮层时，刺激强度不宜过大，否则影响实验结果，每次刺激持续5～10s。

【思考题】

1. 动物麻醉后，为什么刺激大脑皮层还有反应？
2. 根据实验结果，简述大脑皮层运动区的机能特征。
3. 刺激大脑皮层引起骨骼肌收缩的神经通路是什么？

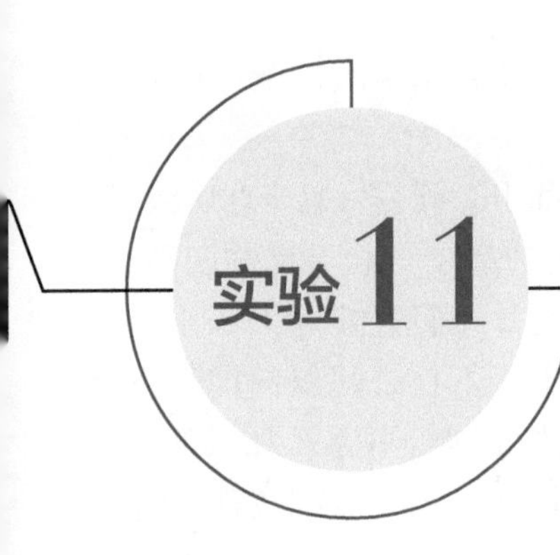
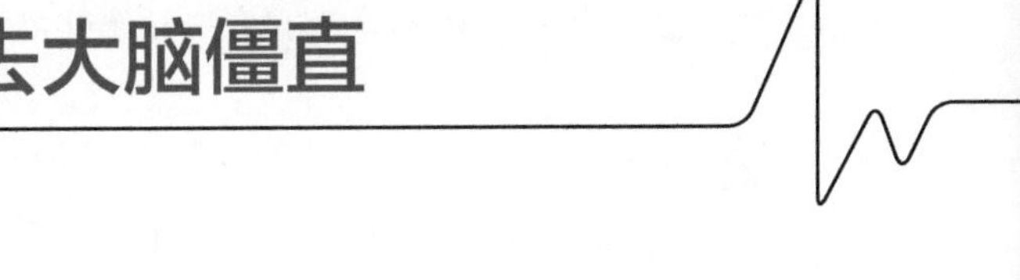

实验11 去大脑僵直

【实验目的】

学习去大脑的方法；观察去大脑僵直现象，了解中枢神经系统对肌紧张的调控作用；了解脑干在姿势反射中的调控作用。

【实验原理】

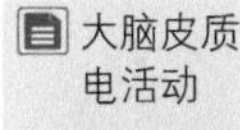

中枢神经系统对肌紧张具有易化和抑制作用。机体骨骼肌受此调节，维持正常姿势。中枢神经的易化系统包括脑干网状结构易化区（延髓网状结构的背外侧、脑桥被盖、中脑的中央灰质及被盖）、小脑前叶两侧部及前庭核等，抑制系统包括脑干网状结构抑制区（延髓网状结构腹内侧）、大脑皮层运动区、纹状体、小脑前叶蚓部等区域。如果在动物的中脑四叠体上、下丘之间离断脑干，切断中脑以上水平的高级中枢对肌紧张的调节，仅保留脑干与脊髓的联系，由于脑干网状结构的易化区作用强于抑制区，动物出现全身伸肌紧张亢进现象，呈现四肢伸直，头尾昂起，脊背挺直等伸肌紧张亢进的特殊姿势，称为去大脑僵直（图2-42）。这种从中脑四叠体的上、下丘之间离断脑干的动物，称为去大脑动物。

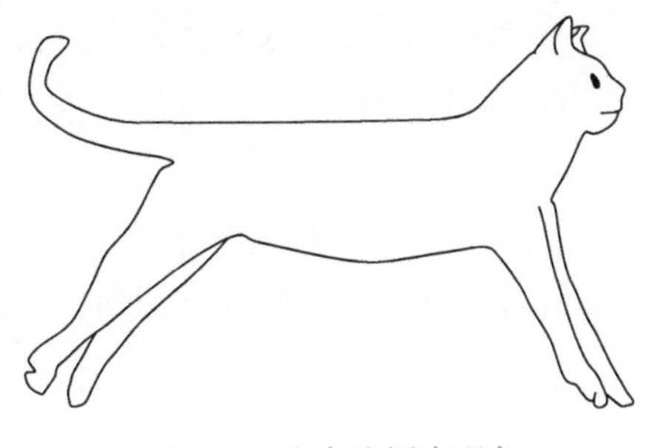

图2-42 去大脑僵直现象

【实验动物】

家兔。

【实验药品与器材】

20%氨基甲酸乙酯，温热生理盐水，常用手术器械，兔体解剖台，颅骨钻，咬骨钳，止血钳，剪毛剪，竹片刀，纱布，棉球等。

【方法与步骤】

1. 麻醉与固定　取家兔一只，称重，耳缘静脉注射20%氨基甲酸乙酯（1g/kg体重）麻醉，腹位固定于兔体解剖台。

2. 开颅　按实验9的方法开颅并继续用咬骨钳扩大开颅面积，暴露大脑半球后缘。

3. 在四叠体位置离断神经联系　松开动物四肢，左手托起动物下颌，右手用竹片刀轻轻拨起大脑半球后缘，看清四叠体部位，于上、下丘之间斜向前下方插入竹片刀（图2-43），快速切断神经联系（如果部位正确，动物突然挣扎，此时切勿松手，应继续使竹片刀切至颅底）。

> **TIPS**
> 离断神经联系时应迅速准确，动物挣扎时切勿松手。

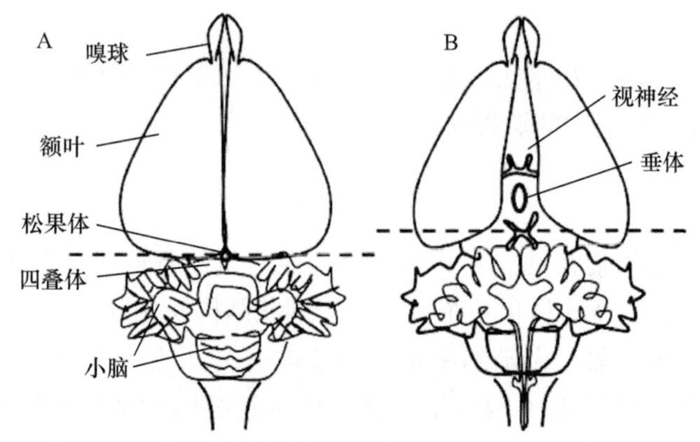

图2-43　去大脑僵直背面（A）和腹面（B）离断平面

4. 观察去大脑僵直现象　将动物侧位置于兔体解剖台上，数分钟后出现去大脑僵直现象（动物表现为四肢僵直，头向后仰，尾向上翘的反弓角张状态），如图2-42所示。

5. 用双手分别提动物的背部和臀部皮肤，使动物支撑“站立”在桌面上。将动物仰卧在解剖台上，观察前后肌紧张有无变化。

【实验探索项目】

在中脑之后延髓与脊髓交界平面再次用竹片刀离断神经联系，观察肌紧张有何变化。

【注意事项】

1. 动物麻醉不宜过深。

2. 手术要仔细操作，开颅时要小心，避免大出血。

3. 竹片刀插入脑干时，切断部位要准确，过低会伤及延髓呼吸中枢，导致呼吸停止；若切断部位过高，则可能不出现去大脑僵直现象。

【思考题】

1. 分析去大脑僵直产生的机理。
2. 总结肌紧张的中枢调控机制。
3. 为什么去大脑僵直现象在切断脑干几分钟之后才会出现?

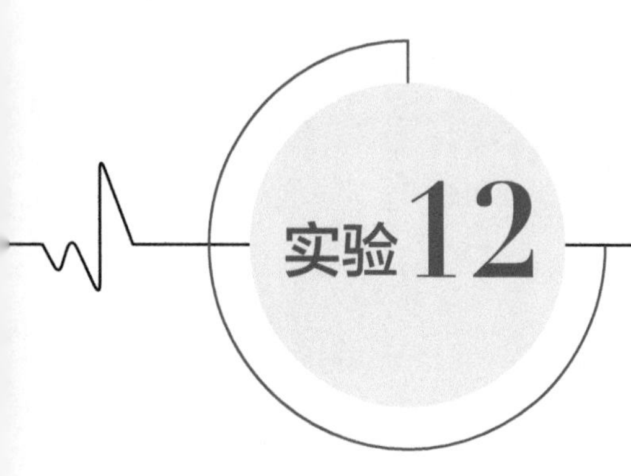
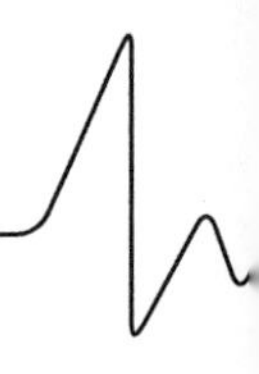

实验12 视野、盲点测定

【实验目的】

学习视野计的使用方法和视野的检测方法；测定正常人的无色视野和有色视野，了解正常视野的范围；理解视野的定义及测定视野的意义；学习盲点测定的方法，并判断盲点的位置和范围。

【实验原理】

视野是指单眼固定注视前方一点时所能看到的空间范围。测定视野有助于了解视网膜、视神经或视觉传导通路和视觉中枢的功能。由于鼻的阻隔，正常人的视野范围在鼻侧和额侧较窄，颞侧与下侧较宽。在亮度相同的条件下，白色视野最大，黄、蓝次之，红色较小，绿色最小。这是因为感受色觉的视锥细胞主要分布在视网膜的中心部位，使得有色视野相对较小。不同颜色视野的大小除了与面部结构有关外，与不同感光细胞在视网膜上的分布也密切相关。

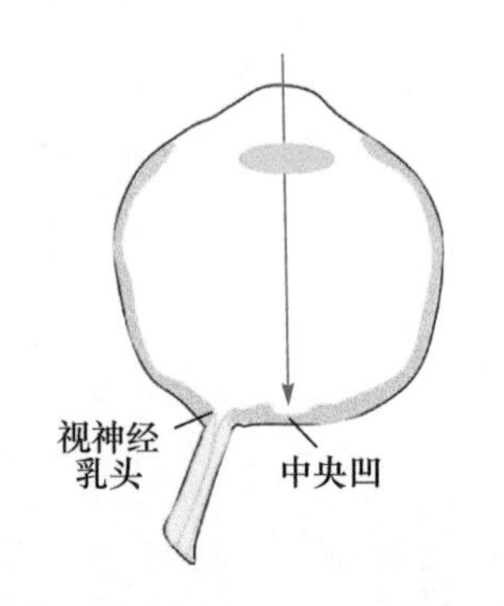

图 2-44　中央凹及视神经乳头示意图

视网膜中央凹的鼻侧部有一椭圆形隆起，即视神经乳头（图 2-44），是视网膜神经节细胞的轴突汇集穿出眼球壁的部位，该处无感光细胞，外来光线成像于此不能引起视觉。由于视神经乳头的存在，在正常视野中即存在生理性盲点的投射区，物像于此时无法感知。根据物体成像规律和相似三角形定理，通过生理性盲点投射区的测定，可计算出生理性盲点所在的位置和范围。

【实验对象】

人。

【实验药品与器材】

视野计，各色视标，视野图纸，铅笔（白、黄、红、绿色），白纸，米尺，遮眼板等。

【方法与步骤】

1. 视野的测定

（1）观察视野计的结构，熟悉使用方法　　视野计的式样较多，常用的是弧形视野计，是一个半圆弧形金属板，安在支架上，可绕水平轴做 360°旋转，旋转的角度可以从分度盘上读出。圆弧形外面有刻度，表示该点射向视网膜的光线与视轴夹角的角度，视野的界限就是以此角度来表示。在圆弧内面中央装有一面小镜作目标物，其对面支架上附有托颌架与眼托（图 2-45）。此外，视野计都附有白、黄或蓝、红、绿视标。视野计应放置在光线充足的桌台上。

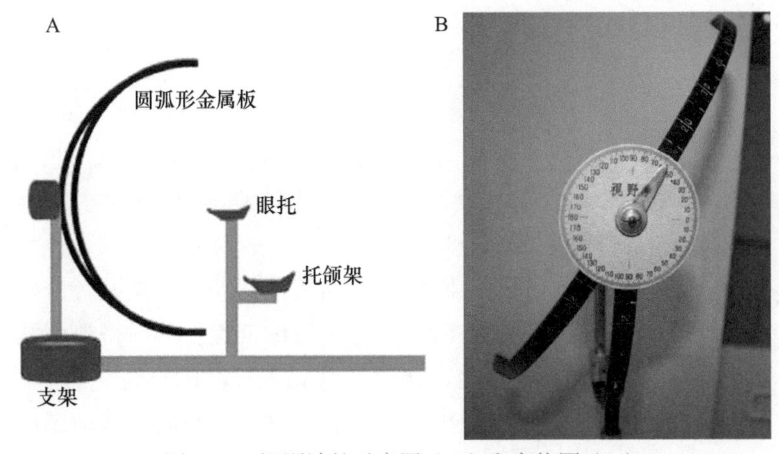

图 2-45　视野计的示意图（A）和实物图（B）

（2）测定水平视野边界　　受试者背对光线，面对视野计坐下，下颌放在托颌架上，右侧眼眶下缘靠在眼眶托上，调整托颌架的高度，使眼与弧架中心点位于同一水平面上。

将弧架置水平位置，遮住左眼，右眼注视弧架中心的小镜面，用余光看弧架周围。实验者用白色视标沿弧架一端慢慢从周边向中央逐渐移动，询问受试者是否可见视标，当受试者刚能看见视标时，记住此时视标在弧架上的对应刻度。将视标撤回，重复测试一次，待得出和之前一致的结果时，记录弧架上的刻度，在视野图（图 2-46）上相应的经纬度上标记水平视野一侧的边界点。

用同样的方法，从弧架另一端周边逐渐向中央移动测量，获得双向水平（鼻侧和颞侧）视野边界点。

> **• TIPS**
>
> 整个测试过程中保证受试者始终聚焦于弧架中央的小镜面位置。尽量避免弧架晃动和头部位置移动。

（3）测定不同方向视野边界点及绘制视野图　　将弧架顺时针转动 45°，重复上述操作，记录 45°角双向视野边界点；再旋转弧架 45°，记录垂直方向上下边界点；最后测量水平逆时针旋转 45°时的视野边界点。操作完成后共获得 8 个经纬度数值，将视野

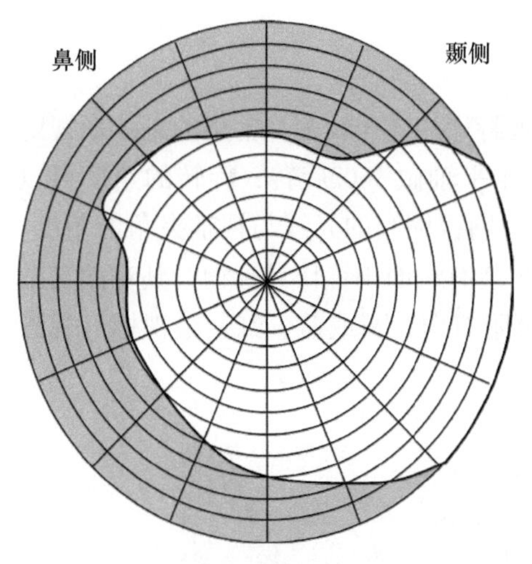

图 2-46　右眼视野

图上的这 8 个经纬度数值依次连接起来，就得出白色视野的范围。

（4）测定与绘制不同色标的视野图　按照相同的操作方法，测出右眼的黄、红、绿各色视觉的视野，分别用黄、红、绿三色铅笔在视野图上标出（图 2-46）。

（5）记录实验相关数据　在视野图上记下测定时眼与注视点（弧架中心小镜面）间的距离和视标的直径。通常前者为 33cm，后者为 3mm。

2. 盲点的测定

（1）盲点投射区测定　取白纸一张贴在墙上，受试者立于纸前 50cm 处，用遮眼板遮住左眼，在白纸上与右眼相平的地方用铅笔划一“+”字记号。受试者注视“+”字，将视标由“+”字中心水平向右眼颞侧方向缓慢移动。当受试者恰好看不到视标时，在白纸上标记视标位置。然后将视标继续向颞侧缓缓移动，直至又看到视标时的标记位置。将两点连线，以连线中心为起点，沿各方向向外移动视标，找出并记录各方向视标刚能被看到的各点，将各点依次相连，即得一个椭圆形的盲点投射区。以同法测出另一眼的盲点投射区。

TIPS

在视标移动过程中，受试者眼要直视前方，不能随视标的移动而移动，仅用余光来看视标。

（2）计算视神经乳头与中央凹距离　根据相似三角形各对应边成正比定理，可计算出盲点与中央凹的距离及盲点直径（图 2-47）。

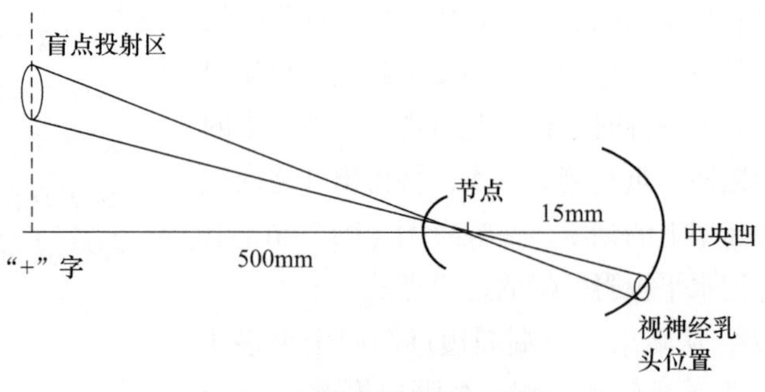

图 2-47　简化眼成像示意图

【实验探索项目】

改变环境亮度，重新测定视野，与正常视野图比较，有何差异？

【注意事项】

1. 测定视野时，要求受试者的被测眼一直注视弧架中心固定的小圆镜。

2. 测试视野时，视标的移动速度一定要慢，以受试者确实看到视标为准，测试结果必须客观。

3. 测定眼盲点大小时，该眼必须始终聚焦于白纸的“+”字上，眼球不得随意转动；眼与白纸必须始终保持已定的距离，不得随意变动。

【思考题】

1. 夜盲症患者的视野会发生什么变化？为什么？

2. 试分析视网膜、视神经或视觉传导通路和视觉中枢功能发生障碍时对视野的影响。

3. 在日常注视物体时，为什么没有感觉到生理性盲点的存在？

4. 当盲点范围发生变化时，应注意什么问题？

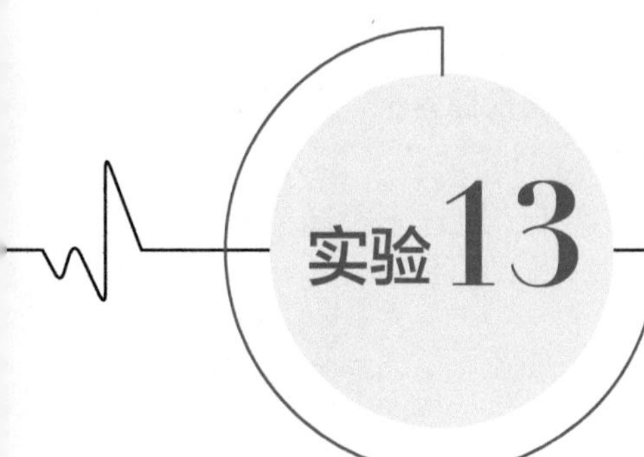

耳蜗微音器电位的记录与观察

【实验目的】

加深对感受器换能作用的理解和对感受器电位、启动电位的理解；掌握微音器电位的引导方法；观察微音器效应。

【实验原理】

当声波作用于耳蜗，在耳蜗及其附近部位可记录到一种与刺激声波的波形、频率相一致的电位变化，即耳蜗微音器电位，它是耳蜗毛细胞受声波刺激后产生的感受器电位总和（图 2-48）。这种电位幅度最大可达毫伏级，频率响应达 10 000Hz 以上，潜伏期小于 0.1ms，无不应期。

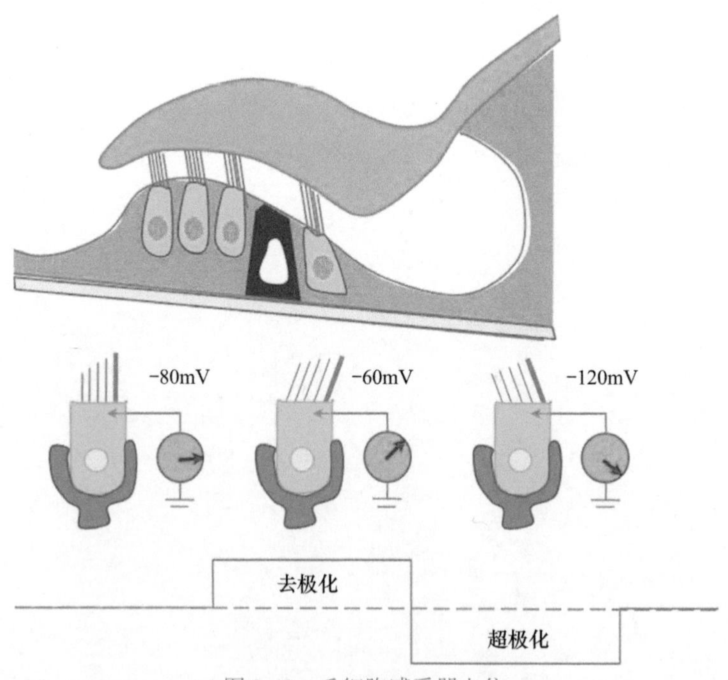

图 2-48　毛细胞感受器电位

若把这一电位变化经放大器放大后输入扩音器，就可复制播放出刺激的声音，而将电位变化引入示波器，可观察到这种电位的波形。可见，耳蜗的作用就像一个小小的微音器，这种效应称为微音器效应。

【实验动物】

豚鼠。

【实验药品与器材】

20% 氨基甲酸乙酯溶液，常用手术器械，生理盐水，引导电极，烧杯，培养皿，牙科钻，RM6240 多道生理信号采集处理系统，扬声器等。

【方法与步骤】

1. 麻醉　将豚鼠称重，用 20% 氨基甲酸乙酯腹腔注射麻醉（1.5g/kg 体重）。

2. 手术暴露内耳　豚鼠麻醉后侧卧位，在豚鼠耳郭根部后缘切开皮肤，钝性分离周围组织和肌肉，尽量清理干净。暴露外耳道后方的颞骨乳突部，在乳突上用牙科钻轻轻钻一小孔，直径为 3～4mm，孔内即鼓室。经骨孔向前方深部观察，可见在外耳道口内侧深部尖端向下的耳蜗，耳蜗基底处附近可见圆窗，朝向外上方，前后直径约 0.8mm（图 2-49）。

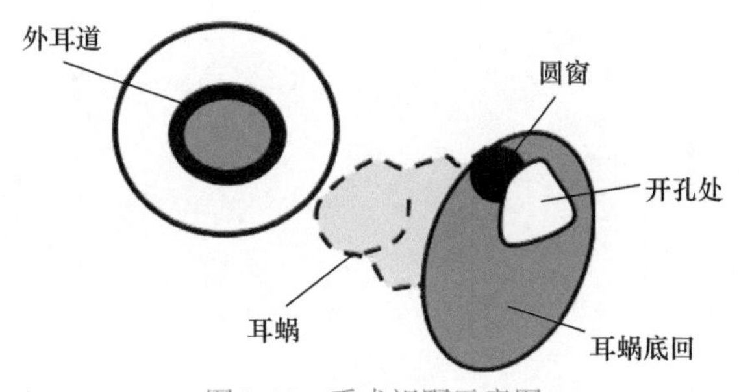

图 2-49　手术视野示意图

3. 电极安置　将参考电极夹在切口附近的皮肤肌肉，引导电极通过骨孔插向深部，使其头端银球轻轻接触圆窗或其周围。

4. 参数设置　打开 RM6240 多道生理信号采集处理系统软件，在实验的下拉菜单中选择“感觉器官”中的“豚鼠耳蜗微音器电位”实验模块，观察各参数的设置（图 2-50）。将扬声器接 RM6240 面板“监听”输出孔。

【实验项目】

对着豚鼠说话或拍手或播放音乐，适当调节放大器与示波器的放大倍数，即可在示波器上观察到相应的电位变化，并能通过扬声器听到同样的声音。注意观察并描述波形特征（图 2-51）。

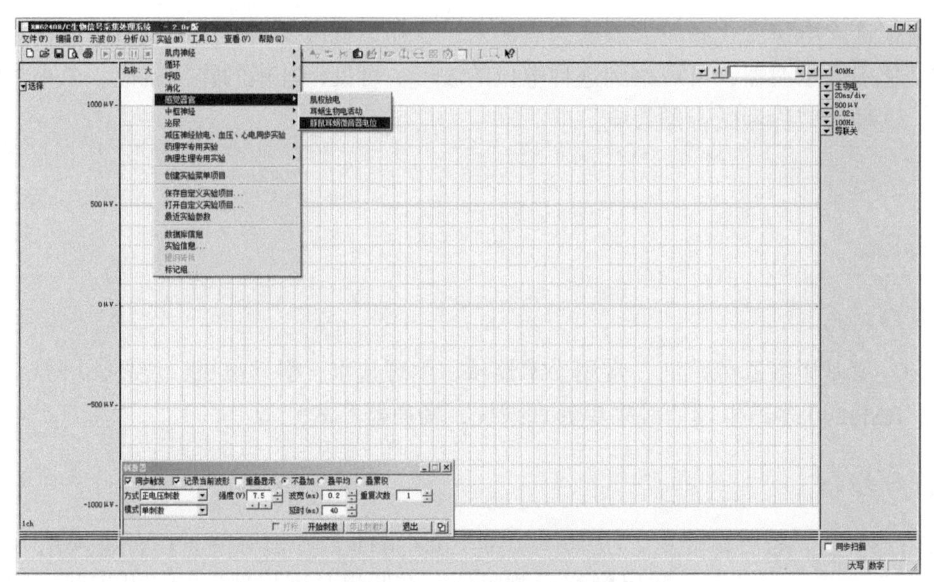

图 2-50　实验模块选择

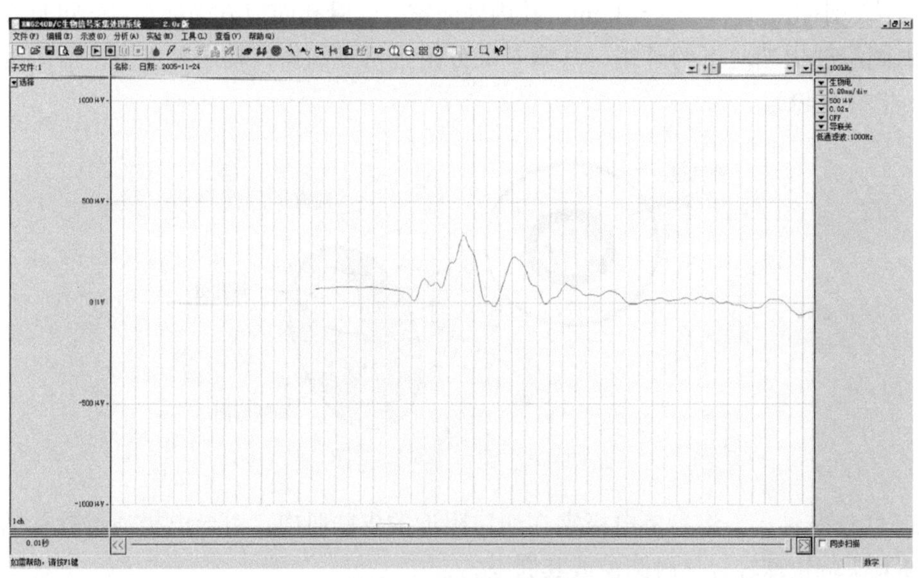

图 2-51　记录波形示例

【实验探索项目】

试着改变声音强度和频率，观察微音器电位波形如何变化。

【注意事项】

1. 选择动物时可用击掌简单测试动物的耳廓反应。

2. 手术过程中要及时止血，避免液体渗入鼓室影响实验结果。

3. 电极安置时一定不要戳破圆窗，尽量不要触碰周围骨壁及组织；电极安置好后可用棉球遮盖骨孔以保持鼓室内的温度和湿度。

【思考题】

为何动物麻醉后，甚至死后半小时内依然可以记录到耳蜗微音器电位？

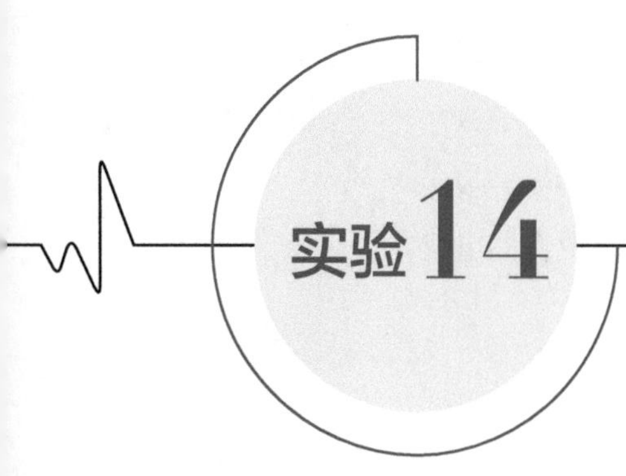
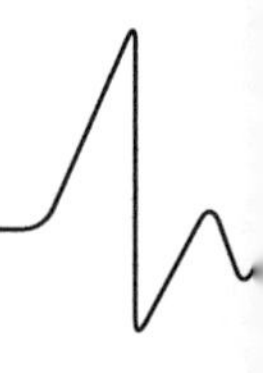

实验14 破坏蟾蜍一侧迷路的效应

【实验目的】

学习损毁蟾蜍迷路的方法；观察一侧迷路破坏后蟾蜍行为、姿势的变化；认识内耳迷路在姿势调节中的作用。

【实验原理】

内耳迷路由三部分组成，分别为耳蜗、前庭（椭圆囊、球囊）和三个半规管。其中，前庭和半规管合称为前庭器官。前庭器官是动物对自身运动状态和头的空间位置的感受器，兴奋能反射性调节肌紧张分配，维持机体的平衡与姿势。若一侧迷路功能丧失，可使肌紧张调节障碍，动物失去维持正常姿势与平衡的能力。

【实验动物】

蟾蜍。

【实验药品与器材】

常用手术器械，纱布，水盆等。

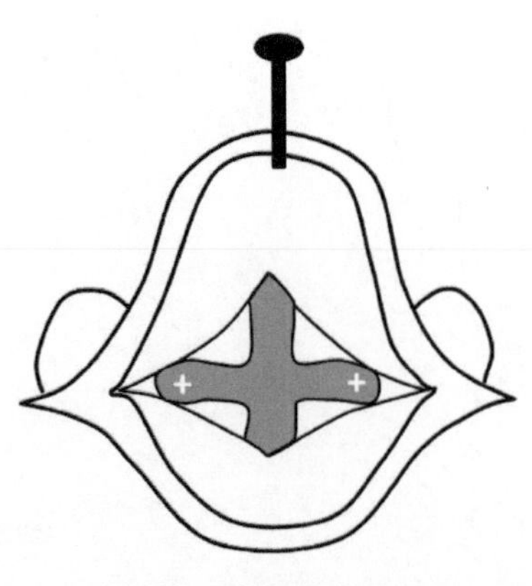

图 2-52　蟾蜍迷路的位置

【方法与步骤】

1. 正常运动姿势观察　将蟾蜍置于蛙板上，观察其正常的爬行步态；随后将其置于水盆中，观察其正常的游泳姿势。

2. 一侧迷路损毁　用纱布包裹蟾蜍躯干，腹部向上握于左手，将其下颌向下翻开，用左手拇指按住使嘴尽量张开，可用大头针将其上颌同时固定在蛙板边缘。用手术剪沿颅底中线剪开颅底黏膜，小心向上、下、左、右分别剪出菱形创口，即可暴露十字形副蝶骨，内耳囊位于副蝶骨横突的左右两侧（图 2-52“+”

处）。用手术刀刮去薄薄一层骨质，可看到小米粒大的白点，即内耳囊。将毁髓针刺入内耳囊 2mm 左右并搅动即可毁坏迷路。

3. 观察损毁后运动姿势　将蟾蜍再次置于蛙板和水盆中，观察其爬行步态与游泳姿势的变化。

【注意事项】

剪开黏膜时，注意不要损伤颅底中线两侧的血管。

【思考题】

1. 结合实验结果，说明迷路的功能。
2. 前庭器官各部分的适宜刺激分别是什么？
3. 半规管及椭圆囊斑和球囊斑感受本体感觉信息的机制是什么？

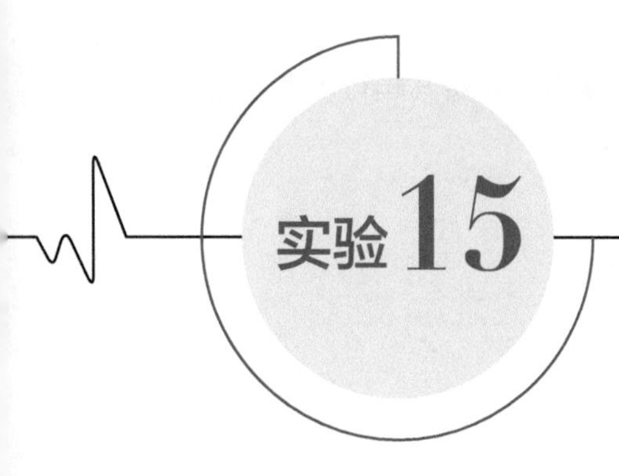

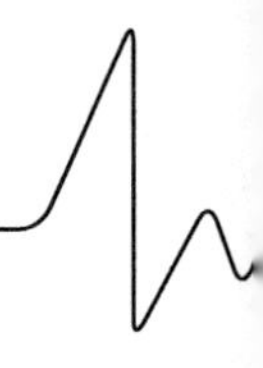

实验15 血细胞计数

【实验目的】

了解血细胞计数的原理并掌握红细胞、白细胞和血小板的人工计数方法。

【实验原理】

血液中的血细胞数量众多，无法直接计数，需要将血液稀释到一定倍数后，利用血细胞计数器，在显微镜下计数一定容积的稀释血液中各种血细胞，再换算为 $1mm^3$ 血液中的血细胞个数。

临床上已使用血液多参数自动测量仪，进行自动化血细胞计数。

【实验动物】

家兔。

【实验药品与器材】

显微镜，血细胞计数器，一次性定量毛细取血管（10μl、20μl），一次性刺血针，移液管（1ml、2ml、5ml），吸管，酒精棉球，NaCl，$Na_2SO_4 \cdot 10H_2O$，$HgCl_2$，冰醋酸，1% 甲紫（或 1% 亚甲蓝），尿素，柠檬酸钠，40% 甲醛溶液，蒸馏水，95% 乙醇，乙醚，1% 氨水，擦镜纸等。

【方法与步骤】

1. 熟悉血细胞计数器　血细胞计数器是由一块比普通载玻片厚的特制玻片制成，玻片中有 4 条凹槽，构成三个平台。中间的平台宽，被一短横槽隔为两半，即两个计数室；两边有两个较窄的平台，是盖玻片的支柱，两个窄平台（载玻片支柱）比中间计数室平台高 0.1mm。因此，放上盖玻片时，计数板与其间距即计数室空间的高度为 0.1mm。计数室被双线划分成 9 个边长为 1mm 的大方格（图 2-53 红色大格），面积为 $1mm^2$，体积即 $0.1mm^3$。四角的大方格又各分为 16 个中方格，一般这 4 个大方格用来计数白细胞；中央大方格（图 2-53 灰色大格）再被划分为 25 个边长为 0.2mm 的中方格（图 2-53 红色中格），面积 0.04mm²，体积 0.004mm³；每一中方格又划分成 16 个小方格（图 2-53 红色小格），称 25×16，也有的计数板为 16×25（小方格面积一致）。中央大方格的四角及中心 5 个中方格（16×25 则为四角上的中方格）用来进行红细胞或血小板的计数。图 2-53 以 XB-K-25 计数板为例进行介绍。

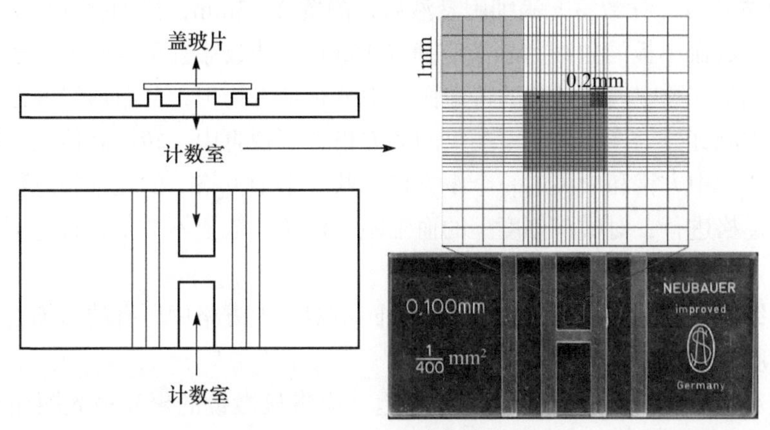

图 2-53　血细胞计数器构造

XB-K-25 计数板分 25 个中格；0.1mm 为盖上盖玻片后计数室的高；1/400mm² 表示计数室面积是 1mm²，分 400 个小格，每小格面积是 1/400mm²

2. 稀释液准备

（1）红细胞稀释液（Hayem）　NaCl（维持渗透压）0.5g，Na_2SO_4（增加溶液密度，使红细胞悬浮不易下沉）2.5g，$HgCl_2$（固定红细胞并防腐）0.25g，蒸馏水加至 100ml。

（2）白细胞稀释液　冰醋酸（破坏红细胞）2.0ml，1% 甲紫或 1% 亚甲蓝（染色，以便识别）1ml，蒸馏水加至 100ml，过滤后备用。

（3）血小板稀释液　尿素（维持渗透压）10～13g，柠檬酸钠（防止血小板凝集）0.5g，40% 甲醛溶液（防腐）0.1ml，蒸馏水加至 100ml。

注意：应先将尿素和柠檬酸钠溶于蒸馏水中，再加甲醛溶液。可加亚甲蓝以便于观察。配制好后应置冰箱保存，用前过滤。

3. 采血及稀释

1）分别用 1ml 移液管取 0.38ml 白细胞稀释液、5ml 移液管取 3.98ml 红细胞稀释液及 2ml 移液管取 2ml 血小板稀释液各自放入表面皿内备用。

2）用酒精棉球消毒家兔的耳缘静脉采血部位，待耳缘静脉充血后，用一次性刺血针刺破血管，让血液自然流出，擦去第一滴血，待流出第二滴血时，用一次性定量毛细取血管分 3 次准确吸取 20μl、20μl 和 10μl 血液，擦拭干净管外沾染的血液，分别将滴管放入上述盛有稀释液的表面皿底部，将血液轻轻吹出，并吸上清液冲洗沾在毛细取血管管壁上的血液 2～3 次，轻摇表面皿 1～2min，使血液与稀释液充分混匀。

4. 使用血细胞计数器　将盖玻片（与计数器配套购置）放在计数器正中央，用小吸管吸取稀释混匀的血细胞悬浮液，将一小滴血液滴在盖玻片边缘的玻片上，使稀释血液借毛细管现象自动流入计数室内，使之充满。滴入计数室的细胞悬液不能过多或过少，过多则溢出而流入两侧槽内且使盖玻片浮起；过少则计数室中形成空泡，无法计数。红细胞、白细胞和血小板的计数，各使用一计数室。

5. 计数方法　计数室充满细胞悬液后，静置2～3min，待细胞分布均匀并下沉后进行计数。计数血小板的血细胞悬液应静置15min。计数器置于镜台上，镜台应保持水平用低倍镜观察计数室内被计数的特定血细胞分布是否均匀，分布均匀者方可计数。

（1）红细胞计数　把计数室中央的大方格置于视野内，转用高倍镜，计数中央大方格四角的4个中方格和中央的一个中方格（共5个中方格）的红细胞总数。计数时应循一定路径逐格进行，对横跨刻度上的血细胞，依照“数上不数下，数左不数右”的原则进行计数。

（2）白细胞计数　在低倍镜下，计数四角四个大方格中所有的白细胞总数，计数原则同红细胞计数。

（3）血小板计数　计数方法同红细胞。应将显微镜的聚光镜光圈缩小，降低视野亮度，便于看清血小板折光，可使用相差显微镜计数。血小板直径相当于红细胞的1/5～1/4，圆形或椭圆形。注意将血小板与红细胞、白细胞碎片和霉菌等区别，防止错误计数。

6. 计算

（1）红细胞数

红细胞数/mm^3=5个中方格内数得的红细胞总数 $\times 10^4$

红细胞数/L=红细胞数/$mm^3 \times 10^6$

计数原理如下。

1）稀释液3.98ml加20μl（即0.02ml）血液，稀释血液200倍。

2）计数室内计数0.02μl稀释后细胞悬液中红细胞总数（即1个中方格的容积为$0.2 \times 0.2 \times 0.1 = 0.004mm^3$，5个中方格的容积为$0.004 \times 5 = 0.02mm^3$），换算成每立方毫米时应乘以50。

3）红细胞数/mm^3=5个中方格内数得的红细胞总数 × 稀释倍数（200）× 50。

4）红细胞数/L=红细胞数/$mm^3 \times 10^6$。

（2）白细胞数

白细胞数/mm^3=4个大方格内数得的白细胞总数 × 50

白细胞数/L=白细胞数/$mm^3 \times 10^6$

（3）血小板数

血小板数/mm^3=5个中方格内数得的血小板总数 $\times 10^4$

血小板数/L=血小板数/$mm^3 \times 10^6$

【注意事项】

1. 全部器材和稀释液应十分清洁。特别是血小板形态不规则且小，任何灰尘斑点都可致计数困难，甚至误认。

2. 取血液时，应使其自然流出，避免挤压。动作要快，以防止血液聚集。

3. 血液加入稀释液以后，须充分摇匀，但是动作要轻，避免产生气泡和防止血细胞（尤其是血小板）被破坏。

4. 血液用稀释液稀释后不宜长时间放置，以避免计数结果偏低。

5. 混悬血液滴入计数室时，液量要适当。如滴入过多，溢出并流入两侧深槽内，使盖玻片浮起，体积改变，影响计数结果，需用滤纸片把多余溶液吸出，以深槽内没有溶液为宜。如滴入溶液过少，多次充液，易产生气泡，应洗净计数室，干燥后重做。

6. 计数室内细胞分布要均匀，如发现各中方格红细胞数目相差 20 个以上或各大格的白细胞数目相差 8 个以上，表明血细胞分布不均匀，必须把稀释液摇匀后重新计数。

7. 血小板计数时，需等血小板完全下沉后方可计数。沉积时间短，结果偏低；时间过长，计数室中稀释液易蒸发。

8. 计数器不能用乙醇或乙醚洗涤，用蒸馏水冲洗后用洁净纱布轻轻擦干即可，不可用粗布擦拭。血滴干涸在血细胞计数器上，可加碳酸氢钠饱和液数滴，并用软布拭擦，待血迹消失后用水冲洗。通过镜检观察每小格内是否残留血滴或其他沉淀物。若不干净，则必须重复清洗直到干净为止。

【思考题】

1. 本实验过程中，哪些因素可能影响血细胞计数的准确性？

2. 各种血细胞的生理功能是什么？

3. 显微镜载物台为什么必须水平而不能倾斜？

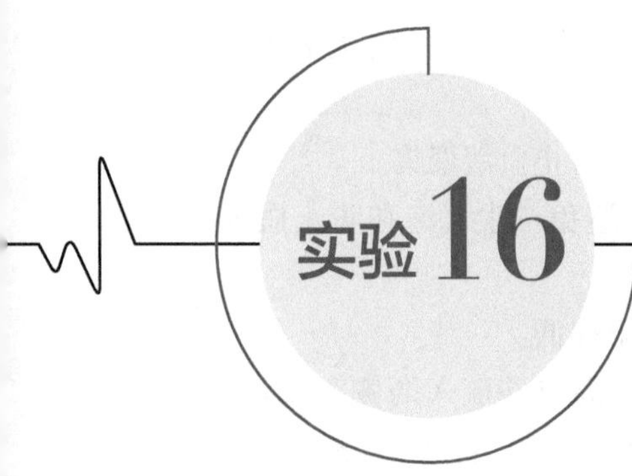
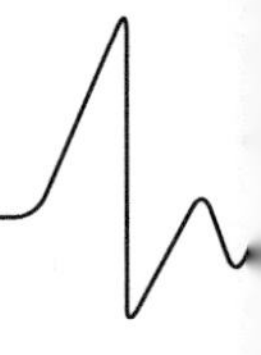

实验16 红细胞沉降率的测定

【实验目的】

掌握测定红细胞沉降率的方法，了解测定红细胞沉降率的意义。

【实验原理】

红细胞沉降率（erythrocyte sedimentation rate，ESR）简称血沉，指离体抗凝全血静置一段时间后，红细胞自然下沉的速率，单位为mm/h。将加有抗凝剂的血液加到血沉管中，垂直置于血沉管架上，红细胞因重力作用而逐渐下沉到底部，上层为黄色透明的血浆。在经一定时间（如1h）后，沉降的红细胞上面的血浆层高度，即红细胞的沉降率。血浆层越高，标示沉降率越快。血沉过程一般分为3期：① 缗钱状红细胞形成期，一般经过数分钟至10min。缗钱状红细胞是指红细胞叠连成串，红细胞形态正常。② 快速沉降期，形成的缗钱状红细胞以等速下降，约40min。③ 细胞堆积期，又称为缓慢沉积期或挤紧期，此时红细胞堆积在试管底部。

红细胞沉降率与某些疾病有关，如贫血、发热、炎症、风湿性疾病及多种恶性肿瘤，患者沉降率增高，月经期和孕期沉降率也高于正常值，红细胞增多症患者沉降率降低。

测定红细胞沉降率常用的方法有韦氏测定法（Westergren）和潘氏测定法，韦氏测定法使用普通的血沉测定管，潘氏测定法使用微量血沉管。本实验分别介绍韦氏测定法和潘氏测定法。

（一）韦氏测定法

【实验动物】

家兔。

【实验药品与器材】

韦氏血沉管，血沉管架，3.8% 柠檬酸钠溶液，注射器，试管等。

【方法与步骤】

1. 采血　准备一个 5ml 试管，加 3.8% 柠檬酸钠溶液 0.4ml。将家兔胸部左侧剪毛、消毒，用一次性注射器在左胸心跳最明显的部位，垂直刺入，取心血 2ml 左右，准确地将 1.6ml 血液注入试管内，轻摇，使血液与抗凝剂充分混匀，避免剧烈振荡，以免破坏红细胞。

2. 使用血沉管　用清洁、干燥的韦氏血沉管小心吸取血液至最高刻度“0”处。将吸有血液的韦氏血沉管垂直置于血沉管架。

3. 记录结果　分别在 15min、30min、45min、1h、2h，检查血沉管上部血浆的高度，以毫米表示，并将所得结果记录于表 2-3。

• TIPS

在用血沉管吸血时，注意避免产生气泡

表 2-3　血沉实验结果记录表

被检动物	时　间				
	15min	30min	45min	1h	2h

（二）潘氏微量测定法

【实验动物】

家兔。

【实验药品与器材】

刺血针、50g/L 的柠檬酸钠、微量血沉管、血沉管架、小表面皿等。

【方法与步骤】

1）微量血沉管管长 172mm，管中刻度由上至下为 0～100mm，内径 1mm，容积约 0.15ml。刻度“0”处有“K”标识，50mm 处有“P”标识。用前先用柠檬酸钠溶液冲洗一次。

2）用微量血沉管吸取柠檬酸钠至刻度“P”，吹入小表面皿。

3）用刺血针刺破家兔耳缘静脉远端，擦去第一滴血，用微量血沉管取血至刻度“K”处，迅速吹入有抗凝剂的小表面皿，充分混合。

4）用微量血沉管吸取小表面皿中混匀的抗凝血至“K”处，擦净管尖血液，直立并固定在血沉管架上。

5）1h 后记录血沉管中上层血浆高度，即沉降率。

【注意事项】

1. 血液与抗凝剂的容积比为 4:1，抗凝剂需新鲜配制，避免脂肪血。

2. 自采血时算起，实验应在 2h 内完成，否则会影响结果准确性。

3. 血沉管与血沉架规格必须符合标准；血沉管应垂直竖立，不能倾斜，不得有气泡和漏血。

4. 实验用器材应清洁、干燥，如内壁不清洁可使血沉显著变慢。

5. 若红细胞上端成斜坡形或尖锋形时，应选择斜坡部分的中间位置计算。

6. 血沉与温度有关。在一定范围内温度愈高，血沉愈快，故实验时室温以 18～25℃为宜。

【思考题】

1. 影响红细胞沉降率的因素有哪些？

2. 什么情况下，沉降率会升高？

3. 何谓红细胞悬浮稳定性？原理如何？

4. 测定红细胞沉降率的意义是什么？

实验17 红细胞的溶解——溶血

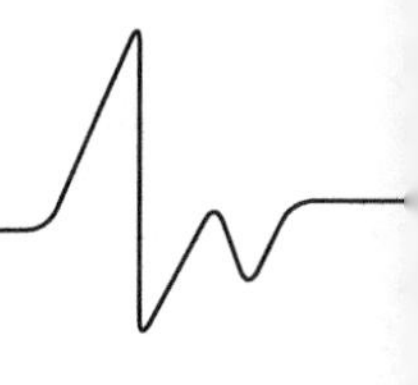

【实验目的】

学习引起红细胞溶解的方法；观察红细胞溶解现象。

【实验原理】

红细胞溶解的原因可以是溶液渗透压改变，或者有机溶剂等溶解或破坏红细胞膜而发生血红蛋白析出。红细胞溶解有渗透性溶血和化学性溶血。

渗透性溶血：与血浆晶体渗透压相等的溶液称为等渗溶液，如0.9%氯化钠和5%葡萄糖溶液；渗透压低于血浆晶体渗透压的溶液称为低渗溶液；渗透压高于血浆晶体渗透压的溶液称为高渗溶液。红细胞可稳定地悬浮在血浆中，若将其置于高渗溶液中，红细胞会失去水分而发生皱缩；若置于低渗溶液中，则红细胞会因水分进入而发生膨胀，进一步降低溶液渗透压，会使水分过多进入，导致红细胞膜破裂，红细胞内的血红蛋白析出，即红细胞溶解，简称溶血。红细胞对低渗溶液具有一定的抵抗力，这种特性称为红细胞渗透脆性。红细胞对低渗溶液抵抗力越强，在低渗溶液中就越不容易发生破裂，其渗透脆性就越小。把刚能引起红细胞发生溶血的低渗溶液浓度称为该红细胞的最小脆性；将开始出现所有红细胞都发生溶血的低渗溶液浓度，称为该红细胞的最大脆性。

化学性溶血：除了低渗溶液外，各种有机溶剂、酸、碱等溶液可以溶解或破坏红细胞膜，使得血红蛋白析出，即红细胞的化学性溶血。溶血后，残留的红细胞膜碎片称为血影。

【实验动物】

家兔。

【实验药品与器材】

离心机，2ml注射器，6号针头，滴管，5ml试管10支，试管架，吸耳球，2ml吸管，1%氯化钠，0.9%氯化钠，0.1mol/L盐酸，0.1mol/L氢氧化钠，乙醚或三氯甲烷（氯仿），3.8%柠檬酸钠等。

【方法及步骤】

1. 渗透性溶血：红细胞脆性测定

1）配制不同浓度的低渗氯化钠溶液：取 10 支试管，按表 2-4 配制 2ml 低渗溶液。

表 2-4 低渗溶液配制

贮存溶液	1	2	3	4	5	6	7	8	9	10
1% 氯化钠 /ml	1.40	1.30	1.20	1.10	1.00	0.90	0.80	0.70	0.60	0.50
蒸馏水 /ml	0.60	0.70	0.80	0.90	1.00	1.10	1.20	1.30	1.40	1.50
氯化钠终浓度 /%	0.70	0.65	0.60	0.55	0.50	0.45	0.40	0.35	0.30	0.25

2）消毒家兔取血部位，用干燥的注射器和针头静脉取血 1～2ml，立即滴入上述每个试管各 1 滴，摇匀后室温静置 0.5～2h 后，观察实验结果。或者先制备 5% 红细胞混悬液（化学性溶血部分），加入各试管中 1 滴，摇匀，静置 0.5～2h 后观察实验结果。

3）结果判断。从高浓度向低浓度依次观察，不溶血为上层浅黄、透明，下层红色、不透明；开始溶血为上层红色、透明，下层红色、浑浊而不透明；完全溶血为全部液体变红且透明。

2. 化学性溶血

1）配制 5% 红细胞混悬液：取家兔血 2ml，加入盛有 3.8% 柠檬酸钠溶液 0.2ml 的离心管中，充分混合，放入离心机中，以 3000r/min 离心 5min。取出，弃去上清液，加入生理盐水混合后再离心，取出弃上清液。同法重复一次，即可得到洗涤的红细胞，用生理盐水配制成 5% 红细胞混悬液。

2）取 4 支试管，分别加入 0.9% 氯化钠溶液 1ml、0.1mol/L 盐酸 1ml、0.1mol/L 氢氧化钠 1ml、乙醚或氯仿 0.2ml。然后，每个试管里各加入 2ml 红细胞混悬液，观察红细胞在各试管中溶解。

3）半小时后，观察各试管的溶血情况，注意颜色和透明度并记录。

【实验探索项目】

设计一个仅用光学显微镜就能区分等渗溶液和等张溶液的方法。

【注意事项】

1. 配制的各种浓度的氯化钠溶液必须准确。
2. 各管中加入的血滴大小应尽量相等。
3. 进行混匀时轻轻倾倒 1～2 次，避免剧烈震动，引起人为溶血。
4. 应在光线明亮处判定结果，必要时可以取试管底部悬液一滴，显微镜下观察。

【思考题】

1. 渗透性溶血和化学性溶血机制有何不同？
2. 如何确定红细胞的最大脆性和最小脆性？
3. 为什么在科研和临床上进行细胞培养时需要用各种浓度的生理盐水？

实验18 出血时间和凝血时间的测定

【实验目的】

学习测定出血时间、凝血时间的方法；了解测定出血时间和凝血时间的意义。

【实验原理】

出血时间是指从毛细血管损伤开始出血至自动停止出血为止所需的时间，主要是测量毛细血管创口被封闭的时间，其主要受血小板数量、功能及毛细血管功能的影响，而受血浆凝血因子的影响较小。主要用于检查机体生理性止血功能是否正常。

凝血时间是指血液流出体外开始到完全凝固所需要的时间，检测的是血液凝固过程是否正常，与血浆凝血因子相关，与毛细血管的功能和血小板的数量、功能关系较小。

血液凝固的机制

凝血时间的检测方法有玻片法、试管法和毛细管法等，也可以用血液凝固时间自动测定仪进行自动检测。本实验介绍毛细管法。

【实验对象】

人。

【实验药品与器材】

一次性刺血针，小滤纸片，酒精棉球，碘伏棉球，毛细玻璃管（长约10cm，内径0.8～1.2mm）等。

【实验方法与步骤】

1. 出血时间测定　酒精棉球消毒指端皮肤后，用干燥的无菌棉球擦干。用一次性刺血针穿刺皮肤2～3mm，让血液自然流出，切勿用手挤压出血部位。从出血开始，每半分钟用小滤纸片吸取血滴一次，直到血流停止。记录从开始出血到停止出血的时间，此即出

> **TIPS**
> 在用滤纸片吸取血液时，滤纸片不可接触皮肤。

血时间。此方法测得的值一般为1～4min。

2. *凝血时间测定* 用碘伏棉球消毒指端皮肤，用一次性刺血针穿刺皮肤，让血液自然流出，用碘伏棉球擦去第一滴血，用毛细玻璃管吸取第二滴血，直至吸满管腔为止，立刻记录时间。每隔半分钟折断毛细玻璃管一小段5～10mm，直至两段玻璃管间有血丝连接，表明血液已经凝固，记录时间，二者之间的时间段即凝血时间。一般正常值为2～8min。

【实验探索项目】

1. 设计实验，检测血液凝固的内源性和外源性凝血系统。
2. 尝试设计实验检测某些凝血因子的功能。

【注意事项】

1. 测定出血时间时，若出血时间超过15min，应即刻中止实验，并进行止血。
2. 测定凝血时间时，最好将毛细管两段用胶泥封闭，置37℃恒温箱中，保持温度恒定。
3. 采血前可进行局部按摩。

【思考题】

1. 请简述生理性止血的过程。
2. 分析影响出血时间和凝血时间的因素有哪些？出血时间长，凝血时间就一定会延长吗？为什么？
3. 测定出血时间和凝血时间的意义是什么？

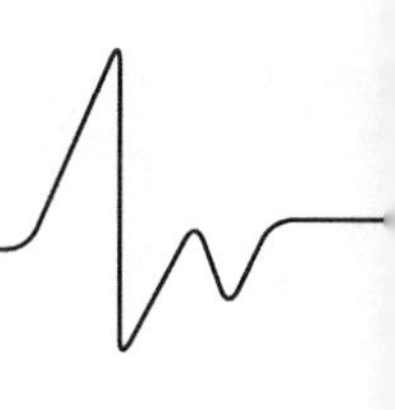

实验19 血液凝固现象观察及影响血液凝固的因素分析

【实验目的】

巩固血液凝固的知识；加深对血小板生理功能的理解；通过测定不同条件下血液凝固的时间，加深对影响血液凝固的因素的理解。

【实验原理】

血液凝固是指血液由流动的溶胶状态变成不能流动的凝胶状态的过程。血液凝固的实质就是一系列蛋白质的有限水解过程。

血液凝固的过程可分为三个阶段，分别是表面激活阶段、磷脂表面阶段和纤维蛋白形成阶段。其中凝血因子的激活是血液凝固的核心步骤，而血液凝固的基本反应过程是可溶的纤维蛋白原在凝血酶的作用下水解为不可溶的纤维蛋白。

由于激发凝血反应的原因和参与反应的物质不同，凝血因子的激活可以分为内源性和外源性两条途径，如直接从血管中抽血观察血液凝固，血液几乎没有组织因子进入，其凝血过程主要由内源性途径所激活。

【实验动物】

家兔。

【实验药品与器材】

兔体解剖台，常用手术器械，试管若干，水浴锅，20% 氨基甲酸乙酯，肝素，碎冰块，草酸钾，液体石蜡等。

【方法与步骤】

1. 麻醉与固定　将动物称重后用 20% 氨基甲酸乙酯麻醉（1g/kg 体重），背位固定于兔体解剖台上。

2. 颈总动脉插管采血　剪去颈部的毛，正中线切开颈部皮肤 5～7cm，分离皮下组织和肌肉，暴露气管，在气管两侧的深部找到颈总动脉，分离出一侧颈总动脉，远心端用线结扎阻断血流，近心端夹上动脉夹，用眼科剪做一斜切口，向心脏方向插入动脉插管，丝线固定。开启动脉夹即可放血。

【实验项目】

1）取 6 支试管，按下述方式分别加入不同物质，观察血液凝固（图 2-54）。试管内放入少量棉花，放入 2ml 血液，随即用秒表计时，每隔 15s 将试管倾斜一次，观察血液是否凝固，至血液成为凝胶状时，记下时间。

2）用液体石蜡涂擦试管内表面，放入 2ml 血液，观察、计时。

3）试管内放入 2ml 血液，保温于 37℃水浴中，观察、计时。

4）试管内放入 2ml 血液，将其放入冰盒，观察、计时。

5）试管内放入肝素，再放入 2ml 血液，并将其混匀，观察、计时。

6）试管内放入 1mg 草酸钾，放入 2ml 血液后混匀，计时、观察。

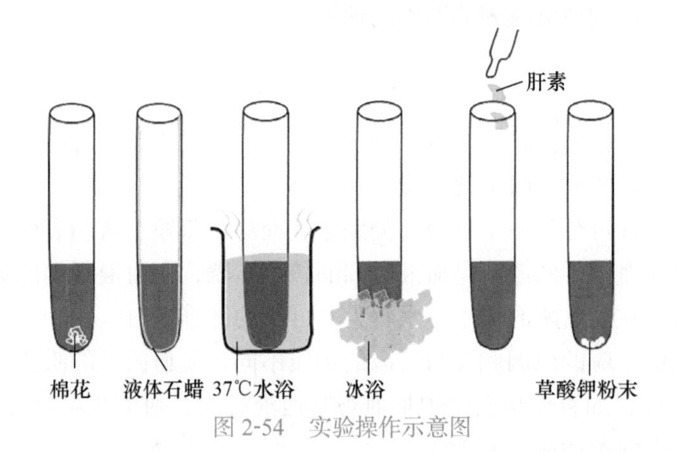

图 2-54　实验操作示意图

【注意事项】

1. 尽量减小计时误差。
2. 每一组都应设对照组，与实验组等量的血液不做任何处理，记下凝固时间。

【思考题】

1. 分析各实验组的处理因素影响血液凝固的机制。
2. 为什么在生活中我们用温热纱布按压创口以止血？

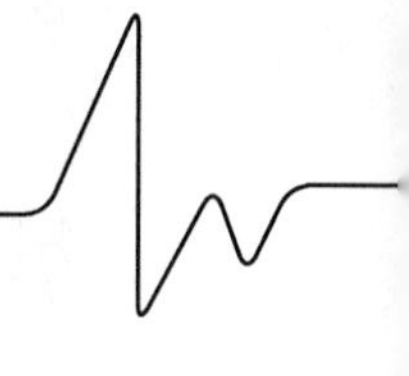

实验20 蛙类心脏起搏点观察

【实验目的】

学习暴露蛙类心脏的方法，观察蛙类心脏的结构，观察心脏各部分自动节律性活动；了解心肌细胞自动节律性的生理特性。

【实验原理】

心肌在没有外来刺激的条件下，具有自动地、有节律性地产生兴奋的能力或特性，称为心肌细胞的自动节律性（简称自律性）。评价自律性的指标是自动兴奋频率的高低。在心脏的特殊传导系统，各部位自律性有差别。其中，窦房结细胞自律性最高，房室交界和房室束支次之，浦肯野纤维的自律性最低。

窦房结细胞自律性最高，在其他自律细胞自动除极尚未到达阈电位之前，就传来兴奋抢先激动其他自律细胞，使其产生动作电位，最终使其自身的自律性不能表现出来。因此，窦房结成为心脏活动的正常起搏点，并按照一定顺序传播，使其他部位的自律组织产生与窦房结一致的节律性活动。即正常情况下，其他自律细胞均从于窦房结的兴奋节律性，只起传导兴奋的作用，不表现出自身节律性，称为潜在起搏点。当窦房结的兴奋下行受阻，或潜在起搏点自律性升高时，潜在起搏点的节律性才表现出来。但由于正常生理情况下，潜在起搏点始终在窦房结的兴奋驱动下，被动产生兴奋，其频率超过自身兴奋频率，这种超速驱动，使潜在起搏点的自律活动受压抑，称为超速抑制。超速抑制的程度与两个起搏点兴奋频率的差异呈平行关系，频率相差越大，抑制效应越强。

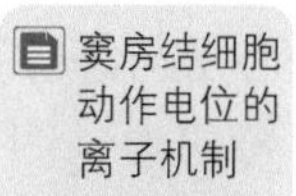

两栖类动物的心脏为两心房、一心室，心脏的正常起搏点是静脉窦。静脉窦的节律最高，心房次之，心室最低。正常情况下，蛙心的活动节律服从静脉窦的节律，而心房和心室内有潜在起搏点。

【实验动物】

蟾蜍。

【实验药品与器材】

任氏液，秒表，滴管，培养皿（或小烧杯），棉线，常用手术器械，毁髓针，蛙板等。

【方法与步骤】

TIPS

双毁髓一定要彻底，用金冠剪向前剪开体壁时要贴紧腹壁，勿伤及心脏和血管。

1. 暴露蛙心　取蟾蜍一只，双毁髓，背位固定于蛙板。用手术镊提起胸骨后方的皮肤，金冠剪剪开一个小口，将剪刀由开口处伸入皮下，向左、右两侧下颌角方向剪开皮肤。将皮肤掀向头端，用手术镊提起胸骨后方的腹肌，在腹肌上剪一口，将金冠剪紧贴体壁向前伸入，沿皮肤切口方向剪开体壁，剪断左右乌喙骨和锁骨，使创口呈一倒三角形。用眼科镊提起心包膜，眼科剪剪开心包膜，暴露心脏。

蛙心结构

2. 观察心脏的结构　从心脏腹面可看到一心室，上方有两心房，房室之间有房室沟。心室右上方有一动脉圆锥，是主动脉根部的膨大，动脉干向上分左右两分支（图 2-55）。用蛙心夹夹住少许心尖部肌肉，轻轻提起蛙心夹，将心脏提起，可看到心脏背面有节律搏动的静脉窦。在心房与静脉窦之间有一条白色半月形界线，称为窦房沟（图 2-56，图 2-57）。前、后腔静脉与左右肝静脉的血液流入静脉窦。

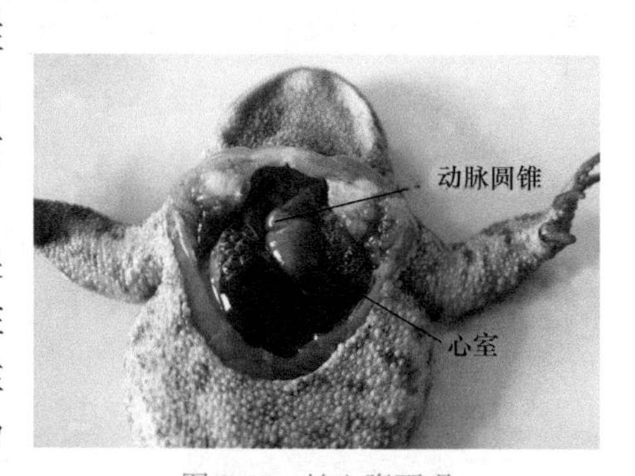

图 2-55　蛙心腹面观

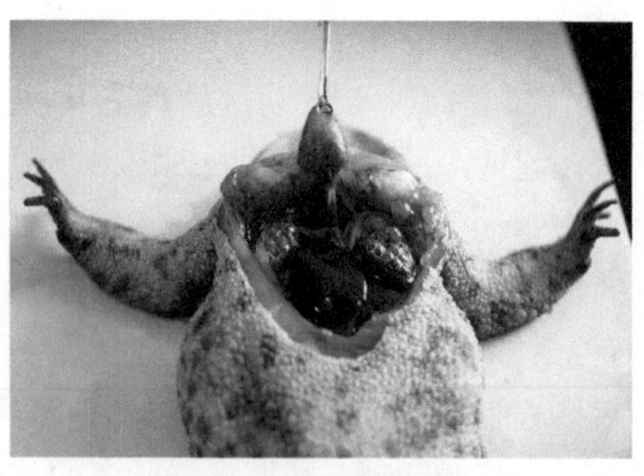

图 2-56　蛙心背面观

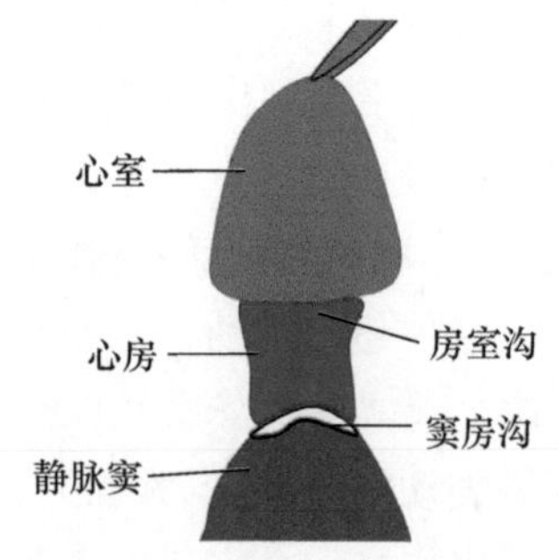

图 2-57　蛙心背面观示意图

【实验项目】

仔细观察静脉窦、心房及心室收缩的顺序和频率。在主动脉干下方穿一条棉线，轻轻将心脏提起，将心脏翻向头端，看准窦房沟，沿窦房沟做结扎，称为斯氏第一结扎。

观察心脏各部分搏动节律的变化，用秒表计数每分钟的搏动次数。待心房和心室恢复搏动后，计数其搏动频率。然后在房室交界处穿线，准确地结扎房室沟，称为斯氏第二结扎。待心室恢复搏动后，计数每分钟心脏各部分搏动次数。将记录结果填入表 2-5。

表 2-5　斯氏结扎记录表

实验项目	频率 /（次 /min）		
	静脉窦	心房	心室
对照			
第一结扎			
第二结扎			

【注意事项】

1. 蟾蜍毁髓要彻底。剪开胸骨时暴露范围不宜太大，尽量减少动物出血。剪开心包时要避免剪破心房和静脉窦。

2. 实验过程中，应经常用任氏液湿润心脏，以保持蛙心适宜的环境。

3. 斯氏结扎时注意力度和准确度。在结扎静脉窦时要尽量靠近心房端，确保心房端无静脉窦组织残留。

【思考题】

1. 斯氏第一结扎后，心房、心室搏动发生什么变化？此实验结果表明了什么？

2. 斯氏第二结扎后，心房、心室搏动频率有何不同？此实验结果表明了什么？

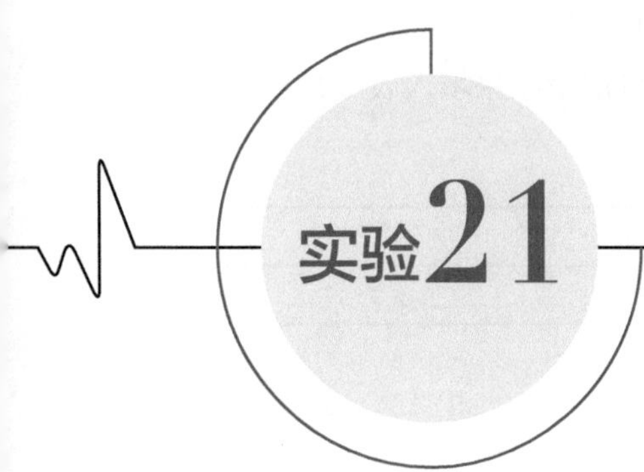

蛙类心搏曲线记录及期外（期前）收缩和代偿间歇

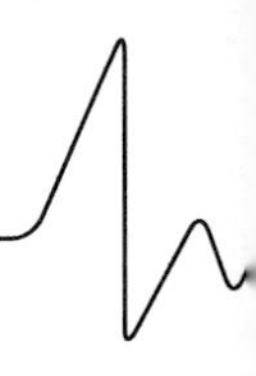

【实验目的】

学习蛙类在体心脏收缩活动的描记；观察心室在收缩活动的不同时期对额外刺激的反应；了解心肌兴奋性的变化及代偿间歇的发生机理。

【实验原理】

心脏节律性活动通过换能器与计算机信号采集系统连接，记录下来，形成心搏曲线。

心肌兴奋性的特性是具有较长的不应期，整个收缩期和舒张早期都是有效不应期（图 2-58）。在心室收缩期给予任何刺激，心室都不发生反应。在心室舒张中、晚期给予单个阈上刺激，则产生一次正常节律以外的收缩反应，称为期外（期前）收缩（premature systole）。当静脉窦传来的节律性兴奋恰好落在期外（期前）收缩的收缩期时，心室不会产生兴奋，须待静脉窦传来的下一次兴奋才会收缩。因此，在期外（期前）收缩之后，就会出现一个较长时间的舒张间歇期，称为代偿间歇（compensatory pause）（图 2-59）。

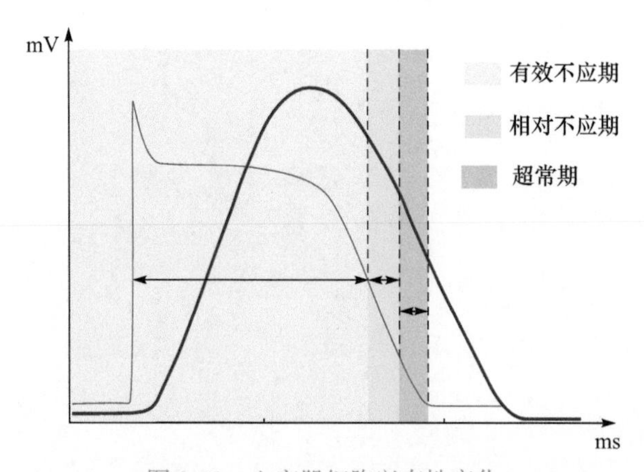

图 2-58　心室肌细胞兴奋性变化

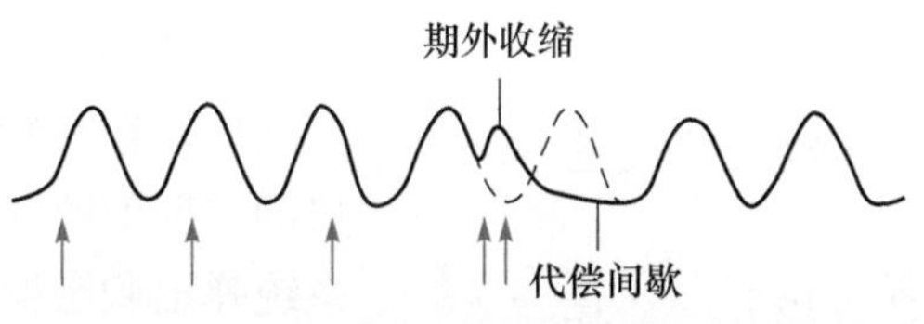

图 2-59　期外收缩和代偿间歇示意图

箭头表示给予刺激

【实验动物】

蟾蜍。

【实验药品与器械】

任氏液，滴管，培养皿（或小烧杯），棉线，常用手术器械，毁髓针，蛙板，蛙心夹，张力换能器，双针形刺激电极，支架，双凹槽，RM6240 多道生理信号采集处理系统等。

【方法与步骤】

1. 暴露心脏　取蟾蜍一只，双毁髓后背位于蛙板上。手术镊提起胸骨后方皮肤，金冠剪剪开一个小口，将剪刀由开口处伸入皮下，向左、右两侧下颌角方向剪开皮肤。将皮肤掀向头端，再用手术镊提起胸骨后方的腹壁，在腹壁上剪一口，金冠剪紧贴体壁向前伸入，沿皮肤切口方向剪开体壁，剪断左右乌喙骨和锁骨，使创口呈倒三角形。用眼科镊提起心包膜，眼科剪剪开心包膜，暴露心脏。

TIPS

双毁髓一定要彻底，用金冠剪向前剪开体壁时要贴紧腹壁，勿伤及心脏和血管。

2. 仪器连接　将张力换能器连接 RM6240 多道生理信号采集处理系统的通道一，蛙心夹通过棉线与张力换能器连接。在心室舒张期，用蛙心夹夹住心尖，调整张力换能器高度，使蛙心夹与蛙板垂直（图 2-60）。

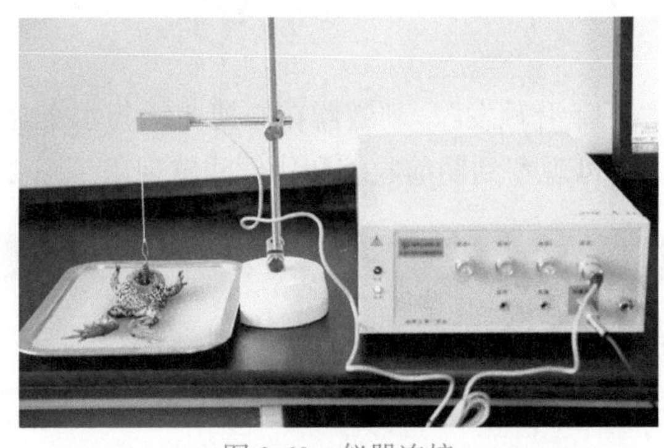

图 2-60　仪器连接

> **• TIPS**
>
> 注意观察已设定好的相关通道参数及刺激器参数。
>
> 1. 通道选择为张力模式，采样频率 400Hz；时间常数直流，高频率波 30Hz；扫描速度 1s/div。
>
> 2. 刺激器参数：在实验模块中，系统自动设置有合适的参数，波宽 5ms；强度从 0.25V 逐渐增强，延迟 0ms。

3. 参数设置　打开 RM6240 系统软件，在实验菜单栏选择“循环”模块的“期前收缩-代偿间歇”（图 2-61）。系统弹出刺激器对话框，并处于示波状态，显示正常的心搏曲线，曲线向上为心室收缩，向下为舒张。

刺激器选择“触发捕捉”，在通道中单击鼠标，则在单击位置出现一水平线，该水平线与心搏曲线的交点就是给予刺激的可能位置，可纵向调整水平线位置，使刺激可以按实验需求在心搏收缩期及舒张前、中、后期给予刺激。如果选择“下降沿触发”，则在心搏舒张期（心搏曲线下降支）给予刺激。

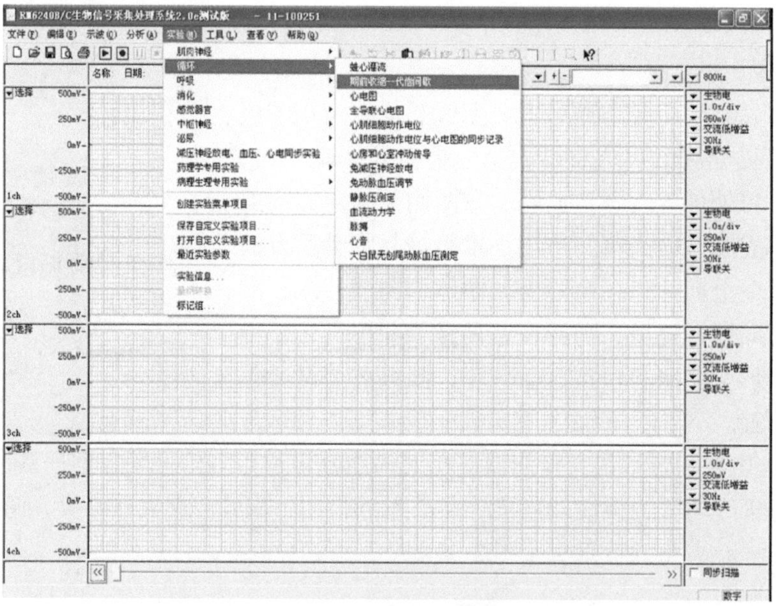

图 2-61　实验模块选择

点击“刺激”→“下降沿触发”，刺激器在心搏曲线与水平显示线的第一个下降沿交点处发出刺激信号，即可观察到期前收缩和代偿间歇现象（图 2-62）。

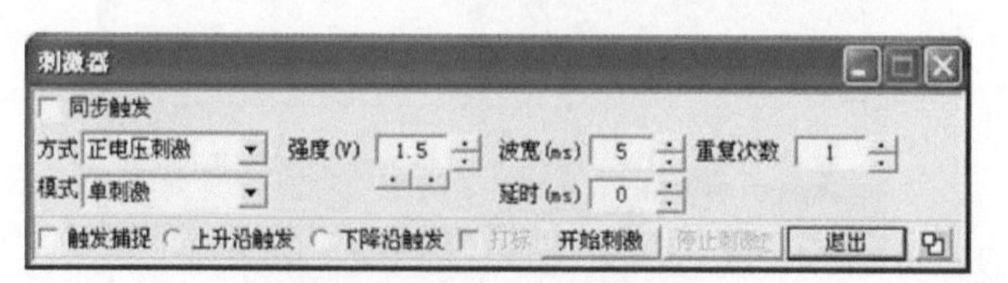

图 2-62　刺激器参数的设置

【实验项目】

1. 记录正常心搏曲线　　将蛙心与仪器连接好后，开始记录，在通道内显示出正常蛙心的心搏曲线（图 2-63）。正常心搏曲线可出现三个峰，有时只出现 1 个或 2 个。这个与蛙心夹连线的紧张度、心肌收缩力及张力换能器的灵敏度及通道的放大倍数有关。

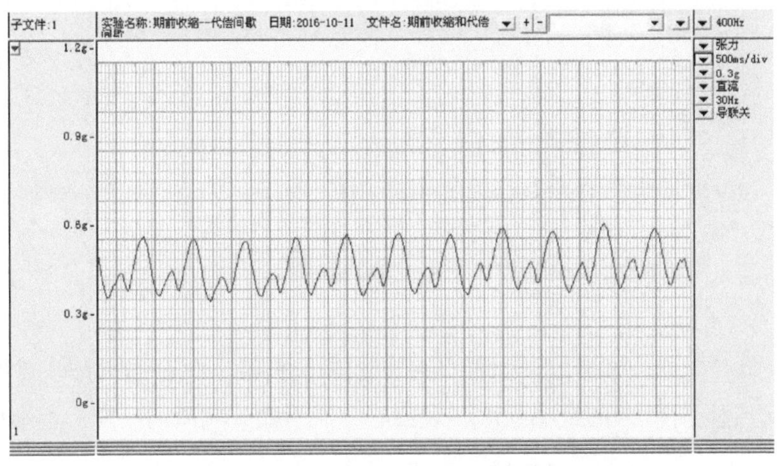

图 2-63　蟾蜍正常的心搏曲线

2. 观察心室肌的期外收缩和代偿间歇的产生　　按照图 2-64，将刺激电极与 RM6240 多道生理信号采集处理系统的刺激输出连接。固定刺激电极，使刺激电极安放在心室外壁。记录正常心搏曲线作为对照。选择引起心室发生期外收缩的刺激强度（在心室舒张期调试），分别于心室收缩期和舒张期的早、中、晚给予单刺激，每发放一个单刺激要有 3 个或 4 个正常心搏曲线作对照，不可连续输出两个刺激。观察心搏曲线有无变化（图 2-65）。

• TIPS

刺激电极放置时要注意，要接触到心室外壁，既不能影响心搏又能要同心室紧密接触。

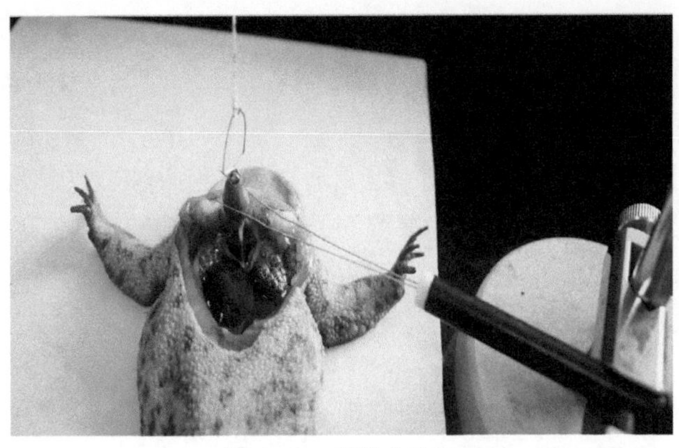
图 2-64　刺激心室肌

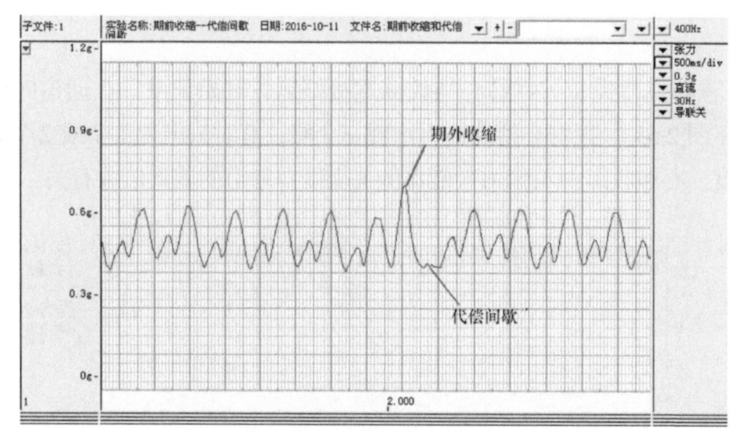

图 2-65 蛙类心室肌期外收缩和代偿间歇

【实验探索项目】

1. 探索刺激强度、刺激时间对期外收缩幅度的影响。将刺激强度从零开始逐渐增大，找到能引起期外收缩的最小强度，观察心室肌对额外刺激的反应；逐渐增大刺激强度，观察心室肌的反应。

将刺激强度固定在能引起心室发生期外收缩的刺激强度，刺激时间从零开始逐渐增大，观察心室肌的反应。

2. 观察不同高频脉冲连续刺激对心肌活动的影响。将刺激模式设置为连续单刺激，将刺激强度固定在能引起心室发生期外收缩的刺激强度，改变刺激频率，观察不同高频脉冲连续刺激对心肌活动的影响。

【数据输出】

在“文件”的下拉菜单中选择“当前屏图像输出”，将屏幕所显示实验数据输出为 Word 文档，调整大小后保存并打印。

【注意事项】

1. 蟾蜍毁髓要彻底。剪开胸骨暴露范围不宜太大，尽量减少动物出血。剪开心包要避免剪破心房和静脉窦。

2. 蛙心夹与张力换能器间的连线一定要垂直，且与心轴一致，并有一定的紧张度。

3. 在实验过程中，应经常用任氏液湿润心脏，以保持蛙心适宜的环境。

4. 刺激电极要与心室肌接触良好，避免短路。

【思考题】

1. 将实验结果同骨骼肌比较，心肌收缩有什么特性？

2. 心肌的不应期长有何生理意义？

3. 本实验为什么不能用连续刺激？分别在心室收缩期及舒张期的早、中、晚给予刺激的实验设计思路是什么？

4. 为何刺激前后要有对照曲线？

5. 观察并分析心搏曲线各波形成的原因。

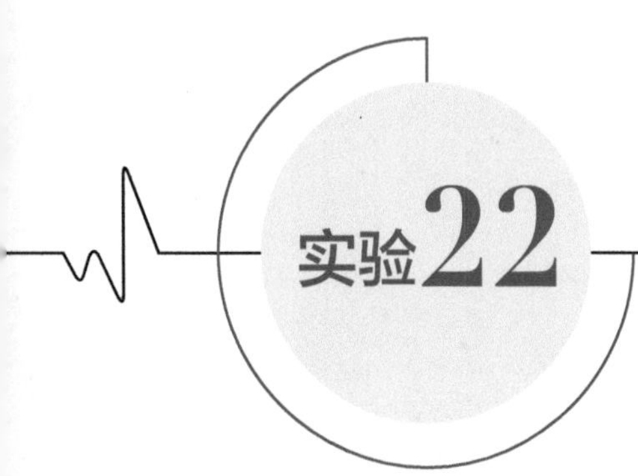

蛙类离体心脏灌流

【实验目的】

学习离体蛙心灌流的方法；观察 Na^+、K^+、Ca^{2+} 三种离子及肾上腺素、乙酰胆碱等因素对离体心脏活动的影响；加深对心肌细胞生理特性的理解。

【实验原理】

静脉窦是蛙心起搏点，具有自动节律性兴奋。失去神经支配的离体蛙心在适宜环境中，一定时间内仍能产生节律性兴奋和收缩。心脏正常节律性活动有赖于内环境理化条件的相对稳定，细胞外 Na^+、K^+、Ca^{2+} 浓度的改变均会影响心肌细胞的自律性、收缩性、兴奋性和传导性，从而表现为心肌活动的变化。此外，正常心肌活动受交感和副交感神经的支配，心肌细胞上分布有肾上腺素和乙酰胆碱的受体。改变灌流液成分，会影响心肌活动。

心肌细胞的生理特征

细胞外 Na^+ 浓度改变影响心室肌及心房肌细胞 0 期去极化速度和幅度，以及自律细胞 4 期自动去极化的速度。细胞外 K^+ 浓度影响静息电位水平，从而影响心肌细胞兴奋性，显著升高导致静息电位绝对值小于 55mV，导致 Na^+ 通道失活，心肌细胞失去兴奋性，停搏于舒张状态。细胞外 Ca^{2+} 浓度会影响自律细胞 4 期自动去极化速度，以及心房肌及心室肌细胞收缩能力；持续升高，导致心肌持续收缩，停搏在收缩状态（图 2-66）。

肾上腺素主要与心肌细胞上的 β_1 受体结合，产生正性变时、变力、变传导效应；乙酰胆碱主要与心肌细胞的 M_2 受体结合，产生负性变时、变力、变传导效应。

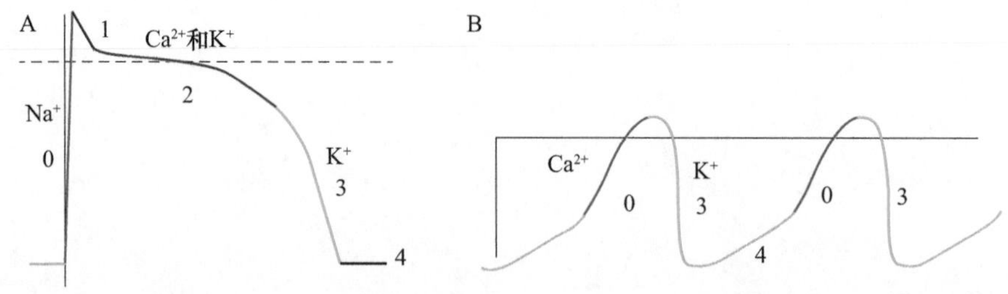

图 2-66　心室肌细胞（A）与窦房结细胞（B）动作电位的各个时期波形及相关离子

【实验动物】

蟾蜍。

【实验药品与器材】

0.65% NaCl 溶液，5% NaCl 溶液，2% $CaCl_2$ 溶液，1% KCl 溶液，1∶5000 肾上腺素溶液，1∶10 000 乙酰胆碱溶液，300U/ml 肝素溶液，任氏液，斯氏蛙心套管，常用手术器械，张力换能器，RM6240 多道生理信号采集处理系统等。

TIPS

操作概要为双毁髓→左主动脉结扎→左右两主动脉下方活结备用→剪口，插管（管内盛任氏液与肝素）→结扎备用线（套管＋左右主动脉）→剪断动脉→结扎并剪断静脉。

【方法与步骤】

1. 制备离体蛙心

1）取蟾蜍一只，清洗干净。双毁髓，背位于蛙板上，按实验 20 的方法暴露心脏。

TIPS

若套管插入心室后无液面搏动，可能是凝血堵塞套管尖端，可尝试用长胶头滴管轻轻吹打套管内液体，打散血凝块。

2）分辨心脏周围的血管，结扎左主动脉，在左右两主动脉下方穿线，打一活结备用。

3）提起左主动脉的结扎线，用眼科剪在结扎线靠心脏一方，沿向心方向在左主动脉壁上剪一斜口。将盛有少量任氏液（液面高度 2～3cm）与肝素（1～2 滴）的斯氏蛙心套管由切口处插入动脉圆锥（图 2-67）。当套管尖端到达动脉圆锥基部后，将套管稍稍后移，让套管尖端从动脉圆锥背部后下方及心尖方向推进，在心室收缩、主动脉瓣打开时，经主动脉瓣插入心室。插入后套管内的液面就会随着心室的舒缩而上下移动。用准备好的在左、右主动脉下的备用线结扎套管和动脉，并在套管的侧钩上打结固定。剪断结扎线上方的双侧动脉血管。

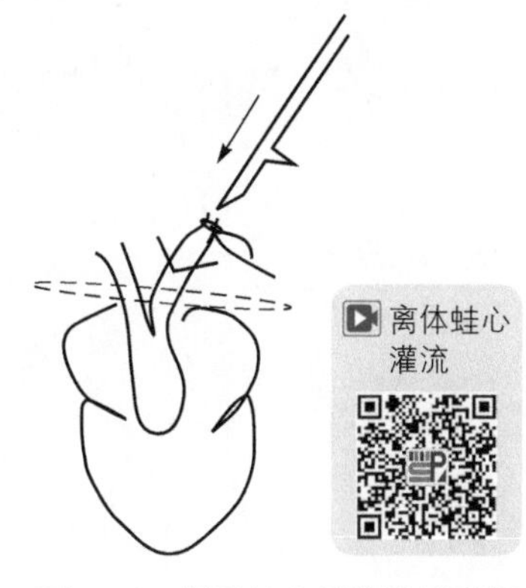

图 2-67　斯氏蛙心插管法示意图

4）将套管轻轻提起以抬高心脏，辨认下方静脉窦，在静脉窦外方靠腔静脉处结扎并剪断静脉，保留静脉窦与心脏的联系。至此，将心脏游离体外。

5）用新鲜的任氏液反复置换套管内的含血任氏液，直至套管内任氏液无色为止。

2. 仪器连接　将制备好的离体蛙心标本及套管固定在支架上，用蛙心夹在心脏舒张时夹住心尖，将蛙心夹上的棉线与张力换能器相连后输入信号采集系统的通道一

（图 2-68）。

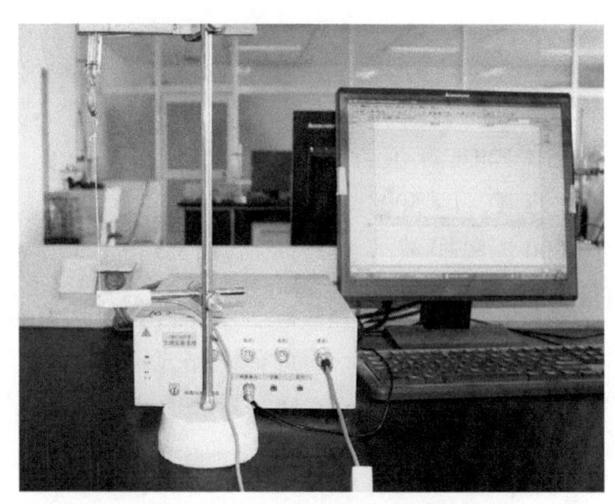

图 2-68　离体蛙心灌流装置图

3. 参数设置　　打开 RM6240 系统软件，进入采集分析系统，在实验菜单栏选择“循环”类实验的“蛙心灌流”（图 2-69）。

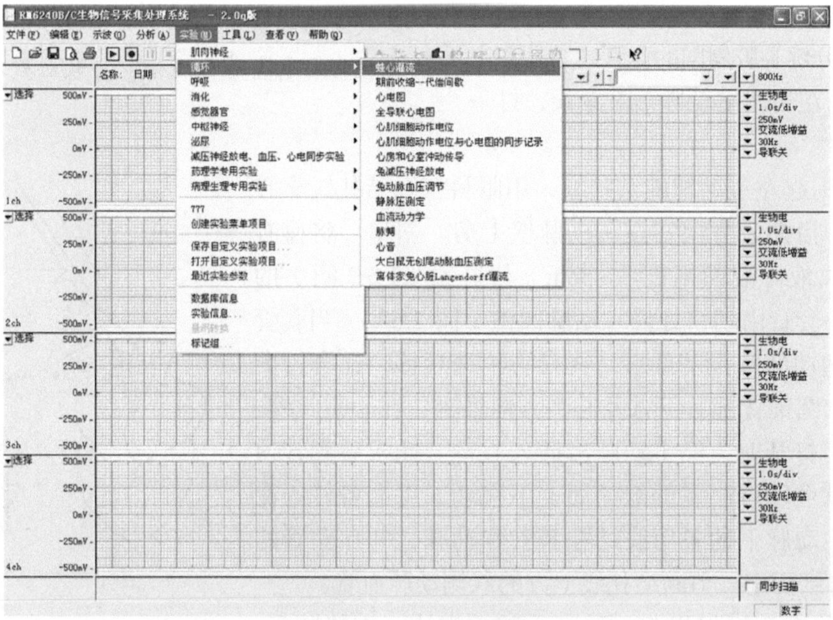

图 2-69　实验模块选择

通道模式选择张力，采样率 400Hz。时间常数直流，滤波频率 10Hz，扫描速度 2s/div。灵敏度 3g 左右，实验中根据记录信号进行调整。

“标尺及处理区”选择“显示刺激标注”。实验过程中，每次加药和换液时，单击采样窗口右上方的“标记”按钮，在曲线上方会显示标记（图 2-70）。

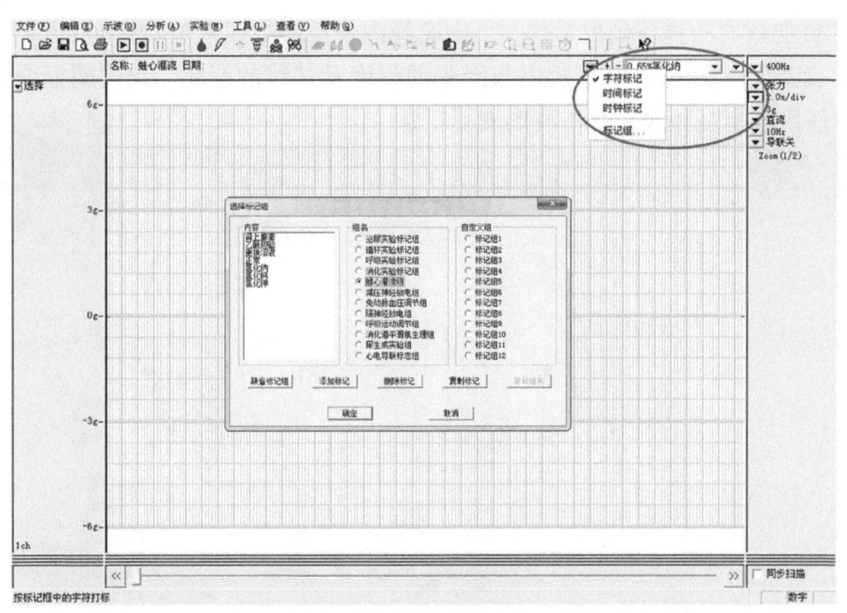

图 2-70　标记的添加

【实验项目】

1. 记录正常蛙心搏动曲线　点击“示波”及“记录”图标，记录一段正常的心搏曲线，适当调整灵敏度，观察心搏频率、心室收缩与舒张的程度。

2. 置换任氏液对心搏曲线的影响　改用 0.65% NaCl 溶液作灌流液，完全替换套管中的任氏液后，观察心搏频率、心室收缩与舒张的程度及基线的变化（图 2-71A）。出现明显变化后，立即用新鲜任氏液换洗 3 次，待其波形恢复正常。

• TIPS

每次换洗后尽量保持液面恒定，避免不同前负荷对心肌收缩能力造成的影响。

3. 增加细胞外 Na^+ 浓度对心搏曲线的影响　向套管内任氏液中加入 5% NaCl 溶液 2～6 滴，观察心搏频率、心室收缩与舒张的程度及基线的变化。出现明显变化后，立即用新鲜任氏液换洗 3 次，待波形恢复正常。

4. 增加细胞外 Ca^{2+} 浓度对心搏曲线的影响　向套管内任氏液中加入 2% $CaCl_2$ 溶液 1 滴，观察心搏频率、心室收缩与舒张的程度及基线的变化。出现明显变化后，立即用新鲜任氏液换洗 3 次，待波形恢复正常（图 2-71B）。

5. 增加细胞外 K^+ 浓度对心搏曲线的影响　向套管内任氏液中加入 1% KCl 溶液 1～2 滴，观察心搏频率、心室收缩与舒张的程度及基线的变化。出现明显变化后，立即用新鲜任氏液换洗 3 次，待波形恢复正常（图 2-71C）。

6. 肾上腺素对心搏曲线的影响　向套管内任氏液中加入 1∶5000 肾上腺素溶液 1～2 滴，观察心搏频率、心室收缩与舒张的程度及基线的变化。出现明显变化后，立即用新鲜任氏液换洗 3 次，待波形恢复正常。

7. 乙酰胆碱对心搏曲线的影响　向套管内任氏液中加入 1∶10 000 乙酰胆碱溶液 1～2 滴，观察心搏频率、心室收缩与舒张的程度及基线的变化。出现明显变化后，立即用新鲜任氏液换洗 3 次，并待波形恢复正常。

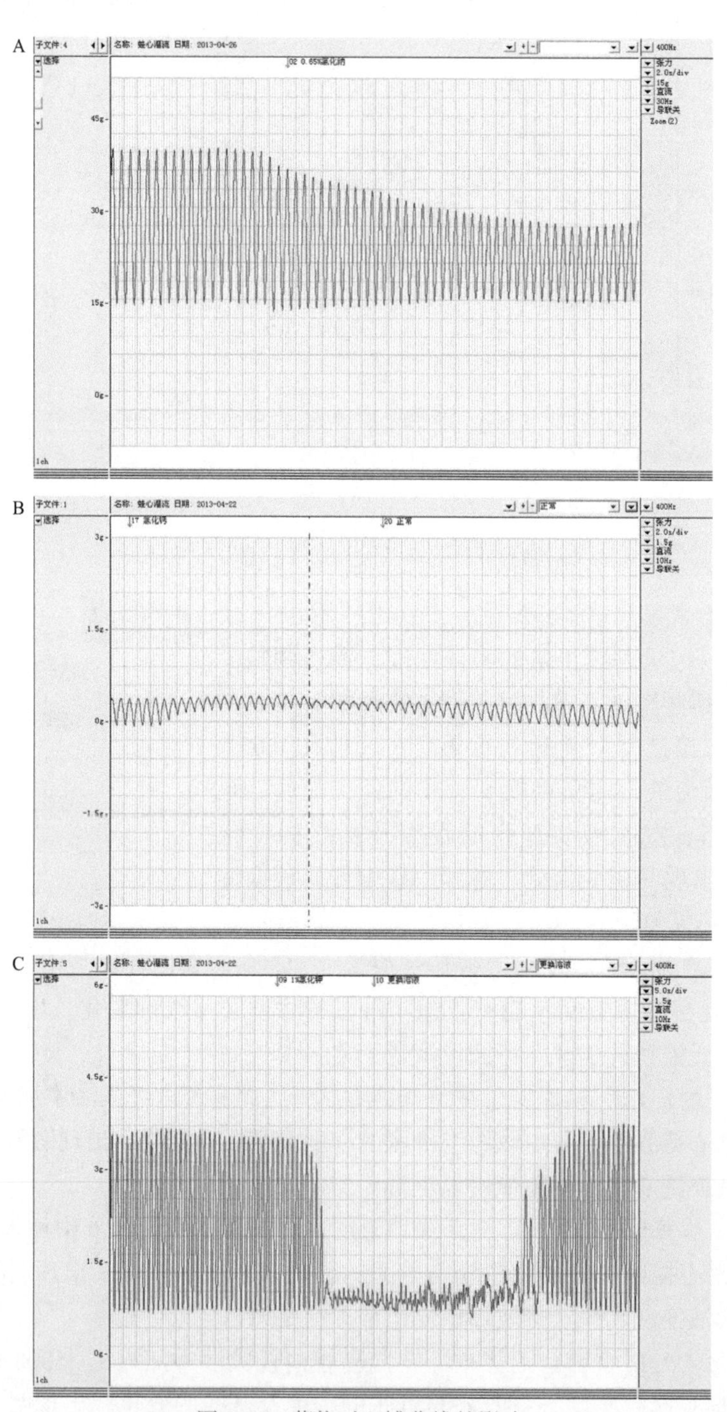

图 2-71　药物对心搏曲线的影响

【实验探索项目】

改变 Na^{+}、K^{+}、Ca^{2+} 三种离子的浓度，观察不同浓度梯度的 NaCl 溶液、$CaCl_2$ 溶液及 KCl 溶液对心脏活动的影响。

【数据输出】

将记录的图形添加图注、标尺及将相关实验数据导入实验信息后存盘、打印。每一实验项目均应记录心搏频率、振幅、基线变化等，加药前有对照数据、加药后有恢复至正常的数据。

【注意事项】

1. 制备蛙心标本时，勿伤静脉窦。
2. 作用一旦出现，应立即用新鲜任氏液换洗，以免心肌受损，必须心跳恢复正常后方能进行下一步实验。
3. 每次加入溶液前必须先更换套管中任氏液。
4. 蛙心插管内液面高度应保持恒定。
5. 换液或滴加药液时必须做好标记。
6. 吸取新鲜任氏液的胶头滴管与吸取斯氏套管内溶液的胶头滴管分开。

【思考题】

1. 为什么斯氏套管中的液面在实验过程中要保持一致？
2. 分析 Na^{+}、K^{+} 和 Ca^{2+} 对心肌生理机能的影响。

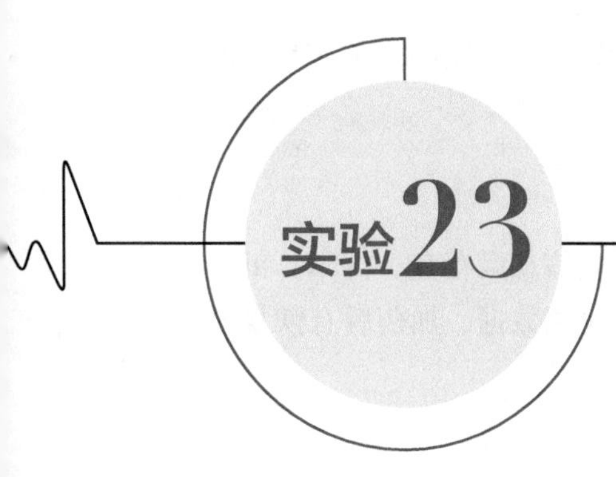

人心音听诊

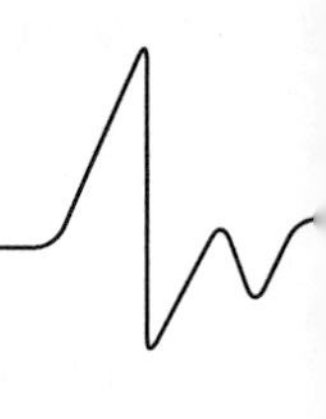

【实验目的】

了解听诊器的主要结构和使用方法；初步学会分辨第一心音及第二心音；巩固心脏泵血的过程。

【实验原理】

心音是在心动周期中主要由心肌收缩、瓣膜启闭和血流撞击等因素引起的机械振动所产生的声音，可通过周围组织传到胸壁，将听诊器置于受试者心前区胸壁上一定部位可直接听诊到心音。

在一个心动周期中，一般可听到两个心音，分别是第一心音和第二心音（图 2-72）。第一心音发生在心缩期，标志心室收缩开始，是心缩开始时血液加速上推瓣膜，房室瓣关闭；心室内压迅速升高，心室壁振动发出的声音；心室肌收缩力逐渐增强，房室瓣血液由心室射入主动脉，撞击主动脉根部而发生的声音。第一心音音调低，持续时间较长。心室肌收缩力越强，第一心音越响。在左锁骨中线第五肋稍内侧的二尖瓣听诊区是第一心音的最佳听诊部位。

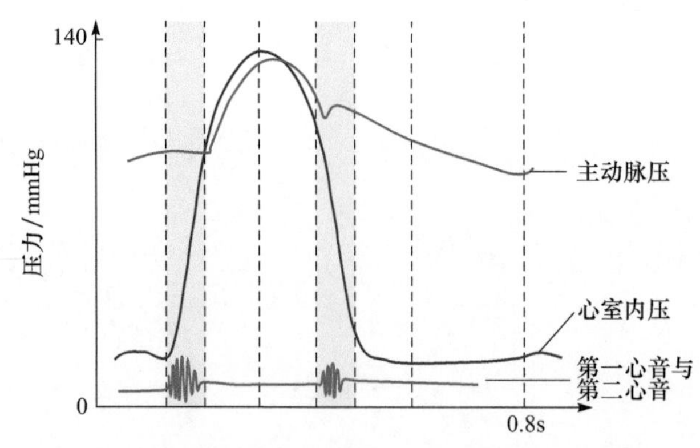

图 2-72　心动周期内心室内压、主动脉压及心音示意图

1mmHg≈0.133kPa

第二心音发生在心舒期，标志心室舒张开始，是主动脉瓣和肺动脉瓣迅速关闭；血液返流冲击主动脉和肺动脉根部；心室内压迅速下降，心室内壁振动。第二心音音调较高，持续时间较短，其强弱可反映主动脉压和肺动脉压的高低。在胸骨右缘第二肋间主动脉瓣听诊区及胸骨左缘第二肋间肺动脉瓣听诊区是第二心音的最适听诊部位。

【实验动物】

人。

【实验药品及器材】

听诊器。

【方法与步骤】

1. 确定听诊部位　受检者坐在检查者对面，解开上衣。检查者仔细观察（或用手触诊）受检者心尖搏动的位置和范围，找准心音听诊部位（图 2-73）。

二尖瓣听诊区：左锁骨中线第五肋间稍内侧（心尖部）。

三尖瓣听诊区：胸骨右缘第四肋间或剑突下。

主动脉瓣听诊区：胸骨右缘第二肋间。主动脉瓣第二听诊区在胸骨左缘第三肋间，主动脉瓣闭锁不全时，该处可听见杂音。

肺动脉瓣听诊区：胸骨左缘第二肋间。

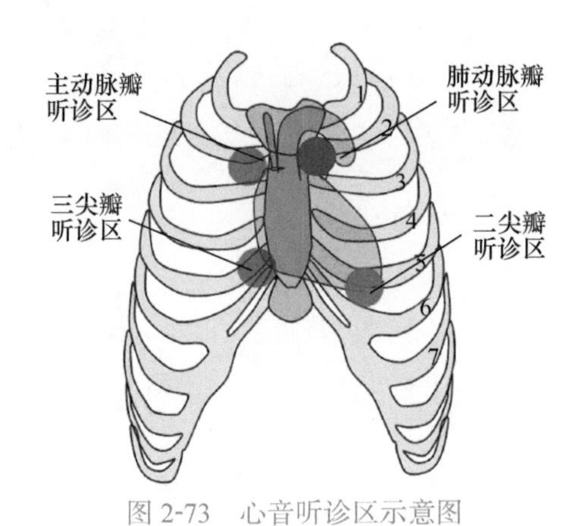

图 2-73　心音听诊区示意图

2. 听心音　检查者将听诊器耳器放入外耳道，耳器弯曲方向应与外耳道方向一致，用右手拇指、食指和中指持听诊器的胸端，紧贴受检者胸壁皮肤，依次（二尖瓣听诊区→主动脉瓣听诊区→肺动脉瓣听诊区→三尖瓣听诊区）听诊，根据第一、二心音的特征，仔细区分第一和第二心音。

如果第一、二心音难以分辨，可用左手触诊心尖搏动或颈动脉脉搏，当触及手指时所听到的心音即第一心音。然后再从心音音调高低、历时长短认真鉴别两心音，直至准确识别为止。

【注意事项】

1. 室内保持安静。

2. 听诊器的橡皮管不得相互接触、打结或与其他物体接触，以免发生摩擦音，影响听诊。

3. 如呼吸音影响听诊，可令受试者暂停呼吸片刻。

【思考题】

1. 第一心音和第二心音产生的机制是什么?

2. 心音听诊在临床诊断中的意义是什么?

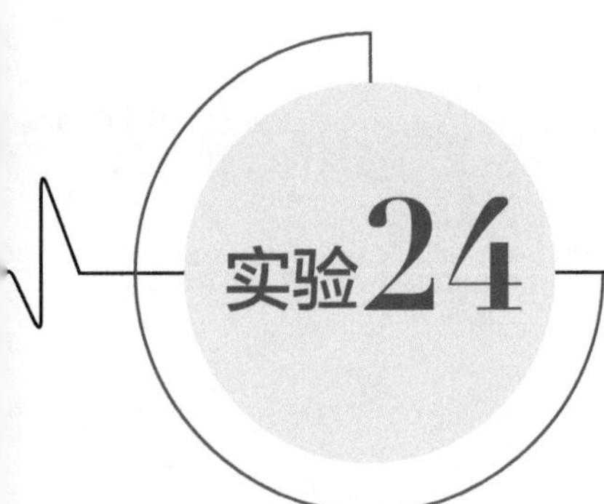

实验24 人体指脉图描记

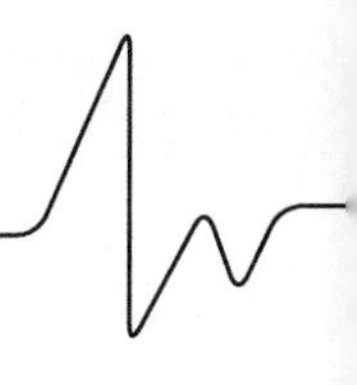

【实验目的】

学习记录指脉的方法；观察影响指脉图的因素。

【实验原理】

动脉脉搏是指在一个心动周期中，动脉内压力和容积周期性波动，引起动脉壁搏动。

【实验动物】

人。

【实验药品与器材】

生理盐水，酒精棉球，指脉传感器，RM6240 多道生理信号采集处理系统等。

【方法与步骤】

1）开启 RM6240 信号采集系统，连接指脉传感器与 RM6240 多道生理信号采集处理系统通道一输入端。

2）受检者端坐，手心向上置于大腿上。酒精棉球擦拭食指指腹，并涂抹少量生理盐水后，将指脉传感器绕于食指指腹，调节松紧合适。

3）调节通道灵敏度和扫描速度，使指脉图清晰地显示在显示器上。

【实验项目】

1）仔细观察指脉图波形特征。

2）观察指脉图随呼吸节律是否发生变化。受试者深吸气，观察指脉图的变化；屏息时，观察图形的变化。

【实验探索项目】

1. 同时记录心电图，观察指脉图与心电图的图形特征差异及相关性。

2. 观察不同精神活动状态下指脉图有何差异。
3. 观察不同年龄受试者的指脉图有何差异。

【注意事项】

信号采集过程中，受试者不得活动连接传感器的手指，以免干扰信号。

【思考题】

1. 指脉图与呼吸节律有何关系？试分析其机制。
2. 探索指脉图在临床诊断中的应用。

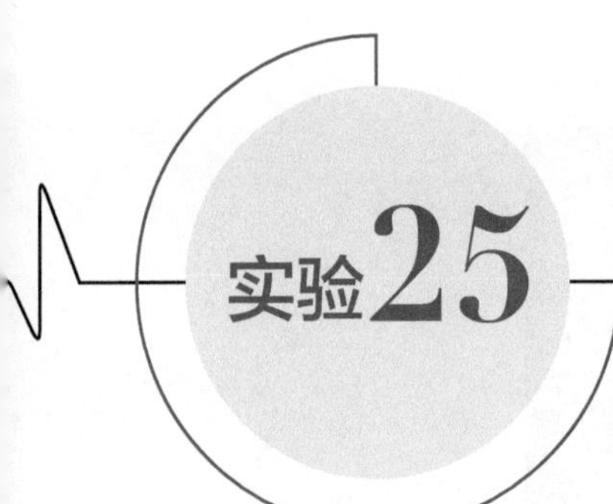

实验25 蟾蜍毛细血管微循环的观察

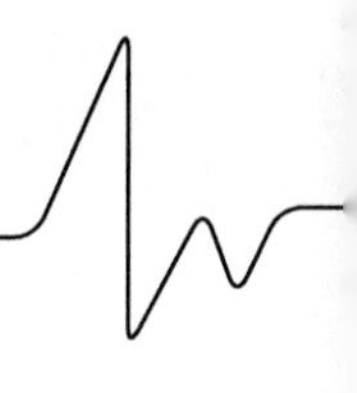

【实验目的】

掌握观察微循环血流的方法；观察各血管内的血流特点；观察药物对微循环的影响。

【实验原理】

微循环是指血液在微动脉和微静脉之间的血液循环，是物质交换的场所。微循环包括微动脉、后微动脉、毛细血管前括约肌、真毛细血管、通血毛细血管、动静脉吻合支及微静脉等。

蟾蜍肠系膜组织比较薄，易于透光，可以在显微镜下直接观察它们的血液循环中的血流状况、微血管活动及某些药物对微循环的影响。

【实验动物】

蟾蜍。

【实验药品与器材】

显微镜，常用手术器械，玻璃板或载玻片，2～5ml 注射器，20% 氨基甲酸乙酯，任氏液等。

【方法与步骤】

1. 蟾蜍麻醉　蟾蜍称重后，从皮下后淋巴囊注射 20% 氨基甲酸乙酯（2～3mg/g 体重），进行麻醉。

2. 观察肠系膜微循环　将麻醉好的蟾蜍背位于玻璃板上，用手术镊轻提右侧腹壁，手术剪在腹壁上剪一个约 1cm 的纵向小口。用镊子将小肠袢轻轻拉出体外，将肠系膜平铺在玻璃板上，注意不要将肠系膜拉得太紧，更不要拉破。滴几滴任氏液，置于显微镜下观察肠系膜的微循环（图 2-74）。

在低倍镜下观察，识别动脉、静脉、小动脉、小静脉、毛细血管、动静脉吻合支及直捷通路等（表 2-6）。

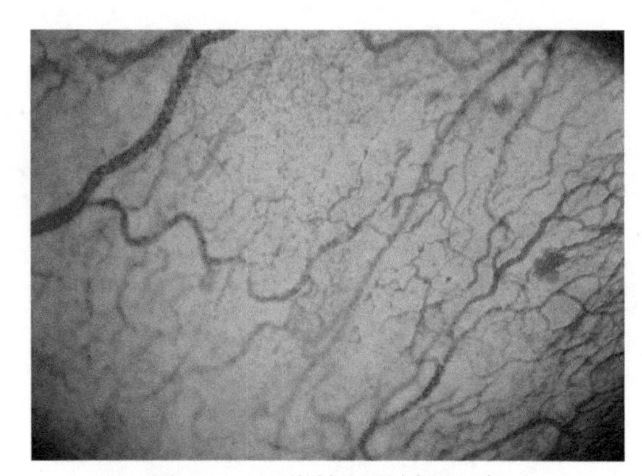

图 2-74　显微镜下微循环观察

表 2-6　显微镜下不同血管的主要区别

项目	小动脉	毛细血管	小静脉
血管口径	较小，管壁较厚，平滑肌纤维	极细，仅允许单个血细胞列队通过	较大，管壁平滑肌较薄
血流方向	从主干流向分支	由小动脉流向小静脉	由分支向主干汇流
血液颜色	较鲜红	橙黄透亮	较暗红
血流特点	流速快，有轴流，随心脏舒缩流速有快慢差异	血细胞单排成串流过，流速极慢，有时动时停现象	流速较小动脉慢，无轴流和流速快慢波动

3. 组胺对微循环的影响　在肠系膜或膀胱上滴几滴组胺，观察血流变化，出现变化后立即用任氏液冲洗。

4. 肾上腺素对微循环的影响　待血流恢复正常后，再滴几滴肾上腺素溶液，观察血流变化。

【注意事项】

1. 观察肠系膜微循环，不可将肠系膜拉破。
2. 经常用任氏液保持湿润。
3. 提夹腹壁时注意只能夹肌层，不可牵连内脏。

【思考题】

1. 小动脉和小静脉最重要的区别标志是什么？
2. 各种血管的形态特征怎样？与机能如何相适应？
3. 药物对微循环血流影响的机制是什么？

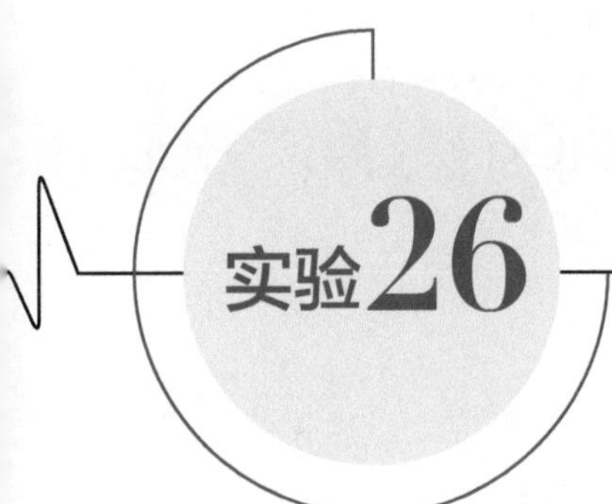
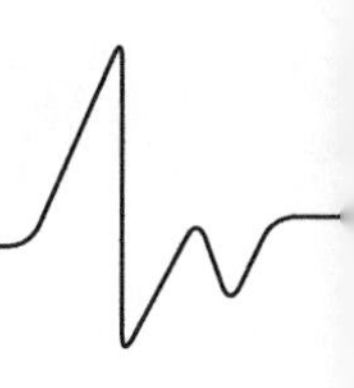

实验26 家兔主动脉神经传入冲动的引导

【实验目的】

学习家兔颈部血管、神经分离术，以及主动脉神经冲动和心电图（electrocardiogram, ECG）的引导方法；观察正常的主动脉神经放电与心电图的关系，分析主动脉神经放电的波形特征；观察药物对主动脉神经冲动发放的影响。

【实验原理】

窦弓反射通过负反馈机制对动脉血压进行快速调节，以维持血压的相对稳定。主动脉神经是该反射中主动脉弓压力感受器的传入纤维，又称为减压神经（图2-75）。在一个心动周期中，心脏射血时动脉血压升高，刺激主动脉弓压力感受器，引起主动脉神经传入冲动增加；射血停止后，血压逐渐降低，主动脉神经传入冲动逐渐减少。因此，主动脉神经的传入冲动随动脉血压的升降而形成周期性变化。

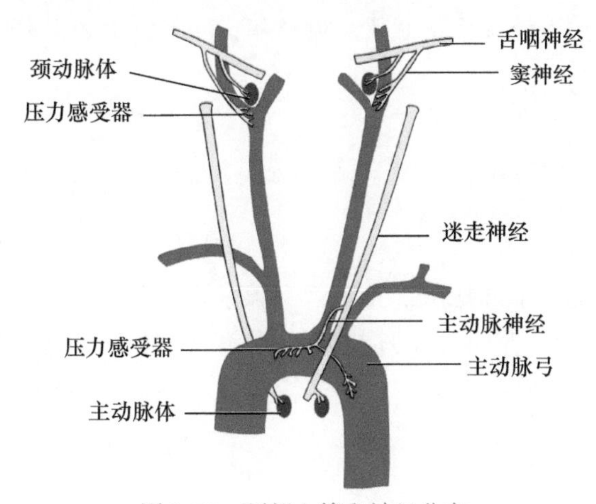

图2-75 颈部血管和神经分布

多数哺乳动物的主动脉神经在颈部混入迷走神经。但家兔的主动脉神经自成一束，有利于分离。故常用家兔为实验动物，引导和记录主动脉神经放电。

心肌细胞在除极、复极过程中产生心电向量，可通过容积导体传至身体各部，并产生电位差。将两电极置于体表的任何两点，并与心电图机连接，可描记出心电图（ECG）。所以，心电图反映了心脏的综合电变化过程。正常心电图包括 P、QRS 和 T 三组波形：P 波代表心房去极化；QRS 波群代表心室去极化；T 波代表心室复极化（图 2-76）。

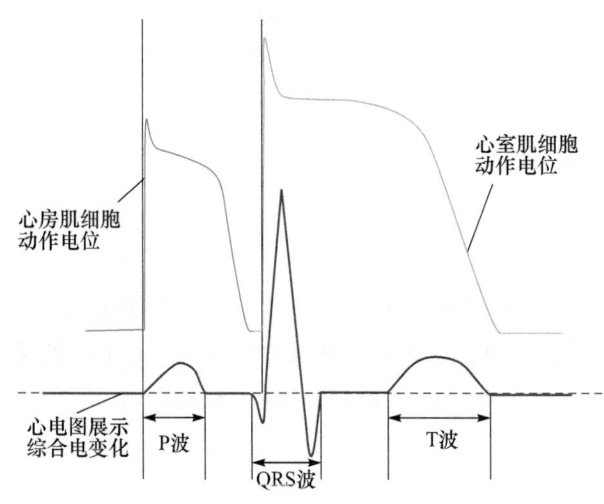

图 2-76　心肌细胞动作电位与心电图波形

标准导联是一种常用的心电图导联方式，又称为双极肢体导联，反映两肢体间的电位差。连接方式如下。

Ⅰ导联：左上肢—正极端，右上肢—负极端，反映左、右上肢的电位差。

Ⅱ导联：左下肢—正极端，右上肢—负极端，反映左下、右上肢的电位差。

Ⅲ导联：左下肢—正极端，左上肢—负极端，反映左上、下肢的电位差。

【实验动物】

家兔。

【实验药品与器械】

20% 氨基甲酸乙酯，生理盐水，去甲肾上腺素（1∶5000），乙酰胆碱（1∶10 000），液体石蜡，兔体解剖台，监听器（耳机或音箱），注射器（1ml、20ml），常用手术器械，止血钳（4～6 把），保护电极，Y 形气管插管，棉线，棉球，RM6240 多道生理信号采集处理系统等。

【方法与步骤】

1. 动物手术准备

（1）动物的麻醉与固定　取家兔一只，称重，用 20ml 注射器从耳缘静脉注射

20% 氨基甲酸乙酯（1g/kg 体重），麻醉后背位固定于兔体解剖台上。

麻醉程度观察。

注射时前 1/3 速度可稍快，后 2/3 速度要慢，并同时观察家兔各项指标。家兔出现呼吸减慢，肌肉松弛良好，钳夹无自主活动，角膜反射迟钝，可视为麻醉适度。

（2）分层分离颈部肌肉　用剪毛剪剪去颈部手术野的被毛，在紧靠喉头下缘，沿颈部正中线做一长 5～7cm 的皮肤切口。止血钳钝性分离皮下结缔组织及肌肉，直至清晰暴露肌肉层下方的气管。

（3）气管插管　麻醉动物进行实验时要行气管插管，防止呼吸道分泌物堵塞气管致死。气管下方穿一棉线备用，在气管上做一 T 形切口，将 Y 形气管插管沿向心方向插入，扎紧备用线，余线固定在 Y 的分叉处，防止脱落。

TIPS

主动脉神经的辨认。

1. 主动脉神经较细，离开血管神经束的包膜后难以分辨，应在原自然位置找到后再用玻璃分针分离。

2. 由于神经位置存在变异，在基本确定三条神经后，可根据神经放电图形、声音、刺激神经时对血压的影响加以验证。

3. 主动脉神经韧性较差，易被拉断，分离时要十分小心。

（4）神经分离　在气管两侧，主动脉神经、交感神经及迷走神经与颈总动脉伴行，被结缔组织膜包裹，形成血管神经束，其腹面被胸骨舌骨肌和胸骨甲状肌覆盖。用左手拇指和食指轻轻捏住分离的肌肉和皮肤，稍向外翻，使血管神经束周围视野清晰暴露，仔细辨认三条神经，最粗白色者为迷走神经，一般位于外侧；较细呈灰白色的为交感神经，一般位于内侧；最细者为主动脉神经，一般位于两神经之间（图 2-77），但三条神经的位置也常有较大变异。用玻璃分针纵向轻轻划开血管神经束外的结缔组织膜，将三条神经分离 2～3cm 长，并用浸过生理盐水的棉线穿过备用。

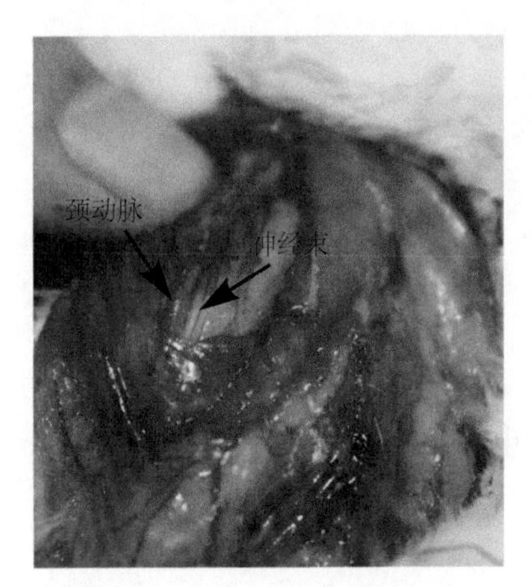

图 2-77　家兔颈部血管神经束

2. 连接仪器　开启 RM6240 多道生理信号采集处理系统，连接有主动脉神经的保护电极输入通道一，ECG 电极输入通道二。监听器与 RM6240 多道生理信号采集处理系统的监听输出连接。

3. 参数设置　从实验菜单栏中选取“减压神经放电项目”。系统参数设置：采集频率 20kHz；扫描速度 100ms/div。第一通道灵敏度 50μV、时间常数 0.001s、高频滤波 3kHz；第二通道灵敏度 1mV、时间常数 0.2s、高频滤波 100Hz。

【实验项目】

选择适宜的扫描速度和增益（灵敏度），开始记录实验数据。

1. 引导主动脉神经放电　将主动脉神经搭在保护电极上引导放电，注意不要触及周围组织。通过监听音箱可听到类似火车行进的声音。

2. 记录心电图 ECG　电极按标准Ⅱ导联连接，引导电极的三个鳄鱼夹连接上针形电极，正极插入左下肢皮肤下，负极插入右上肢皮肤下，地线插入左上肢皮肤下，引导心电图。

3. 观察正常情况下的主动脉神经冲动发放与心电图　通过放电图形与声音（类似火车的声音）判断是否是主动脉神经放电，主动脉神经放电呈三角形（图 2-78）。

4. 观察血压升高时的主动脉神经冲动发放与心电图　用 1ml 注射器从耳缘静脉注入 0.1～0.3ml 去甲肾上腺素溶液，同时进行标记，比较主动脉神经放电、心率变化。

5. 观察血压下降时主动脉神经冲动发放与心电图　待恢复后，同法注射 0.1~0.2ml 乙酰胆碱溶液，同时进行标记，比较主动脉神经放电、心率变化。

6. 处死动物　实验结束后从耳缘静脉注射空气处死动物。

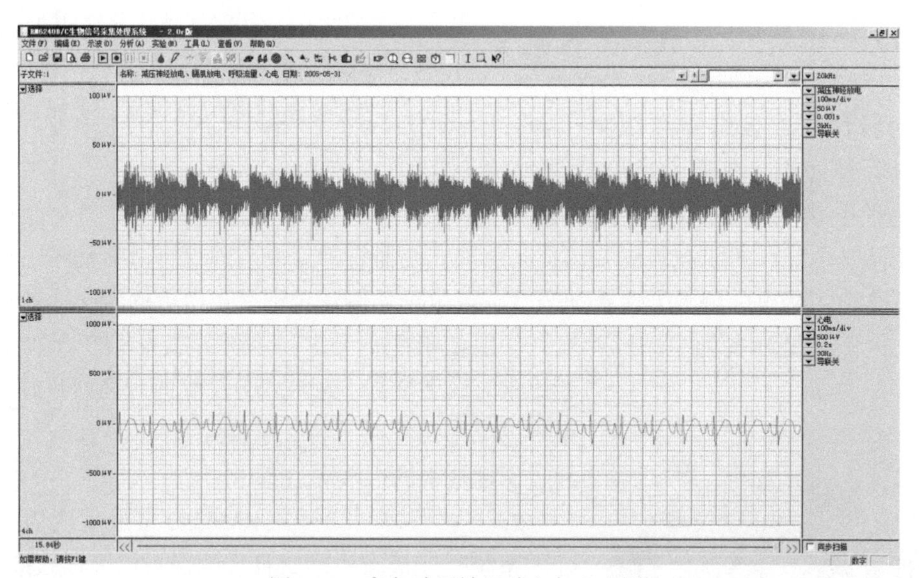

图 2-78　家兔减压神经放电与心电图

【实验探索项目】

迷走神经放电的引导和记录：将迷走神经搭在保护电极上引导并记录放电，比较迷走神经放电与主动脉神经放电波形。

【数据输出】

在“文件”的下拉菜单中选择“当前屏图像输出”，即可屏幕所显示实验数据输出为 Word 文档，调整大小后保存并打印。

【注意事项】

1. 麻醉应适量，过浅易骚动，过深不灵敏。

2. 分离气管上方肌肉时应采取钝性分离，不可用剪刀横向剪断肌肉，以免造成血管断裂而出血过多。

3. 分离神经时避免损伤神经，在分离出的神经上滴上液体石蜡，防止神经干燥。

4. 实验观察时，注射药物后应等待心电、神经冲动恢复正常后，再进行下一项目的观察。

【思考题】

1. 主动脉神经放电有何特点？与正常心电有何关系？

2. 耳缘静脉分别注射去甲肾上腺素、乙酰胆碱后，主动脉神经放电有何变化？为什么？

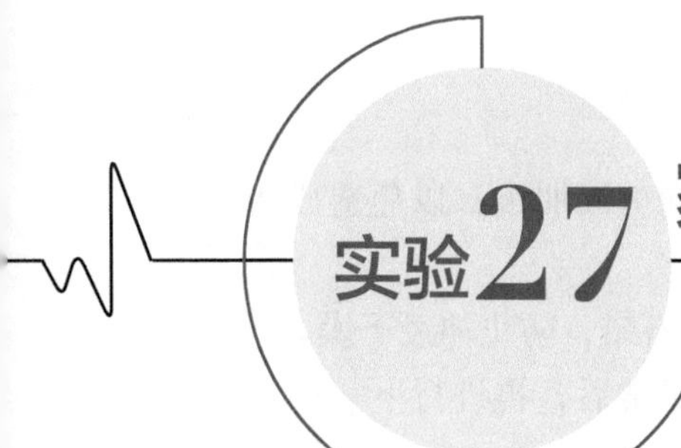

实验27 家兔动脉血压的神经、体液调节

【实验目的】

学习并掌握直接测定动脉血压、同步记录多个生理信号的实验方法；观察神经、体液因素对心血管活动的调节。

【实验原理】

正常生理条件下，人和高等哺乳动物通过神经和体液调节维持动脉血压的相对稳定。在这些调节因素中，以颈动脉窦-主动脉弓压力感受性反射最重要。血压升高时通过该反射途径使血压回降，血压降低时也可使之回升，所以也称为稳压反射。该反射的传入神经为主动脉神经与窦神经，传出神经为心交感神经、心迷走神经和交感缩血管纤维。

心交感神经兴奋，末梢释放去甲肾上腺素，与心肌细胞膜上β受体结合，引起心脏正性变时、变力、变传导作用；心迷走神经兴奋，末梢释放乙酰胆碱，与心肌细胞膜上M受体结合，引起负性变时、变力、变传导作用；交感缩血管纤维兴奋时释放去甲肾上腺素，与血管平滑肌细胞α受体结合，引起阻力血管收缩，血压升高。

本实验采用液压传感系统直接测定动脉血压。液压传感系统由压力换能器与动脉插管相连，其内充满抗凝液体。将动脉插管插入动脉内，动脉的血压变化通过密闭的液压系统传递压力，经过压力换能器将压力信号转换为电信号，用计算机生物信号采集处理系统记录动脉血压变化曲线。在记录血压的同时，引导和记录主动脉神经放电与心电图，观察多个生理指标的变化并分析相互关系。

【实验动物】

家兔。

【实验药品与器材】

20%氨基甲酸乙酯，生理盐水，肝素（300U/ml），去甲肾上腺素（1：5000），乙酰胆碱（1：10 000），液体石蜡，兔体解剖台，监听器（耳机或音箱），注射器（1ml、

5ml、20ml），常用手术器械，压力换能器，动脉插管，三通管，引导电极，刺激电极，动脉夹，止血钳，棉球，RM6240 多道生理信号采集处理系统等。

【方法与步骤】

1. 制备液导系统　将压力换能器通过三通管连接动脉插管（图 2-79），用 5ml 注射器向压力换能器推注 300U/ml 肝素，使整个压力换能器内和动脉插管都充满液体。压力换能器放平后，动脉插管与外界大气相通时，基线调零。用动脉夹夹住动脉插管前端，继续向换能器内推注肝素，观察通道二压力变化，当加压到 13.3kPa（100mmHg）时关闭三通管，观察压力能否保持。若压力下降，表明液导系统漏液，需查找原因，并重新制压。制备好的液导系统平放于实验台，之后用于动脉插管。

> **TIPS**
>
> 液导系统中不能留有气泡，否则因气体具有可压缩性，压力测量不准确。

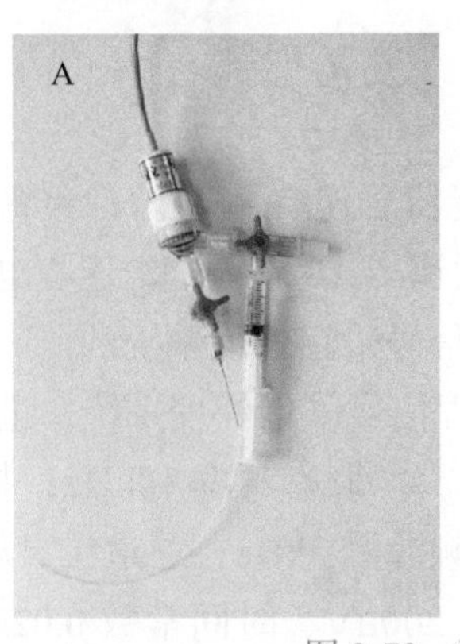

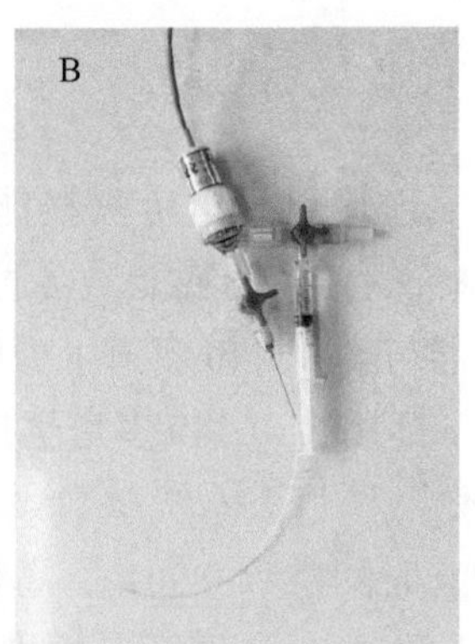

图 2-79　液导系统

A. 制作液导系统；B. 制作完成后，注意二者三通的方向

2. 分离双侧神经与血管　取家兔一只，称重，20ml 注射器从耳缘静脉注射 20% 氨基甲酸乙酯（1g/kg 体重），麻醉后背位固定于兔体解剖台上，进行颈部手术，气管插管，分离双侧主动脉神经、迷走神经及交感神经，分别穿线备用，手术操作方法见实验 26，神经上滴液体石蜡防止干燥。小心分离出一段约 5cm 长的颈总动脉用于动脉插管，下方穿两条棉线，分别拉至分离出的颈总动脉两端备用。分离另一侧颈总动脉，穿线备用。

> **TIPS**
>
> 动脉插管在操作时注意如下几点。
>
> 1. 棉线结扎时一定要扎紧，以防止渗血。
>
> 2. 在将动脉插管插入动脉管壁时，若很难往前推进，手感滞涩，则插管很有可能没有进入动脉管壁内。须退出插管，重新检查血管壁开口。
>
> 3. 插管前端应为一斜面，但不宜过尖，最好为马蹄形，插入时应顺着血管方向，以免扎破管壁。

3. 动脉插管　耳缘静脉注射肝素（200U/kg 体重）防止插管时凝血。距动脉插管前端 5cm 处固定少量医用胶布，用于后期固定。将一侧颈总动脉头端的备用棉线尽可能靠头端结扎（务必扎紧，以防渗血），另一棉线在近心端打活结备用。用动脉夹在近心端夹闭颈总动脉血管，将眼科镊的尾部平面垫于动脉血管下，用眼科剪在靠近头端结扎线沿向心方向斜向在动脉管壁上剪一个 V 形开口。用眼科镊轻轻提起开口处管壁，将动脉插管由开口处小心插入动脉管内约 5cm，并用向心端的备用线将动脉连同插管扎紧，将余线固定在插管的胶布后以防止插管滑脱（图 2-80）。

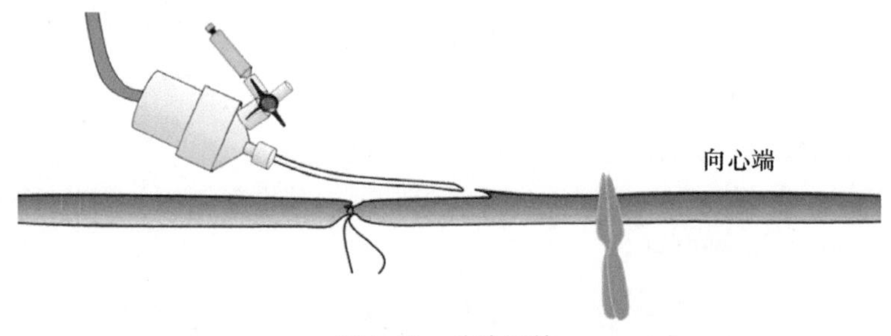

图 2-80　动脉插管

4. 连接仪器　连接引导电极与换能器。连有主动脉神经的保护电极接通道一（“生物电”），连动脉插管的压力换能器接通道二（“血压”），连心电的 ECG 电极接通道三（“心电”）。监听器与 RM6240 多道生理信号采集处理系统的监听输出连接。

5. 参数设置　打开 RM6240 多道生理信号采集处理系统，进入“减压神经放电、血压、心电同步实验”项目。系统参数设置：采集频率 10kHz；扫描速度 200ms/div。通道一灵敏度 50μV、时间常数 0.001s、高频滤波 3kHz；通道二灵敏度 4.8kPa、时间常数直流、高频滤波 100kHz；通道三灵敏度 200μV、时间常数 0.02s、高频滤波 100Hz。各参数可根据实验中所记录的图形进行微调。刺激输出端连接刺激电极。

【实验项目】

1. 引导并记录主动脉神经放电和心电图　将分离出的一侧主动脉神经置于引导电极上，勿过度牵拉神经，记录主动脉神经放电。通过放电图形确认主动脉神经。将针形电极插入动物四肢，选择Ⅱ导联记录家兔心电图。

2. 记录正常动脉血压　将动脉插管前面的颈总动脉上的动脉夹轻轻取下，可见血液与插管内液体混合，在计算机显示器上观察到通道二的血压波动曲线。稳定后记录动脉血压波形。

3. 观察正常的主动脉神经放电、血压和心电图曲线　观察主动脉神经的三角形放电、收缩压和舒张压及心电图的三组波形（图 2-81）。血压随呼吸变化，波形图中可见心搏为一级波，呼吸为二级波（可不明显）。

4. 夹闭对侧颈总动脉　轻提对侧颈总动脉的备用线，用动脉夹夹闭 30s，观察并记录主动脉神经放电、血压、心率变化（图 2-82A）。

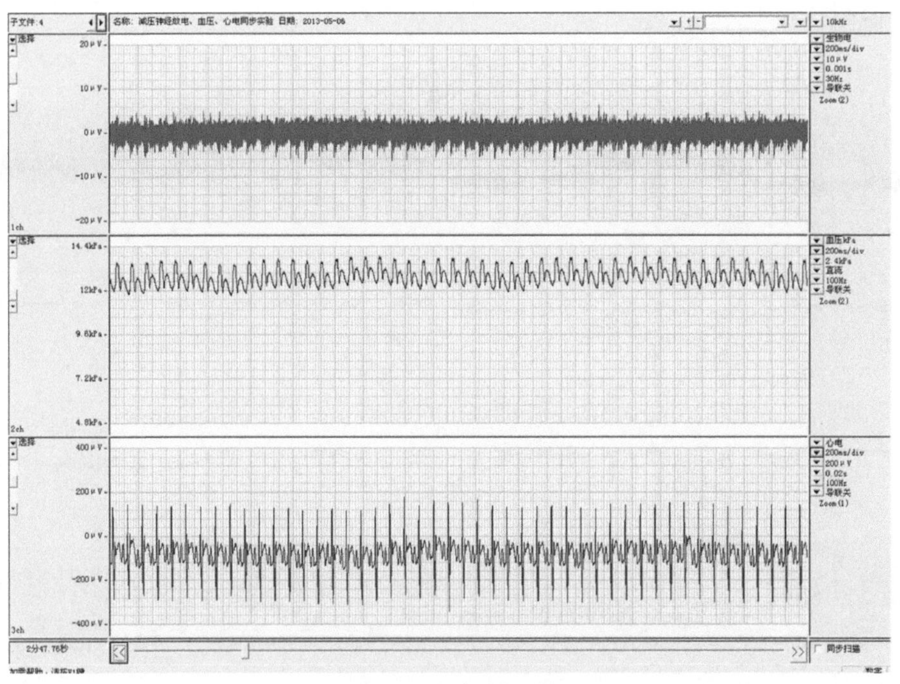

图 2-81　实验波形示例

5. 牵拉颈总动脉残端　轻提用于血压记录的颈总动脉残端备用线，观察并记录主动脉神经放电、血压、心率变化。当血压明显下降时停止牵拉，待血压恢复（图 2-82B）。

6. 刺激主动脉神经

1）轻轻提起主动脉神经的备用线，将主动脉神经置于刺激电极上。用中等强度的连续刺激（强度 5V、波宽 1ms、频率 20Hz 的正电压连续单刺激）作用于神经 10～20s，观察血压和心电变化。血压明显下降后停止刺激，并待血压恢复正常。

2）将一侧主动脉神经用两段棉线进行双结扎，从两扎结线之间剪断神经。分别刺激主动脉神经中枢端和外周端，观察并记录血压和心电变化（图 2-82C 和 D）。

7. 刺激迷走神经

1）轻提迷走神经的备用线，将迷走神经置于刺激电极上。用中等强度的连续刺激（参数与实验项目 6 中相同）作用于神经 10～20s，观察血压和心电变化。注意血压下降曲线与实验项目 6 中有何不同。

2）双结扎双侧迷走神经并剪断，分别刺激迷走神经中枢端与外周端，观察并记录血压和心电变化（图 2-82E 和 F）。

8. 注射去甲肾上腺素对血压的影响　耳缘静脉注射 0.1～0.3ml 去甲肾上腺素溶液，观察血压和心率变化（图 2-82G）。

9. 注射乙酰胆碱对血压的影响　耳缘静脉注射 0.1～0.3ml 乙酰胆碱溶液，观察血压和心率变化（图 2-82H）。

10. 失血对血压的影响　在另一侧动脉插入动脉插管缓慢放血，观察失血后血量变化对血压和心率的影响。

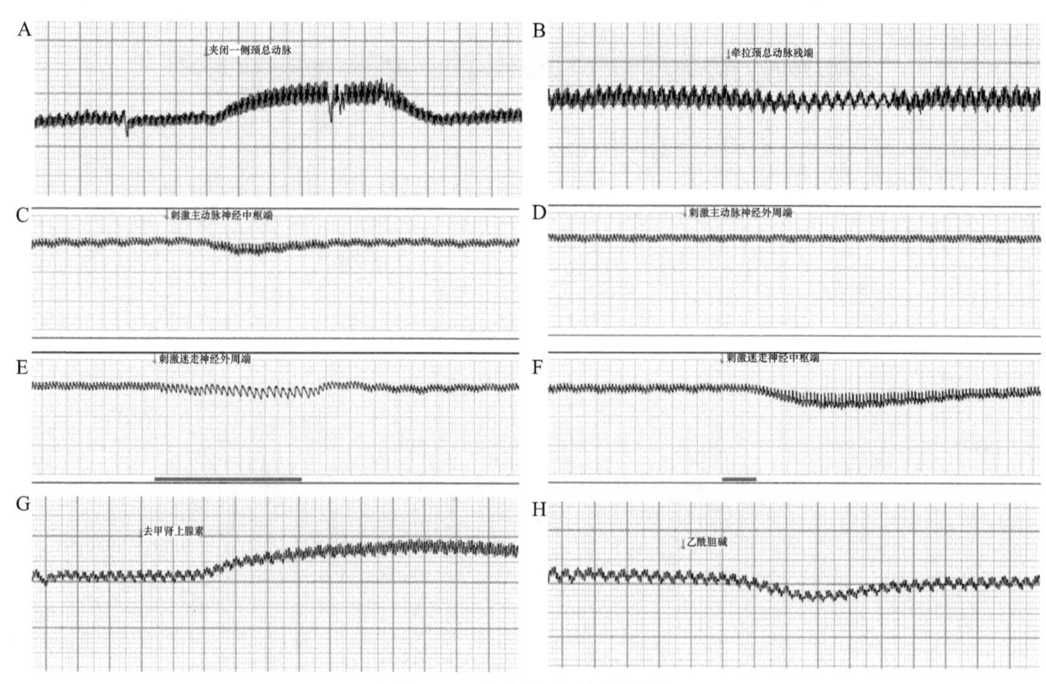

图 2-82　参考实验结果示例

【实验探索项目】

1. 刺激交感神经对血压和心电的影响：用实验项目 6 的方法刺激交感神经，观察血压和心率变化。

2. 主动脉神经、交感神经及迷走神经在正常血压调节中的效应：分别剪断双侧主动脑神经、交感神经及迷走神经后，观察血压和心率变化，说明哪种神经的作用占优势。

3. 区别去甲肾上腺素与肾上腺素的作用及受体途径：①注射肾上腺素（1∶10 000，0.1ml/kg 体重），观察血压变化，与注射去甲肾上腺素的结果比较；②注射酚妥拉明溶液（1∶1000，0.2ml/kg 体重），观察血压变化。3～5min 后，注射肾上腺素和去甲肾上腺素，分别观察前后两次有何不同；③注射心得安（盐酸普萘洛尔）溶液（1∶1000，0.5ml/kg 体重），观察血压变化。3～5min 后，注射肾上腺素和去甲肾上腺素，分别观察前后两次有何不同。

【数据输出】

在“文件”的下拉菜单中选择“当前屏图像输出”，可将屏幕所显示实验数据输出为 Word 文档，调整大小后存盘并打印。

【注意事项】

1. 麻醉应适量，过浅易骚动，过深不灵敏。

2. 分离气管上方肌肉时应采取钝性分离，不可用剪刀横向剪断肌肉，以免造成血管断裂而出血过多。

3. 分离神经时避免损伤神经，在分离出的神经上滴上液体石蜡，防止神经干燥。

4. 在进行动脉插管时要小心操作，防止血液渗漏或喷出。

5. 实验中的处理项目较多，注意利用软件添加实验标注，便于实验结果的查找。并且要等待前一实验项目的血压恢复正常后，再进行下一项目的观察。

6. 实验中注射药物较多，注意保护耳缘静脉。

7. 压力换能器要与心脏保持在同一水平面。

【思考题】

1. 分析主动脉神经放电、动脉血压与心电变化的关系。

2. 正常血压的一级波、二级波有何特征？形成机制是什么？

3. 实验结果如何证明窦弓反射的反射弧通路？

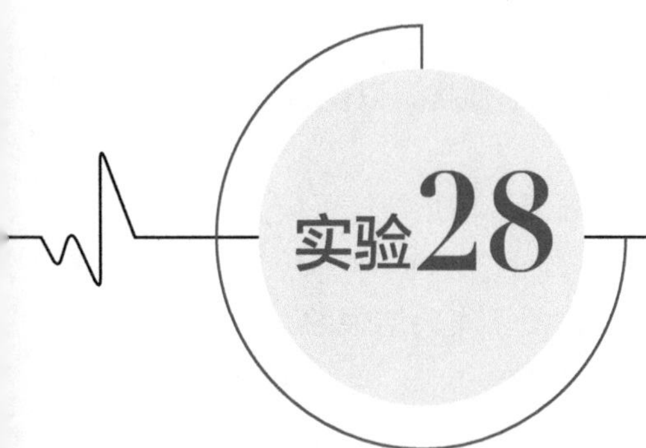

家兔左心室内压的测定与影响因素

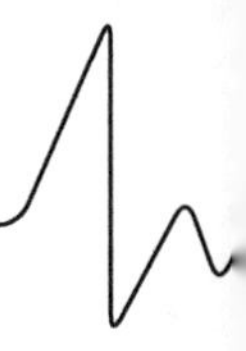

【实验目的】

学习并掌握在体心脏插管的方法，了解测定左心室内压的意义及心功能的评价方法；观察药物对心功能的影响。

【实验原理】

左心室内压（left ventricular pressure，LVP）及其变化速率是反映和评价左心室收缩和舒张功能的重要指标。经颈总动脉的左心插管术是在对动物损伤最小的测定心功能的常用方法。

经家兔右颈总动脉插管测定左心室内压，通过液压传导系统与计算机采集系统相连，记录左心室内压曲线。而根据左心室内压计算出其一阶微分曲线，反映左心室内压的瞬时变化速率。

【实验动物】

家兔。

【实验药品与器材】

20% 氨基甲酸乙酯，生理盐水，肝素（300U/ml），肾上腺素（1∶10 000），乙酰胆碱（1∶10 000），液体石蜡，兔体解剖台，注射器（1ml、20ml），常用手术器械，压力换能器，动脉插管，三通管，动脉夹，止血钳，注射器，橡皮管，棉球，RM6240 多道生理信号采集处理系统等。

【方法与步骤】

1. 制备液导系统　方法同实验 26，使整个压力传感器内和动脉插管都充满 300U/ml 肝素溶液，与外界大气相通时基线调零。制压，检测液导系统是否漏液。

2. 仪器连接　将 ECG 电极接通道一（“心电”），心室内压的压力换能器接通道二。

3. 参数设置　打开 RM6240 多道生物信号采集处理系统，打开通道一、通道二、通道三，通道一选择模式“心电”，通道二选择模式“左心室内压”，通道三从左侧“选择”下拉菜单中选择通道二的一阶微分曲线（图 2-83）。

系统参数设置：采集频率 100Hz；扫描速度 200ms/div。一通道灵敏度 200μV、时间常数 0.02s、高频滤波 100Hz。二通道灵敏度 4.8kPa、时间常数直流、高频滤波 100kHz。各参数可根据实验中所记录的图形进行微调。刺激输出端连接刺激电极。

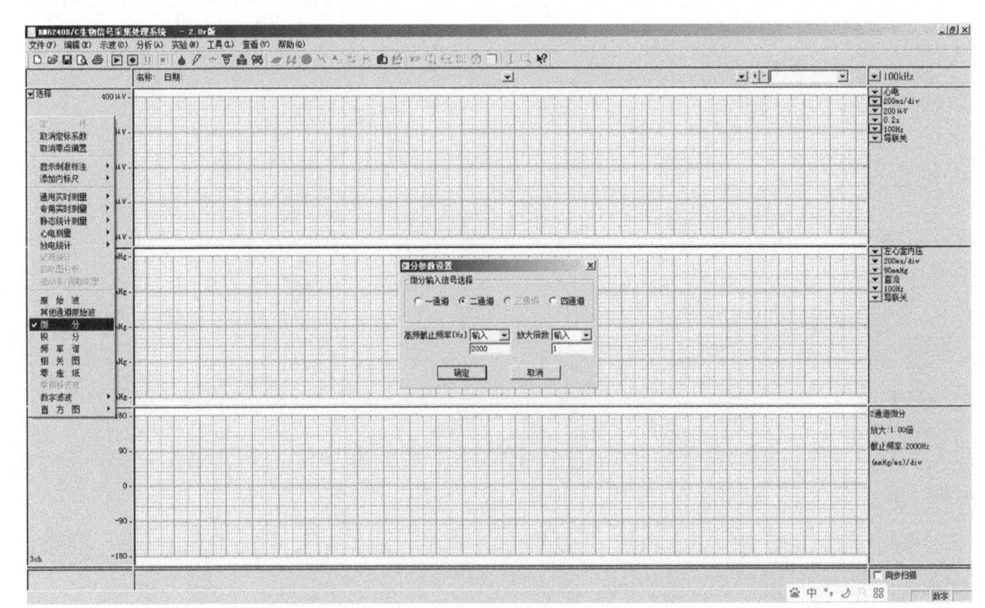

图 2-83　实验参数

4. *动物手术*

（1）麻醉与固定　按照实验 26 的方法，将家兔称重，麻醉后背位固定于兔体解剖台。

（2）进行颈部手术　按照实验 26 的方法，进行颈部手术，进行气管插管。分离右侧颈总动脉 3～5cm 长，下方穿过两条棉线，分别拉至颈总动脉的远心端和近心端。用棉线结扎颈总动脉远心端，近心端打一活结备用。

（3）左心室插管　一般选择经右侧颈总动脉进行左心室插管。用动脉夹于近心端夹闭动脉血管，眼科剪在靠近远心端结扎线沿向心方向在动脉管壁上剪一个 V 形开口。将准备好的动脉插管插入血管内约 3cm，用近心端的棉线结扎动脉血管和动脉插管，但不要结扎太紧，使动脉插管可以继续往深插入。松开动脉夹将导管再送入 2cm 左右，记录一段颈总动脉的血压波形。轻提远心端扎线，轻轻地将导管继续向心脏方向送入，当导管穿过颈总动脉、主动脉弓到达主动脉瓣时，手指可以明显地感受到心脏“突突”地跳动，这时一边继续送入导管，一边密切观察记录的波形，当波幅度明显增大，舒张压接近于“0mmHg”时，表明导管进入左心室内（图 2-84）。这时将近心端的棉线进一步扎紧，固定导管。

（4）引导心电图　将针形 ECG 电极插入动物四肢，选择Ⅱ导联记录家兔心电图。

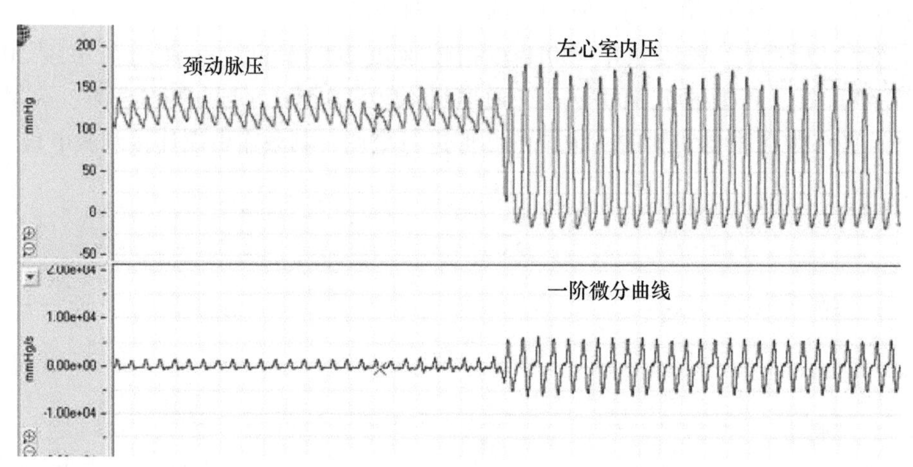

图 2-84　正常左心室内压及其一阶微分曲线

【实验项目】

1. 记录正常心电图及左心室内压　观察正常的心电图、左心室内压及其一阶微分曲线，等平稳时记录和保存结果，分析各指标变化。

2. 注射肾上腺素对左心功能的影响　耳缘静脉注入 0.1～0.3ml 肾上腺素溶液（0.1ml/kg），观察并记录各曲线变化。

3. 注射乙酰胆碱对左心功能的影响　耳缘静脉注入 0.1～0.3ml 乙酰胆碱溶液（0.1ml/kg），观察并记录各曲线变化。

• TIPS

实验中用于评定心功能的指标如下。

1. 左心室内压曲线——波形的峰值为左心室收缩压（LVSP），波形的最低点为左心室舒张压（LVDP）。

2. 左心室内压一阶微分曲线——波形的正向峰值为左心室内压最大上升速率（$+dp/dt_{max}$），波形的负向峰值为左心室内压最大下降速率（$-dp/dt_{max}$）。

【实验探索项目】

1. 左、右交感神经对心功能的效应区别：分离颈部双侧交感神经，分别进行刺激，观察效应有无区别。

2. 左、右迷走神经对心功能的效应区别：分离颈部双侧迷走神经，分别进行刺激，观察效应有无区别。

【数据输出】

在“文件”的下拉菜单中选择“当前屏图像输出”，即可将屏幕所显示实验数据输出为 Word 文档，调整大小后存盘并打印。

【注意事项】

1. 用于动脉插管的导管前端不能太尖，以马蹄形为佳，否则容易扎破血管壁或心室壁。

2. 插管前用液体石蜡涂抹导管的外壁，减小阻力，更容易将导管送入左心室。

3. 压力换能器要与心脏保持在同一水平面。

【思考题】

1. 在心动周期中，左心室内压在各时相如何变化？心室射血与动脉血压形成之间的关系如何？

2. 心功能有哪些评价指标？影响心肌收缩能力的因素有什么？

3. 右心室内压如何测定？

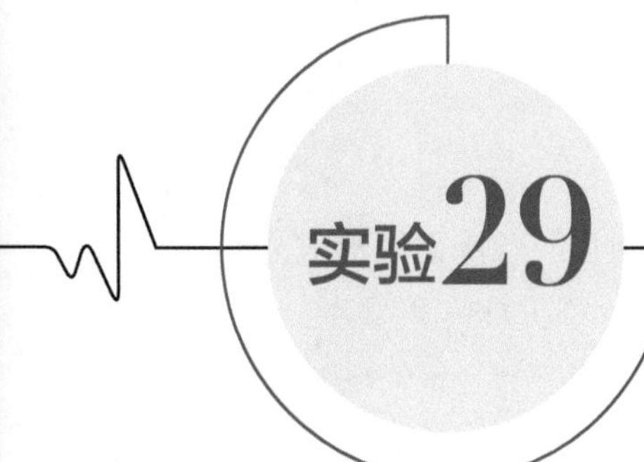

家兔胃肠运动形式的观察

【实验目的】

学会观察动物在体胃肠运动的形式；观察并分析神经、体液因素对胃肠运动的调节。

【实验原理】

消化道平滑肌具有自动节律性，有多种形式的运动，主要有紧张性收缩、蠕动和分节运动等，其基本形式为蠕动（图 2-85）。在机体内，消化管运动受神经和体液因素的调节。在神经及某些药物的作用下，其运动节律可发生改变。

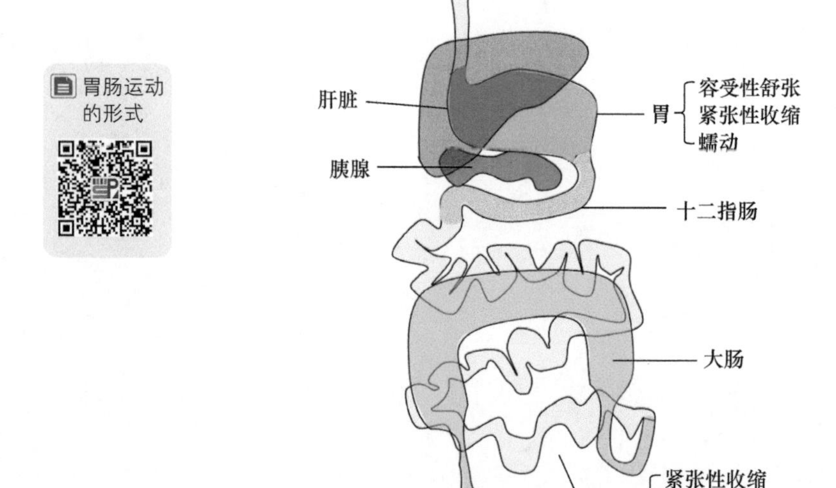

图 2-85　消化道结构及胃肠基本运动形式

【实验动物】

家兔（实验前需喂食）。

【实验药品与器材】

常用手术器械，保护电极，刺激器，注射器，兔体解剖台，20% 氨基甲酸乙酯，肾上腺素（1∶10 000），乙酰胆碱（1∶10 000），阿托品（0.5mg/ml）等。

【方法与步骤】

1. 麻醉　取家兔一只，称重，耳缘静脉注射氨基甲酸乙酯（1g/kg 体重）麻醉，背位固定于兔体手术台上。

2. 分离神经　将腹部被毛剪去，自剑突沿腹中线剖开腹腔，暴露胃和肠。在膈下食管的末端找出迷走神经前支，在左侧腹后壁肾上腺上方找出左侧内脏大神经，二者均套上保护电极。

【实验项目】

1）观察正常情况下的胃肠运动。正常情况下，胃肠运动包括胃、小肠的紧张性收缩、蠕动及小肠的分节运动。

2）用连续电刺激刺激膈下迷走神经，观察胃肠运动的变化。

3）用连续电刺激刺激内脏大神经，观察胃肠运动的变化。

4）耳缘静脉注射 1∶10 000 肾上腺素 0.5ml，观察胃肠运动的变化。

5）耳缘静脉注射 1∶10 000 乙酰胆碱 0.5ml，观察胃肠运动的变化。

【实验探索项目】

探索阿托品的作用：先注射 0.5ml 阿托品，再注射乙酰胆碱，观察胃肠运动有何变化。

【注意事项】

1. 实验前 2～3h 喂饱家兔，可得到较好的实验结果。

2. 应随时用温热的生理盐水湿润胃肠，避免由于腹腔开放造成的腹腔内温度下降及消化管表面干燥，影响胃肠运动。

【思考题】

1. 正常情况下，胃肠平滑肌的运动形式有哪些？

2. 刺激迷走神经后，胃肠运动有什么变化？

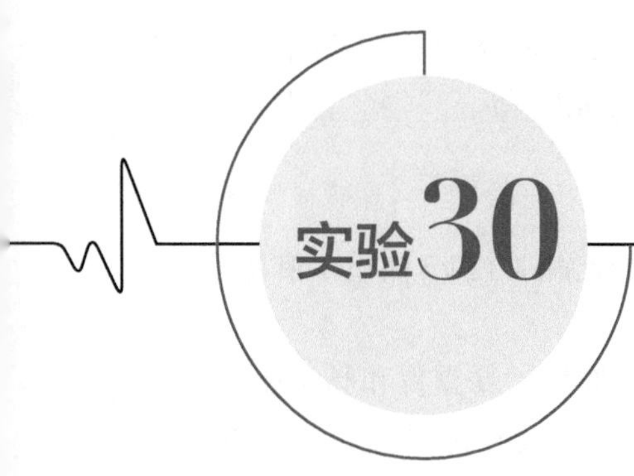

大鼠胃液分泌调节

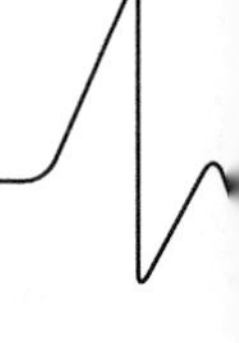

【实验目的】

进一步熟悉消化系统的解剖结构；学习收集胃液及测定胃液分泌的实验方法；了解胃的泌酸机能及迷走神经和组胺对胃液分泌的调节作用。

【实验原理】

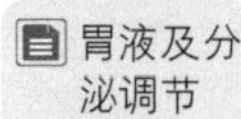

胃黏膜有许多腺体，贲门腺区和幽门腺区的腺细胞分泌黏液，胃底和胃体黏膜的腺细胞主要分泌胃蛋白酶和盐酸，其中壁细胞主要分泌盐酸和内因子，主细胞分泌胃蛋白酶原，颈细胞分泌黏液。胃液主要成分包括盐酸、胃蛋白酶、内因子、黏液和碳酸氢盐。胃液分泌受神经与体液的调节。

空腹时，胃只分泌少量胃液，称为基础胃液分泌或消化间期胃液分泌。进食后，在神经和激素的调节下，胃液大量分泌。

刺激胃液分泌的内源性物质有乙酰胆碱、促胃液素和组胺。乙酰胆碱是大部分支配胃的迷走神经末梢释放的递质，作用于胃腺壁细胞上的胆碱能M型受体，引起胃液分泌增加。胆碱能受体阻断剂（阿托品）可阻断其作用。促胃液素由胃窦部和十二指肠黏膜内的G细胞分泌，释放后以内分泌方式作用于壁细胞上受体，刺激盐酸分泌。组胺在正常情况下由黏膜肥大细胞或肠嗜铬样细胞释放，通过旁分泌方式作用于壁细胞上受体，刺激分泌。抑制胃液分泌的内源性物质有生长抑素、前列腺素及上皮生长因子。

【实验动物】

大鼠。

【实验药品与器材】

2% 戊巴比妥钠，温热生理盐水，常用手术器械，止血钳，纱布，细塑料管（直径 2～3mm、长约 15cm），碱式滴定管和支架，2ml 及 5ml 注射器，100ml 锥形瓶，保护电极，棉线，0.01mol/L NaOH 溶液，1% 酚酞，阿托品（0.5mg/ml），0.01% 磷酸组胺等。

【方法与步骤】

1. 麻醉及固定　取 350g 左右大鼠两只，实验前禁食 18～24h，自由饮水。实验时，2% 戊巴比妥钠溶液腹腔注射，将大鼠麻醉（30～50mg/kg 体重），背位固定于解剖台。

2. 气管插管　剪去颈中部被毛，做长约 1.5cm 的皮肤切口，小心分离颈部肌肉，暴露气管，剪口并插入气管插管。

3. 口腔-贲门插管　剪去上腹部被毛，在剑突下腹部正中剪一长约 3cm 的皮肤切口，沿腹白线剖开腹腔，在左上腹肝脏下方找到食管、胃和十二指肠。将胃移至腹腔外浸透温热生理盐水的纱布上，于贲门处分离食管表面的迷走神经，穿线备用。用另一根棉线穿绕贲门一周备用。在大鼠口腔内插入细塑料管，并小心、缓慢地穿过食管、贲门插入至胃内约 2cm。用手指在胃表面触到胃内的细塑料管后，将贲门处的棉线结扎，避免插管滑脱（图 2-86）。

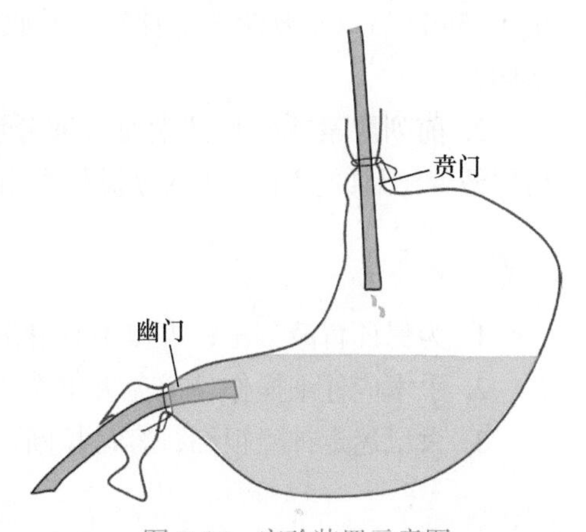

图 2-86　实验装置示意图

4. 十二指肠-幽门插管　在胃和十二指肠交界处穿两根棉线，两线相距约 1cm。在十二指肠远端用棉线结扎十二指肠，在十二指肠近幽门端的肠壁上剪一小孔，把细塑料管向幽门方向插入胃内，深约 1cm，将事先准备好的棉线结扎固定插管（图 2-86）。

5. 清洗胃内容物　用注射器将大量温热生理盐水从口腔-贲门插管注入胃，以冲洗胃内容物，使残留食物由幽门插管流出体外，流出的盐水澄清时表示胃内容物已冲洗干净。将胃送入腹腔，仅保留幽门插管头端于体外以便收集胃液。用蘸有温热生理盐水的纱布垫覆盖腹腔创口，避免体温下降，用灯泡照射，维持动物体温。

【实验项目】

1. 收集胃液样品　动物稳定 30min 后，用 5ml 生理盐水从口腔-贲门插管灌流胃，用锥形瓶收集由幽门端流出的液体，重复冲洗 3 次，每次 2min。共收集 3 个胃液样品，以此作为正常对照。

2. 胃酸测定　以酚酞为指示剂，用 0.01mol/L NaOH 溶液滴定每次收集的胃液样品至刚好变色，用中和胃酸所用去的 NaOH 体积计算每次胃酸排出量，换算成 μmol/（L · 2min）来表示，此为胃酸排出基线值。

3. 迷走神经对胃液分泌的调节作用　用保护电极刺激步骤 3 分离的迷走神经，

每次持续 5s，间隔 20s。末次刺激 30s 后，按上法收集 3 个样品，测定胃酸排出量。

4. 组胺对胃液分泌的作用　切断迷走神经，20min 后，按照实验项目 1 的方法收集一次对照样品后，立即皮下注射磷酸组胺（1mg/kg 体重），再连续收集 3～4 个样品，并测定每个样品的胃酸排出量。

5. 数据处理　作图比较项目 1 所得胃酸排出基线值与项目 2 所得胃酸排出量，分析迷走神经对胃酸分泌的调节作用；作图比较项目 4 组胺注射前后所得胃酸排出量，分析组胺对胃酸分泌的影响。

【实验探索项目】

1. 阿托品对胃液分泌的调节：另取一只大鼠，按照上述方法手术后，刺激迷走神经，收集 3 个胃液样品，测定其胃酸排出量。随后在皮下注射阿托品（1mg/kg 体重）。5min 后重复刺激迷走神经，并收集 3 个胃液样品，测其胃酸含量，比较结果有何不同？

2. 前列腺素或生长抑素对胃液分泌的调节：观察静脉注射前列腺素或生长抑素前后胃液分泌量的变化，并试分析其作用机制。

【注意事项】

1. 为保证胃液分泌，大鼠不宜麻醉太深。
2. 手术应仔细操作，避免大出血。
3. 大鼠迷走神经很细，容易拉断，分离时要非常细心。

【思考题】

1. 迷走神经、组胺及阿托品对胃酸的分泌有何作用？
2. 为何实验中用戊巴比妥钠作麻醉剂而不使用氨基甲酸乙酯？

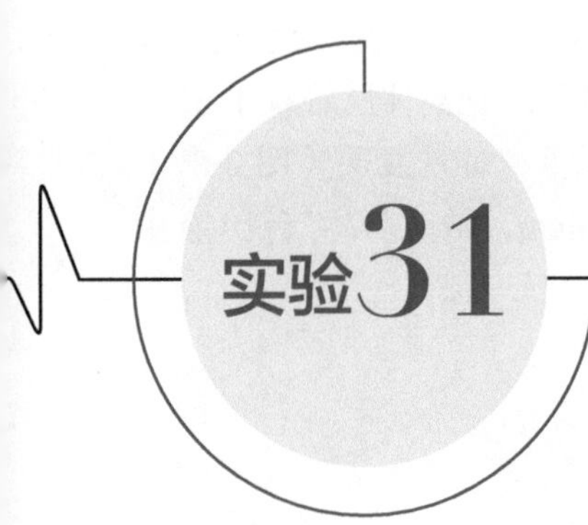
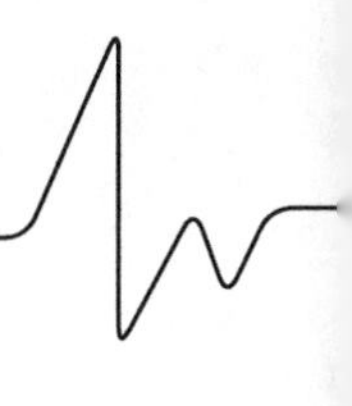

实验31 离体小肠段的生理特性

【实验目的】

学会离体小肠灌流的实验方法，通过实验了解哺乳动物离体小肠段的一般特性。

【实验原理】

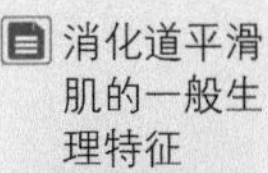

哺乳动物消化管平滑肌具有肌组织共有的特性，如兴奋性、传导性和收缩性等。但消化管平滑肌又有其特点，即兴奋性较低、收缩缓慢，富有伸展性，具有紧张性、自动节律性，对电刺激不敏感，对化学、温度和机械牵张刺激较敏感等。这些特性可维持消化管内一定压力，保持胃肠等一定的形态和位置，适合于消化管内容物的理化变化等。小肠在体内受神经和体液因素的调节。将离体组织器官置于模拟体内环境的溶液中，可在一定时间内保持其功能。本实验以台式液作灌注液，在体外观察记录哺乳动物离体小肠段的一般生理特性。

【实验动物】

家兔。

【实验药品与器材】

张力换能器，麦氏浴槽或恒温平滑肌槽，恒温水浴锅，支架，烧瓶夹，烧杯（500ml 3 个、100ml 1 个），20ml 注射器，温度计（2 支），台氏液，去甲肾上腺素（1∶10 000），乙酰胆碱（1∶10 000），阿托品针剂（0.5mg/ml），RM6240 多道生理信号采集处理系统等。

【方法与步骤】

1. 仪器准备　恒温平滑肌槽是自供液式，使用前将肌槽刷洗干净，中心管为灌注浴槽，注入台氏液至浴槽高度的 2/3 处，外部容器为水浴锅，加自来水。设定恒温平滑肌槽内水温为 37℃，开启电源加热。

2. 制备离体兔小肠段　家兔耳缘静脉注射空气致死。剪掉腹部被毛，迅速剖开腹腔，找到胃幽门与十二指肠交界处，在十二指肠起始端用棉线结扎，在结扎线肠侧剪断小肠，将肠管的肠系膜沿肠缘剪开，分离出长 20～30cm 的肠管。把离体肠管置于 37℃左右的台氏液中轻轻漂洗，然后用注射器向肠腔内注入台氏液，冲洗肠腔（图 2-87），待肠腔内容物基本洗净后，将肠管剪成数段，每段长 3～4cm，放入 37℃台氏液中备用。

图 2-87　冲洗肠腔

3. 连接仪器　取一段长 3～4cm 的小肠段，两端用细线结扎，一端系于浴槽内的标本固定钩上，另一端将结扎线系于张力换能器上。小肠段勿牵拉过紧或过松且必须与桌面相垂直，勿与周围管壁、温度计接触，以免摩擦。用塑料管将充满氧气的球胆或增氧泵与浴槽底部出气口的通气管相连，调节塑料管上的螺旋夹，控制进氧量，让通气管的气泡一个一个地均匀溢出，为台氏液供氧（图 2-88）。固定标本固定钩、L 管并调节结扎线与张力换能器，使小肠段运动自如又能牵动传感器。

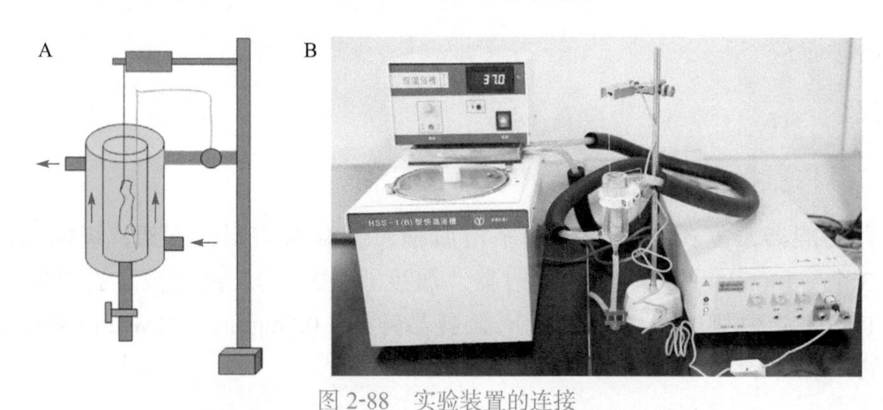

图 2-88　实验装置的连接

A. 离体小肠段的悬挂；B. 实验装置各部分仪器的连接

4. 参数设置　打开 RM6240 多道生理信号采集处理系统软件，在实验菜单栏选择“消化”模块的“消化道平滑肌的生理特性”，根据波形适当调整通道参数（图 2-89）。

系统参数设置：采集频率 400Hz；扫描速度 5s/div。通道一灵敏度 6g、时间常数直流、高频滤波 30Hz。其他通道关闭。各参数可根据实验中所记录的图形进行微调。

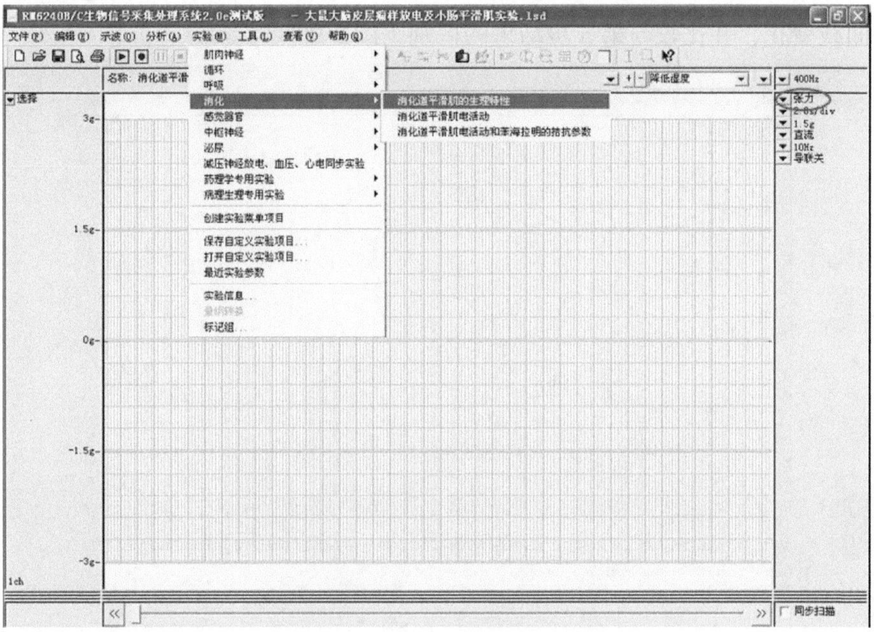

图 2-89　模块选择及参数设置

【实验项目】

1. 记录正常（37℃）的离体小肠段节律性收缩曲线　37℃离体小肠段收缩曲线为对照（图 2-90A）。

2. 观察温度对离体小肠段收缩曲线的影响

1）记录一段正常收缩曲线后，换入冷台氏液（25℃左右），并记录曲线变化，同时观察小肠段紧张度变化。当出现明显变化后，立即用 37℃台氏液冲洗，待恢复正常（图 2-90B）。

2）待小肠收缩恢复正常后，换入热台氏液（45℃左右），并记录曲线变化，同时观察小肠段紧张度变化。当出现明显变化后，立即用 37℃台氏液冲洗，待恢复正常。

3. 观察缺氧对小肠段收缩曲线的影响　记录正常的小肠段收缩曲线后，停止供气 1min 并记录曲线变化，同时观察小肠段紧张度变化。当出现明显变化后，立即恢复供气。用新鲜 37℃台氏液冲洗，待恢复正常（图 2-90C）。

4. 观察去甲肾上腺素对小肠段收缩曲线的影响　待小肠段收缩活动正常后，给台式液中加入 2 滴去甲肾上腺素（1∶10 000），观察并记录曲线变化。出现明显变化后，用新鲜的 37℃台氏液冲洗，待恢复正常（图 2-90D）。

5. 观察乙酰胆碱对小肠段收缩曲线的影响　待小肠段收缩活动正常后，给台式液中加入 1～2 滴乙酰胆碱（1∶10 000），观察并记录曲线变化。出现明显变化后，用新鲜的 37 ℃台氏液冲洗，待恢复正常（图 2-90E）。

6. 观察阿托品和乙酰胆碱共同作用对小肠段收缩曲线的影响　待小肠段收缩活动正常后，给台式液中加入 3 滴阿托品后立即加入与第 5 步相同剂量的乙酰胆碱，观察并记录曲线变化，并比较与第 5 步结果的区别（图 2-90F）。

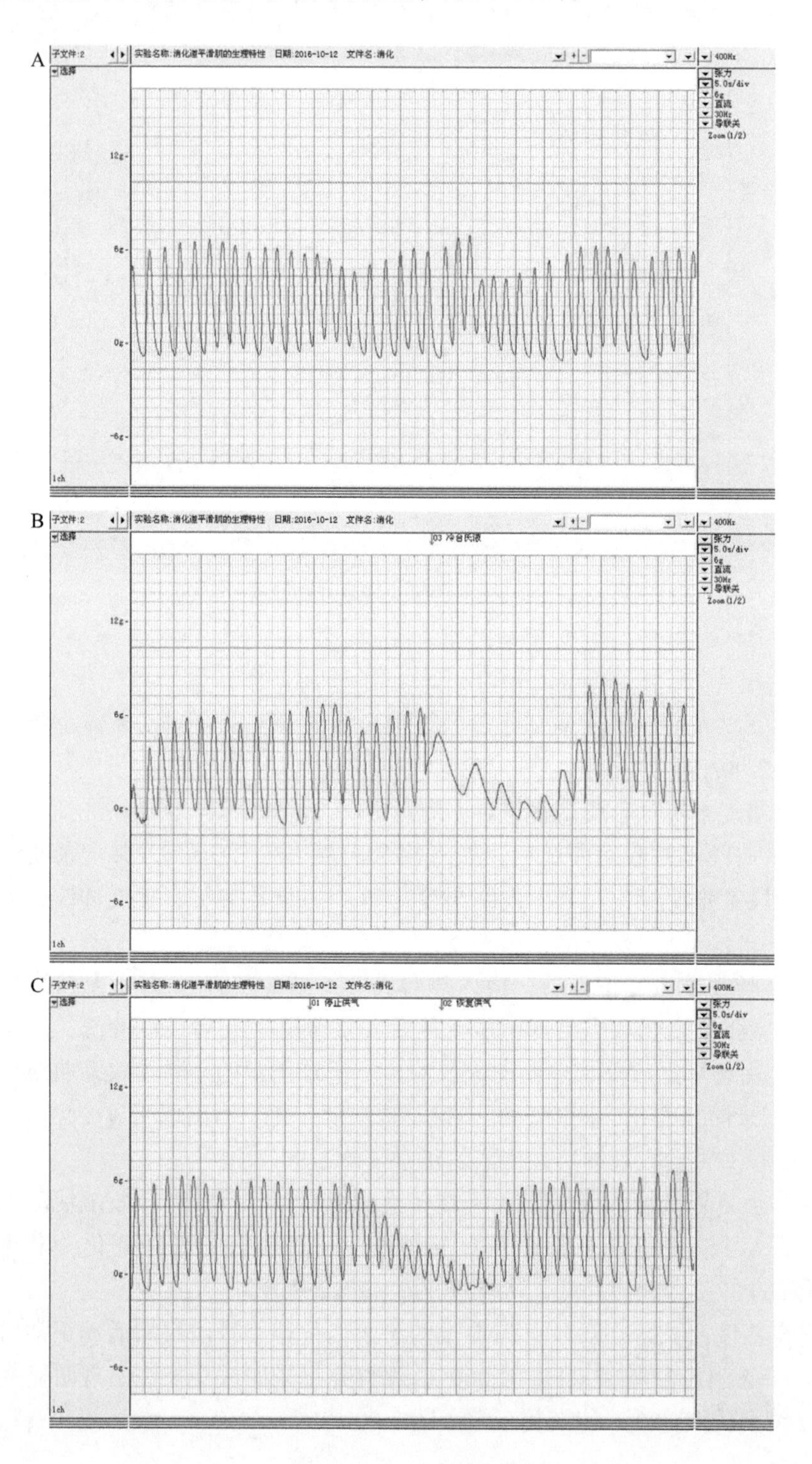

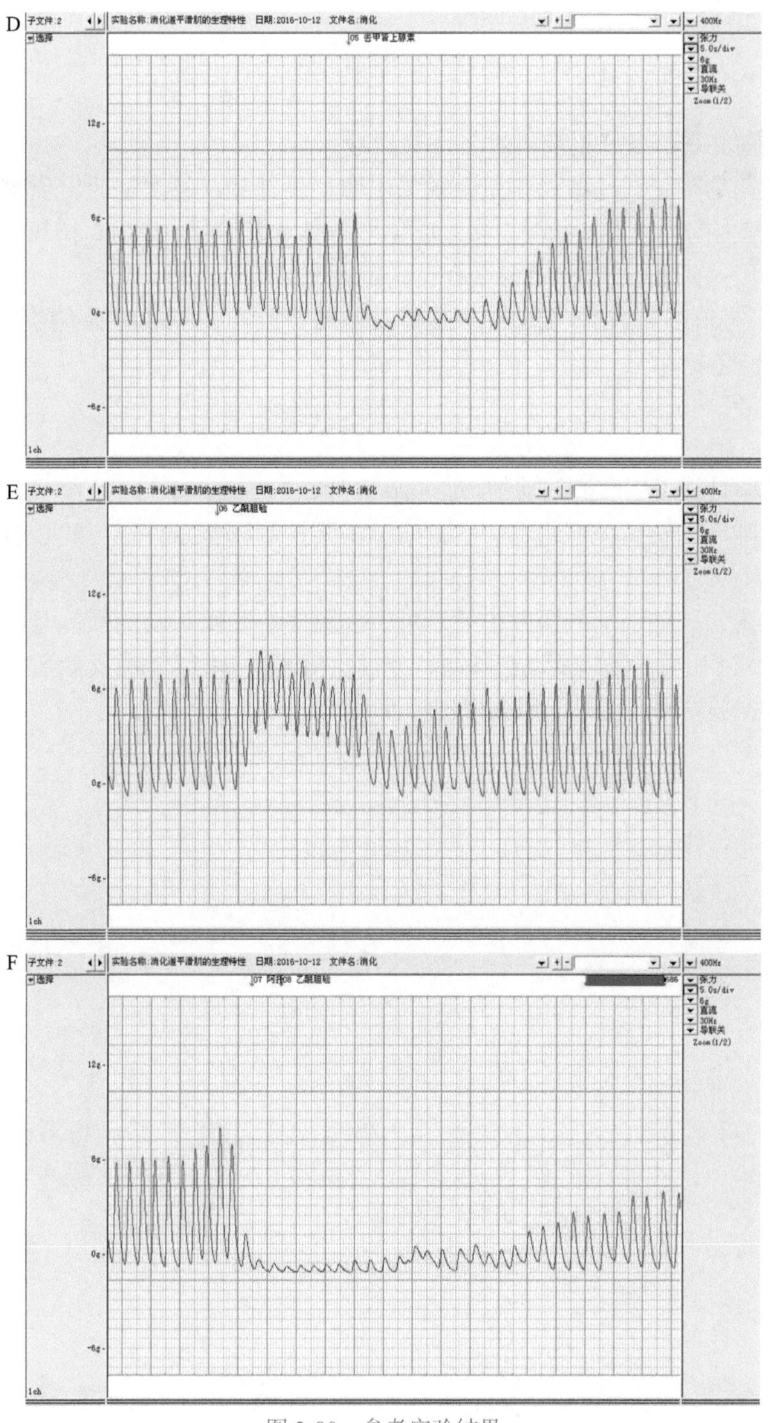

图 2-90　参考实验结果

【数据输出】

在“文件”的下拉菜单中选择“当前屏图像输出”，将屏幕所显示实验数据输出为

Word 文档，调整大小后存盘并打印。

【注意事项】

1. 加药前必须准备好更换用的 37℃台氏液。

2. 上述药物剂量只是参考剂量，效果不明显可补加。每次加药出现效果后，必须立即更换浴槽内的台氏液并冲洗 3 次，以免平滑肌出现不可逆反应，待肠肌恢复正常活动后再观察下一项目。槽内台氏液要保持一定高度。

3. 游离小肠段时，动作要快，取兔肠及兔肠穿线时，应尽可能不用手指或金属触及。实验中始终要通气。

【思考题】

1. 本实验是否可用麻醉的动物小肠段？为什么？

2. 进行哺乳动物离体组织器官实验时，需要控制哪些条件？与蛙心的离体实验条件有何不同？

3. 有一未知药液，加入肠腔中后，可引起离体小肠段活动加强，但若在加入此药品之前先加入阿托品，肠道活动会抑制，分析此药液中可能含有什么物质。

4. 根据实验结果说明平滑肌的生理特性。

实验32 家兔呼吸运动的调节

【实验目的】

学习家兔呼吸运动与膈肌放电同时记录的方法；观察呼吸运动与膈肌放电的相关性，并分析影响呼吸运动的各种因素；加深理解呼吸系统活动调节的机制。

【实验原理】

膈肌是重要的吸气肌，位于胸腹腔之间，形成胸腔的底部和腹腔的顶部。膈肌的肌束起自胸廓下口周缘和腰椎前面，均至于中央的中心腱，所以膈肌纤维呈辐射状排列。当膈肌舒张时，由于腹内压较高，膈肌位置偏上顶向胸腔；当膈肌收缩时，膈肌位置会偏下压向腹腔方向。因此，膈肌收缩时，胸廓上下径增加，是胸廓容积增加引起肺通气的重要原因之一。以膈肌舒缩为主的呼吸运动称为腹式呼吸（图 2-91）。

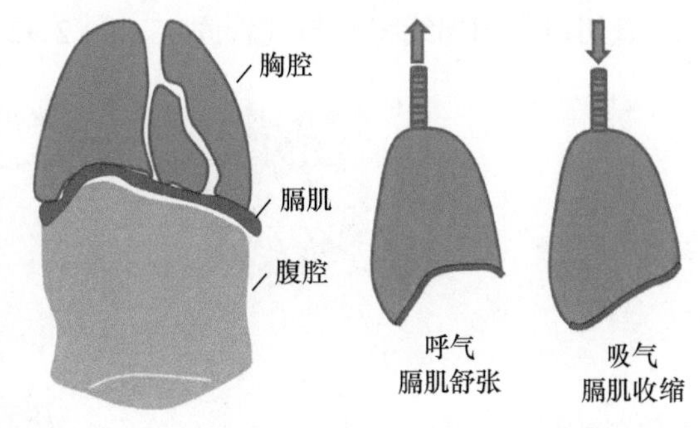

图 2-91 膈肌位置示意图

膈肌的收缩活动受来自中枢的传出神经支配，传出冲动的节律与频率，影响膈肌的收缩节律、频率与强度，进而使得人体及高等动物的呼吸运动能持续地、节律性地进行。因此，膈肌的舒缩活动的交替与呼吸运动节律相关。

体内、外的各种刺激，可直接作用于中枢或外周的机械感受器和化学感受器，进而反射性地影响呼吸运动，使其适应机体代谢的需要。

肺牵张反射是保证呼吸运动节律的机制之一。吸气时肺扩张，刺激位于气管到细支气管平滑肌内的肺牵张感受器兴奋，冲动沿迷走神经传入脑干呼吸中枢，切断吸气，促进吸气转为呼气；反之，呼气时肺缩小，则引起吸气。血液中 CO_2 分压的改变，通过作用于中枢或外周的化学感受器，引起中枢对呼吸运动的反射性调节，保证血液中气体分压稳定。血液中 CO_2 分压升高，可直接兴奋主动脉体与颈动脉体化学感受器，反射性引起呼吸加强；也可通过血脑屏障，升高脑脊液中的氢离子浓度，进而兴奋中枢化学感受器，引起呼吸加强。血液中一定浓度的 CO_2 是维持呼吸所必需的。

【实验动物】

家兔。

【实验药品与器材】

兔体解剖台，常用手术器械，张力换能器（动物呼吸传感器），引导电极，刺激电极，气管插管，注射器，橡皮管，20% 氨基甲酸乙酯，生理盐水，液体石蜡，RM6240 多道生理信号采集处理系统等。

【方法与步骤】

1. 麻醉与固定　将家兔称重，用 20% 氨基甲酸乙酯耳缘静脉注射麻醉（1g/kg 体重）后，背位固定于兔体解剖台。

2. 分离颈总动脉和迷走神经　按实验 26 的方法分离颈总动脉和迷走神经。剪去颈部被毛，沿中线切开颈部皮肤，分离气管、一侧颈总动脉及双侧迷走神经，穿线备用。

3. 气管插管　在甲状软骨下方第 3～4 个环状软骨上顺软骨纹路剪出一字形开口，随后向头端再垂直剪开 0.5cm，使开口呈 T 形。将 Y 形气管插管沿向心的方向插入气管切口，用棉线将其与气管固定（图 2-92）。

剑突分离

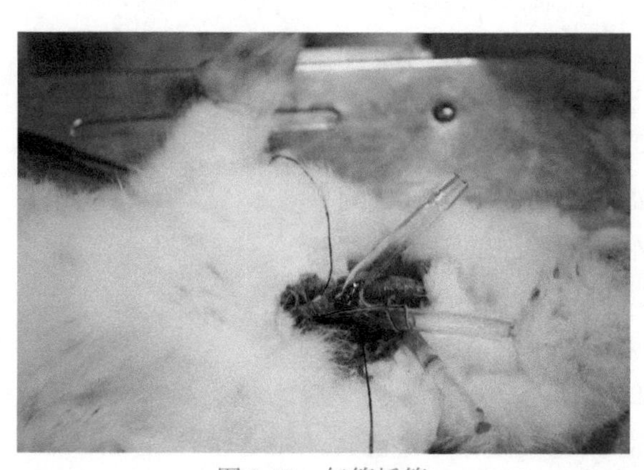

图 2-92　气管插管

TIPS

切开腹部皮肤一定要沿腹中线操作。

剑突位于胸骨下缘，腹部表层肌肉下方，呈鱼鳞状软骨。

放置膈肌的引导电极时尽量避免损伤膈肌，不能将电极放置在中央肌腱位置。

4. 分离剑突软骨　将胸骨下端剑突部位的被毛剪去，切开皮肤，并沿腹白线切长约 2cm 的切口。细心分离剑突周围的组织，暴露剑突软骨，将软骨表面结缔组织分离干净。

5. 呼吸运动曲线记录　将系有棉线的金属钩钩于剑突软骨中间部

位，线的另一端垂直系于固定在铁架台上的张力换能器，记录呼吸运动曲线（图 2-93）。

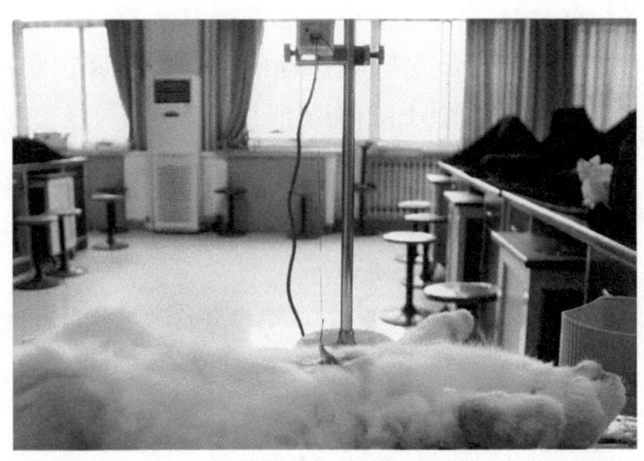

图 2-93 剑突的连接

6. 引导记录膈肌放电　将剑突下方肌层沿中线继续向下剖开 1.5～2.0cm，打开腹腔。轻轻提起剑突，可见腹腔内膈肌位于肝脏上方。将引导电极轻轻接触到膈肌表面，固定电极位置，参考电极夹在腹腔创口周围皮肤上。记录膈肌放电。

7. 连接仪器　引导膈肌放电的引导电极连接到通道一，将与剑突相连的张力换能器连接到通道二。

8. 参数设置　开启计算机采集系统，进入实验菜单栏，选择“呼吸”→“膈肌放电与呼吸运动同步记录”实验模块（图 2-94），检查各通道接口无误后，即可在各通道观察到记录信号。系统参数设置：采集频率 10～20kHz；扫描速度 400ms/div。通道一为“生物电”，灵敏度 200 μV、时间常数 0.001s、高频滤波 3kHz；通道二为“张力”，灵敏度 1.5g、时间常数直流、高频滤波 10Hz，各参数可根据实验中所记录的图形进行微调。刺激输出端连接刺激电极。

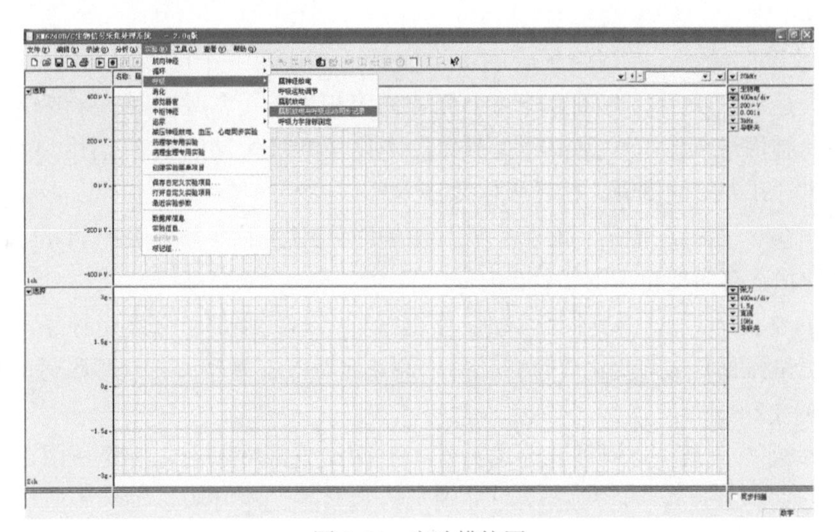

图 2-94 实验模块图

【实验项目】

1. 记录正常膈肌放电和呼吸运动曲线，注意呼气和吸气运动与曲线的方向　如图 2-95 所示，可仔细观察膈肌放电与呼吸运动的相关性，并观察动物呼气与吸气分别与通道二曲线的哪一部分相对应，进而判断膈肌放电时相与呼气、吸气如何对应。

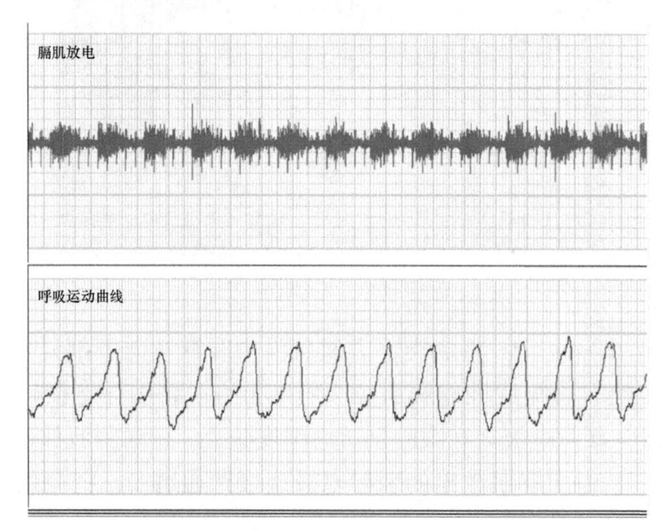

图 2-95　正常的膈肌放电和呼吸运动曲线

2. 增加气管阻力对呼吸运动的影响　同时阻塞气管插管的两个侧管，观察并记录呼吸运动及膈肌放电变化（图 2-96A），一旦出现明显变化，立即打开侧管。

3. 增加无效腔对呼吸运动的影响　将长约 1.5m、内径 1cm 的橡皮管连于气管插管的一个侧管上，同时用止血钳夹闭另一侧管，以增加呼吸无效腔。观察并记录呼吸运动及膈肌放电变化（图 2-96B），一旦出现明显变化，立即打开止血钳，去除橡皮管，待呼吸恢复正常。

4. 肺牵张反射　在气管插管的一个侧管上，连通一个已吸入 20ml 空气的注射器。待呼吸运动平稳后，夹闭另外一个侧管，用相当于正常呼吸时三个呼吸节律的时间，徐徐向肺内注入空气。观察呼吸节律的变化及呼吸运动的状态（图 2-96C）。出现效果后立即打开夹闭的侧管，待呼吸恢复正常。

同法，在呼气末，选三个正常呼吸节律的时间用注射器额外吸出 20ml 肺内气体，观察呼吸的状态有何变化（图 2-96D）。

5. 结扎迷走神经　待呼吸运动恢复正常后，结扎颈部单侧迷走神经，观察并记录呼吸运动和膈肌放电的变化。再结扎另一侧迷走神经，观察并记录呼吸运动和膈肌放电的变化（图 2-96E）。

6. 刺激迷走神经　双结扎迷走神经，在两结扎间剪断迷走神经（图 2-96F），用刺激电极分别刺激迷走神经中枢端与外周端，观察并记录呼吸运动和膈肌放电的变化（图 2-96G～H）。

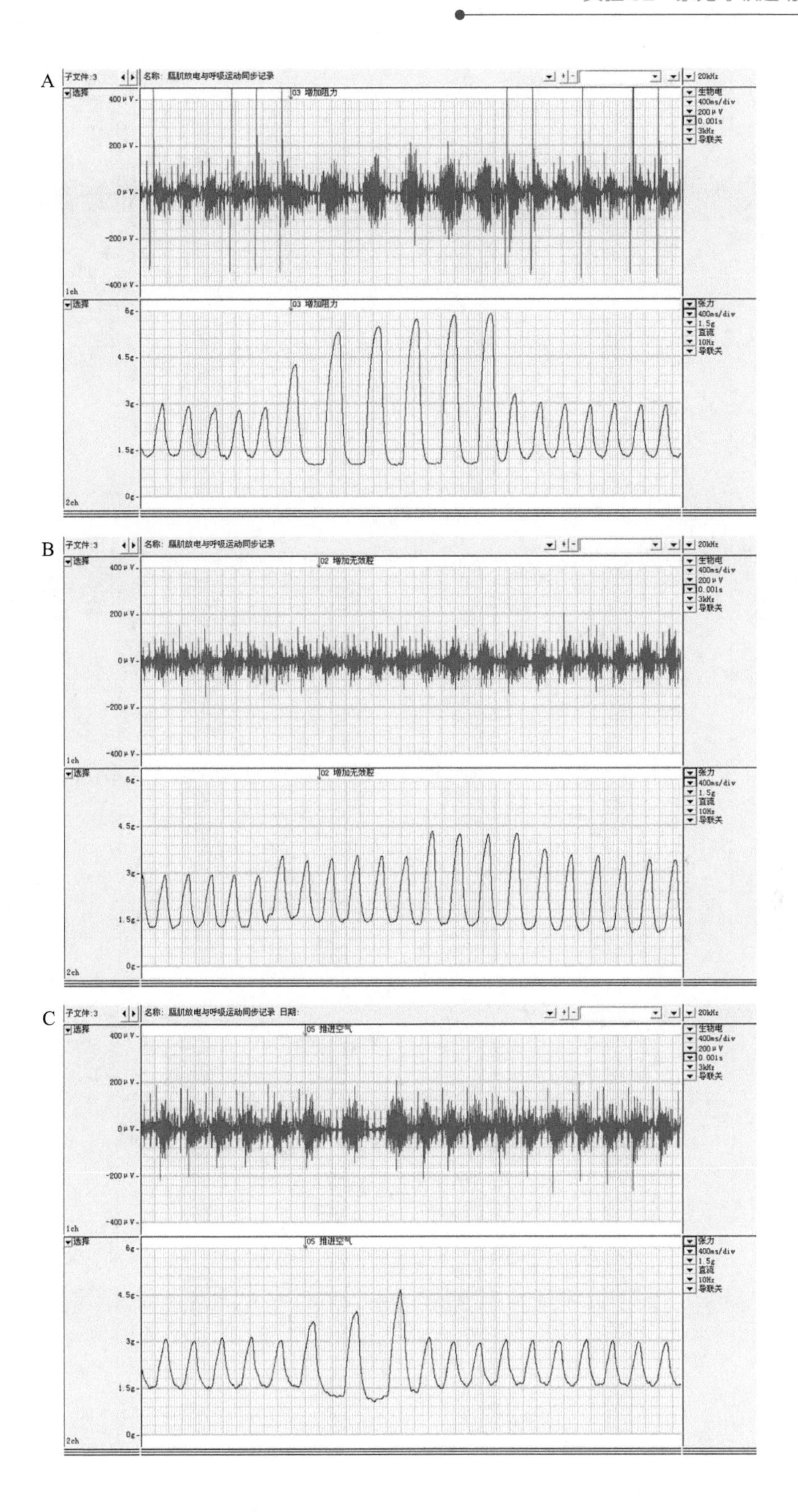
A
子文件:3
名称: 膈肌放电与呼吸运动同步记录
03 增加阻力
生物电
400ms/div
200μV
0.001s
3kHz
导联关
张力
1.5g
直流
10Hz
20kHz
B
02 增加无效腔
C
名称: 膈肌放电与呼吸运动同步记录 日期:
05 推进空气

D

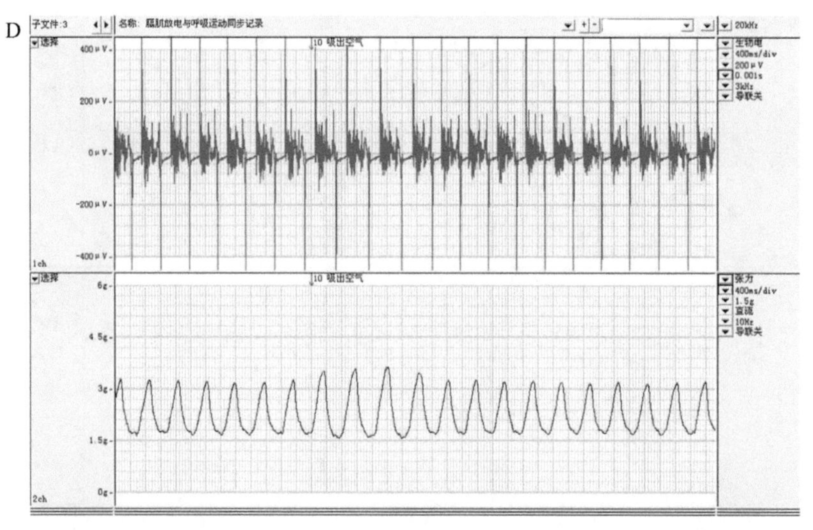
子文件:3
名称: 膈肌放电与呼吸运动同步记录
20kHz
选择
10 吸出空气
400μV
200μV
0μV
-200μV
-400μV
1ch
生物电
400ms/div
200μV
0.001s
3kHz
导联关
6g
4.5g
3g
1.5g
0g
2ch
张力
400ms/div
1.5g
直流
10Hz
导联关

E

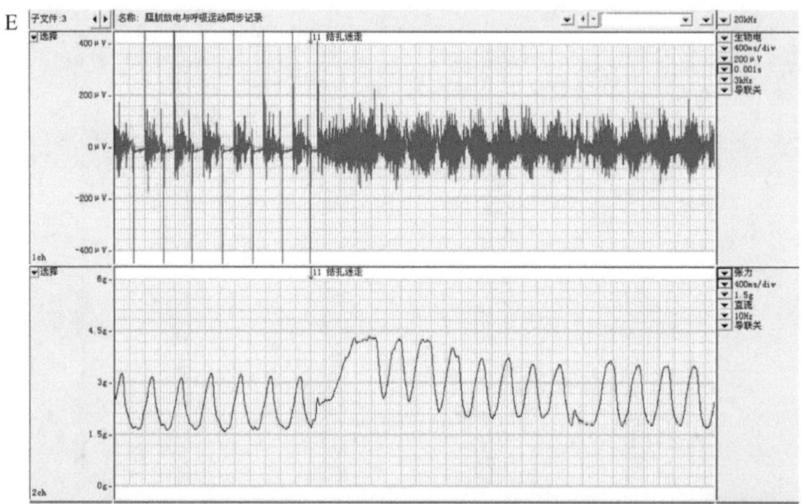
子文件:3
名称: 膈肌放电与呼吸运动同步记录
20kHz
选择
11 结扎迷走
400μV
200μV
0μV
-200μV
-400μV
1ch
生物电
400ms/div
200μV
0.001s
3kHz
导联关
6g
4.5g
3g
1.5g
0g
2ch
张力
400ms/div
1.5g
直流
10Hz
导联关

F

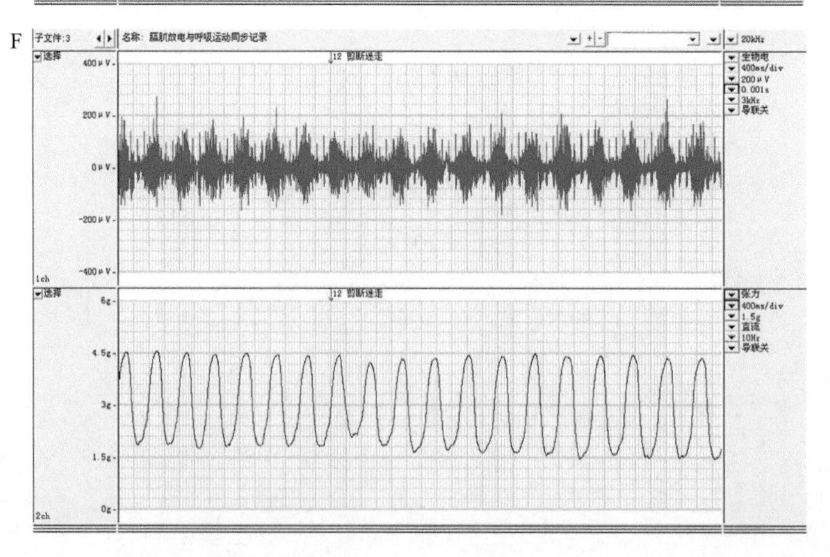
子文件:3
名称: 膈肌放电与呼吸运动同步记录
20kHz
选择
12 剪断迷走
400μV
200μV
0μV
-200μV
-400μV
1ch
生物电
400ms/div
200μV
0.001s
3kHz
导联关
6g
4.5g
3g
1.5g
0g
2ch
张力
400ms/div
1.5g
直流
10Hz
导联关

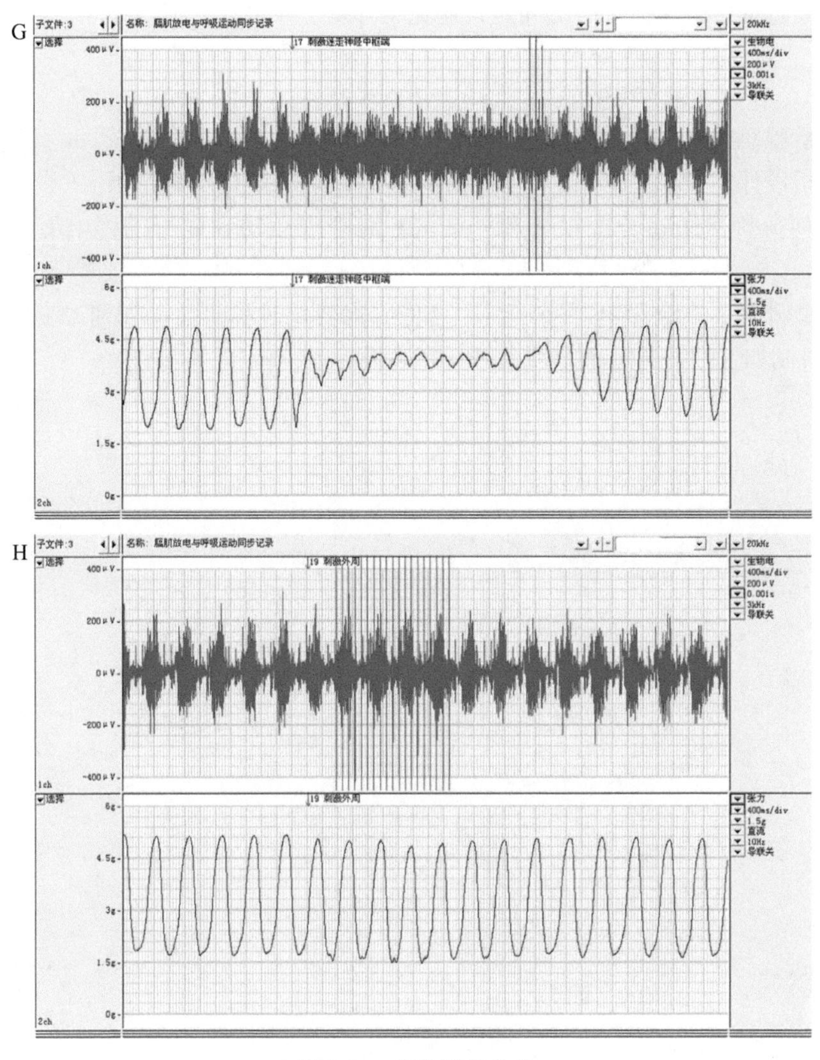

图 2-96　实验结果参考

【实验探索项目】

气胸形成：沿第 7 肋骨行走方向切开胸壁皮肤，切开肋间肌和壁层胸膜，使胸膜腔与大气相通即可形成气胸。观察肺组织是否塌陷，呼吸运动和血压有何变化？

【注意事项】

1. 分离剑突表面的组织时勿伤及胸腔。

2. 肺牵张反射时注意，注气与抽气时间仅限于三个呼吸节律的时间，然后立即打开夹闭的侧管。

3. 结扎迷走神经时，第一结一定要紧、狠，务必阻断神经冲动的传导。

4. 实验过程中，保证管线的固定，避免意外发生导致数据记录中断。

【思考题】

1. 分析膈肌放电与呼吸运动的关系。

2. 分析设计实验部分结果，和预期结果进行比较，解释实验结果。

3. 为何分别刺激迷走中枢端和外周端？对呼吸运动和血压的影响有何差别？为什么？

4. 哪些外界因素会影响呼吸运动？这些因素变化时膈肌活动如何改变？血压如何变化？其机制如何？试选定一个因素进行实验设计。

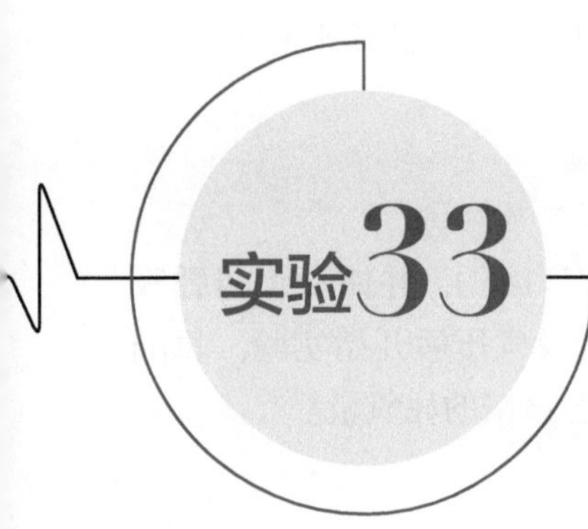

鼠类耗氧量的测定

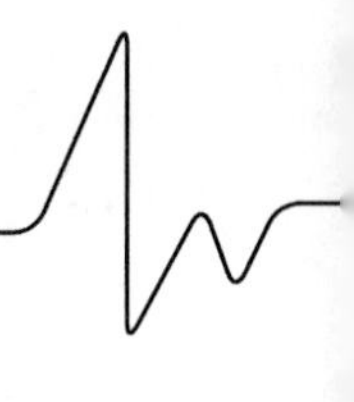

【实验目的】

了解测定动物耗氧量的设备结构和原理；学习测定动物耗氧量的方法。

【实验原理】

测定能量代谢的方法分为直接测热法和间接测热法。间接测热法又可分为开放式和封闭式。动物的耗氧量通常表示为：氧［$cm^3/(kg \cdot h)$］或者氧［$cm^3/(g \cdot min)$］。计算公式为

$$U_0=\frac{U_t}{1+aPt}\cdot\frac{H}{760}$$

式中，U_0为0℃、760mmHg大气压时气体的体积；U_t为实验结果，表示动物在1h内的耗氧量；aPt为气体在气压不变时某一温度下的膨胀系数；H为实验时的气压。

【实验动物】

小鼠。

【实验药品与器材】

胶塞，广口瓶，温度计，气压计，注射器，氢氧化钠等。

【方法与步骤】

1. 安装仪器　如图2-97所示，将气压计、吸取氧气的注射器及温度计与广口瓶相连。

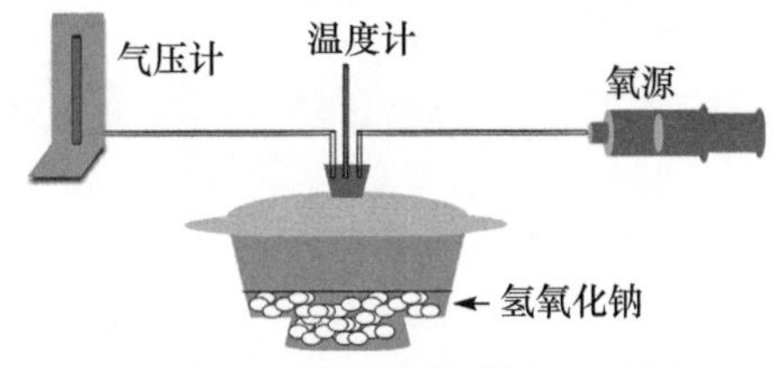

图2-97　耗氧量测定装置示意图

2. 检查仪器系统是否漏气　胶塞的接头处必须紧密牢固，不能松动，否则会出现漏气。如果代谢室是用真空干燥器改装的，其玻璃盖周围应涂抹一层薄凡士林油膏，使接触处紧密封闭，以防漏气。

【实验项目】

动物称重、测温。将颗粒状的氢氧化钠放入呼吸室（广口瓶），并使动物与呼吸室外界大气隔绝但与氧源相通，记下此时的时间、瓶内温度及气压后开始实验。每隔2min记录一次，共15min。将记录的实验结果用上述公式计算该鼠的耗氧量。

【实验探索项目】

1. 试比较不同体重小鼠耗氧量的差异，并分析原因。
2. 试比较在不同环境温度下小鼠耗氧量的差异，并分析原因。

【注意事项】

实验过程中始终注意设备的密封，防止漏气。

【思考题】

动物的能量代谢容易受到哪些因素的影响?

实验34 尿生成的调节及其与血压的关系

【实验目的】

学习输尿管插管技术；观察影响尿量的几种因素，巩固对尿生成过程的认识；观察尿量与血压的变化关系，加深对机体水平衡的理解。

【实验原理】

尿生成过程包括肾小球的滤过作用；肾小管和集合管的重吸收作用；肾小管和集合管的分泌作用。其中肾小球的滤过作用受到血压、血浆胶体渗透压等因素的影响；而肾小管和集合管的重吸收受小管液成分和转运蛋白活性及数量的影响。在整体内，凡是能影响这些因素的内、外环境变化，都可影响尿的生成，从而改变尿量（图2-98）。

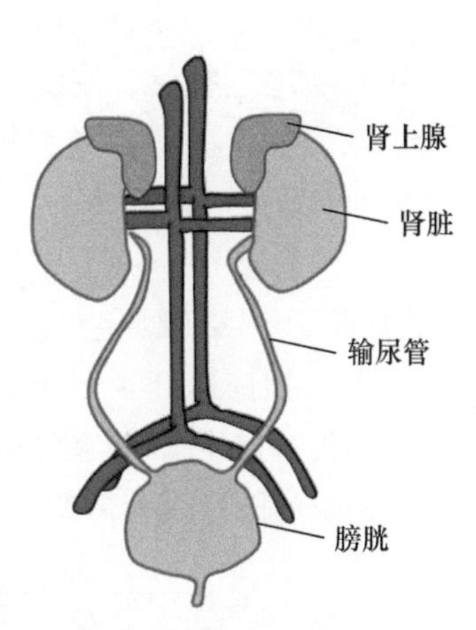

图2-98　泌尿系统示意图

【实验动物】

家兔。

【实验药品与器材】

20%氨基甲酸乙酯，20%葡萄糖注射液，肝素（200U/ml），温热生理盐水（38℃），去甲肾上腺素（1∶10 000），垂体后叶素（5U/ml），兔体解剖台，常用手术器械，RM6240多道生理信号采集处理系统，血压换能器，刺激器，保护电极，动脉插管，输尿管插管，注射器等。

【方法与步骤】

1. 麻醉与固定　　取家兔称重后，用20%氨基甲酸乙酯（1g/kg体重）耳缘静脉注射麻醉，背位固定于兔体解剖台。

2. 制作气管插管和动脉插管　　按照实验26的方法制作气管插管和动脉插管。剪

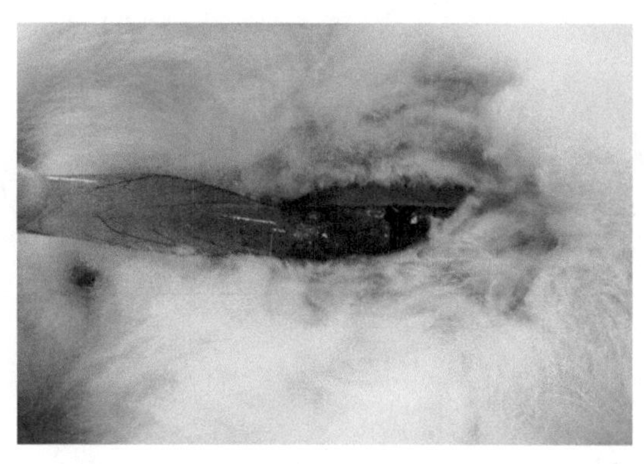
图 2-99　膀胱位置

去颈部被毛，沿颈部正中线切开皮肤，分离出气管，制作气管插管；再分离双侧颈总动脉和右侧迷走神经，做左颈动脉插管，迷走神经并穿线备用。手术完毕后，用湿纱布覆盖颈部创面。

3. 制作输尿管插管　剪去下腹部被毛，沿腹部正中线切开皮肤，做长约3cm的切口，沿腹白线切开腹壁，用手将膀胱移出腹腔外（图 2-99），放在湿纱布上。沿着膀胱上缘两侧找到输尿管，分离出一侧输尿管。先在靠近膀胱处穿线结扎，再在离此结扎线约 2cm 处穿一线，用眼科剪在管壁上剪一斜向肾的切口，插入充满温热生理盐水的插管，用线扎紧固定，将插管另一端连接到记滴装置上。

4. 连接仪器　记滴器连接到通道一，与动脉插管相连的压力感受器连接到通道二。

5. 设置参数　打开 RM6240 多道生理信号采集处理系统，进入实验菜单栏“泌尿”→“影响尿生成的因素”实验模块（图 2-100）。系统参数设置：采集频率200kHz；扫描速度 4～10s/div。通道一为“生物电”，记滴模式，不受其他参数影响；通道二为“血压”，灵敏度 4.8kPa、时间常数直流、高频滤波 30Hz，各参数可根据实验中所记录的图形进行微调。刺激输出端连接刺激电极。

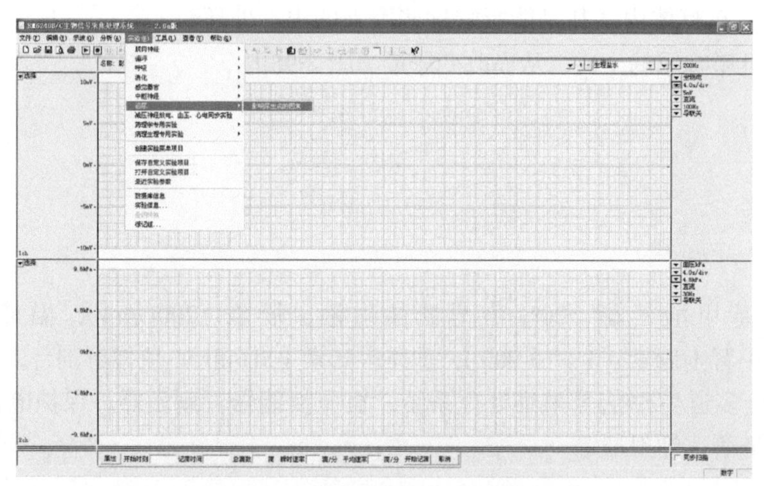
图 2-100　实验模块选择及参数设置

【实验项目】

1）待尿流量和血压稳定后，记录正常情况下，家兔尿量和血压。

2）耳缘静脉注射温热生理盐水 30ml，观察血压和尿量的变化（图 2-101A）。

3）待尿量稳定后，耳缘静脉注射 20% 葡萄糖 15ml，观察观察血压和尿量的变化（图 2-101B）。

4）待尿量稳定后，耳缘静脉注射去甲肾上腺素（1∶10 000）0.3～0.5ml，观察血压和尿量的变化（图 2-101C）。

5）结扎并切断右侧迷走神经，连续刺激迷走神经的外周端 20～30s，使血压降低至 50mmHg 左右，观察血压和尿量的变化（图 2-101D）。

6）待尿量稳定后，耳缘静脉注射抗利尿激素 2U，观察血压和尿量的变化（图 2-101E）。

7）待尿量稳定后，从对侧颈总动脉处分段放血，观察血压和尿量的变化。

TIPS

每项实验开始前，都应先记录一段作为对照，然后进行注射或刺激，并连续记录和观察至效应明显和恢复。

每次操作都必须同时打实验操作标记。

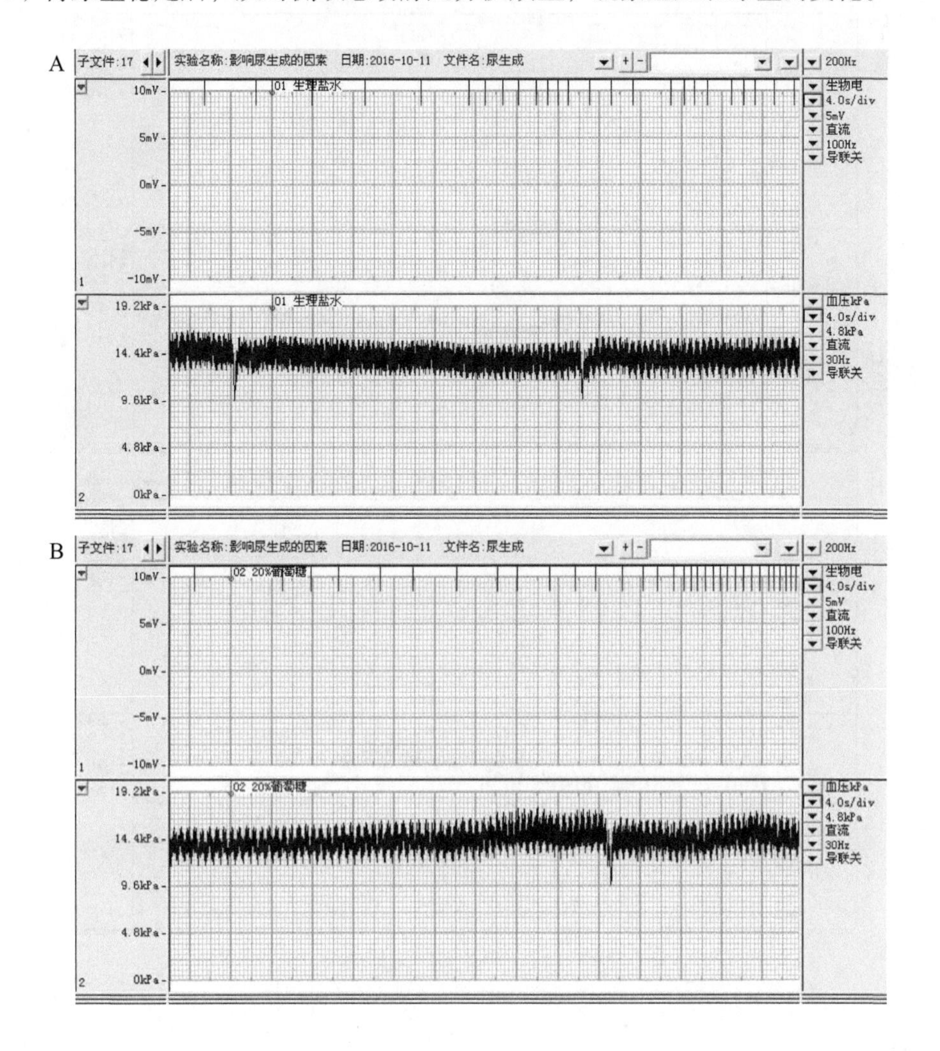

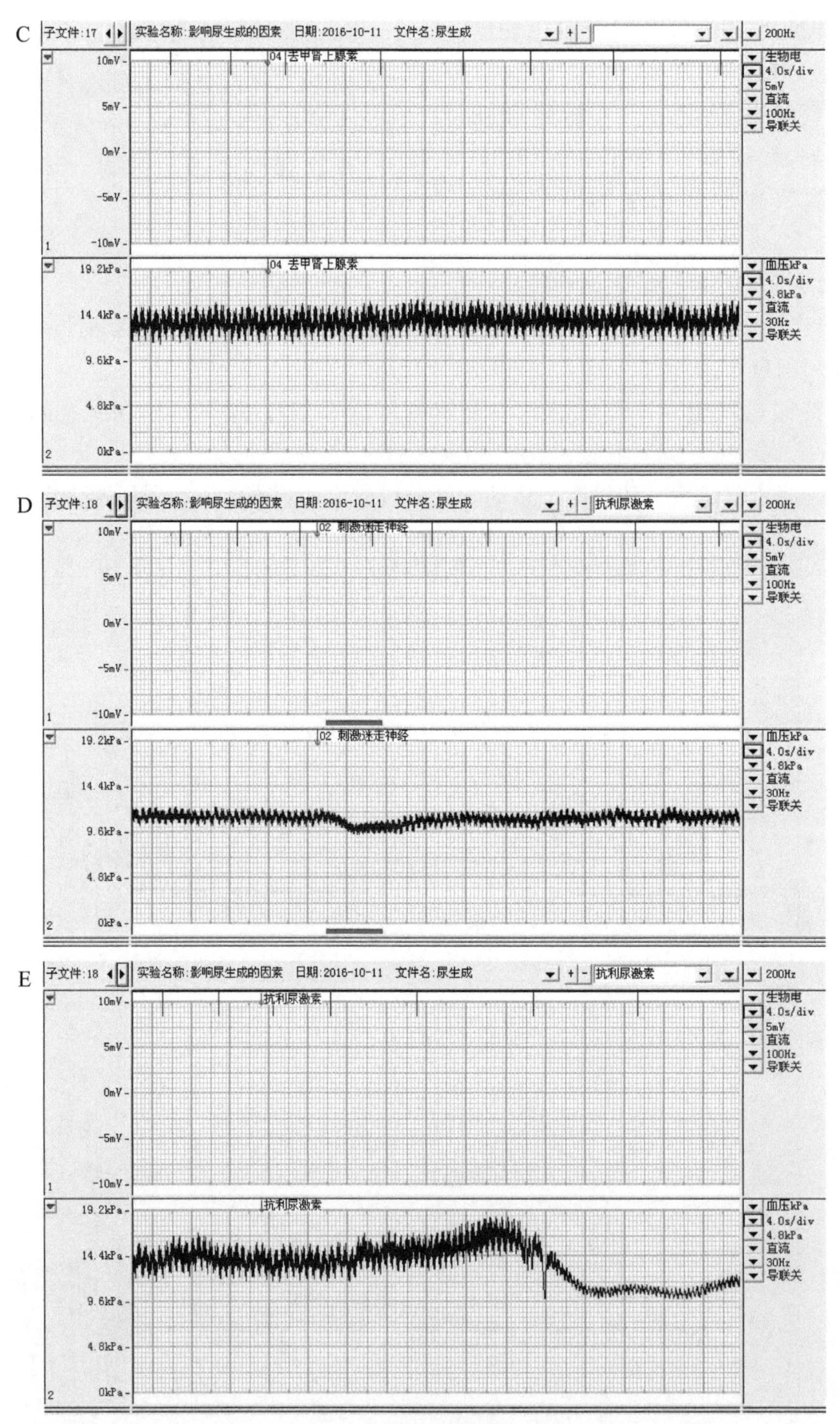

图 2-101 部分实验结果参考

【注意事项】

1. 实验前要注意保证动物的正常饮水或实验前灌胃 40～50ml 的清水，增加基础尿量。

2. 腹部切口不宜过大，避免损伤性闭尿。

3. 实验注射药物较多，注意保护血管，应从耳缘静脉远端开始注射，逐渐向根部推进。

4. 实验时加药顺序，在增加尿量的实验项目后进行使尿量减少的项目。

【思考题】

1. 分析静脉注射生理盐水和高渗葡萄糖导致尿量变化的机制。

2. 分析失血后心血管系统和泌尿系统的适应性反应。

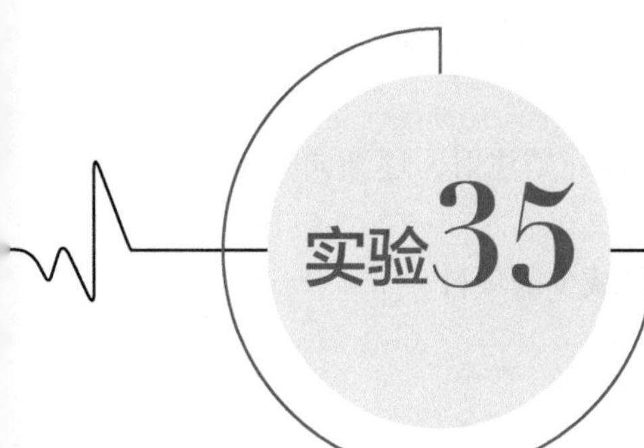

肾上腺素与促黑激素对皮肤色素细胞的影响

【实验目的】

观察肾上腺素和促黑激素对动物皮肤色素细胞活动的影响。

【实验原理】

肾上腺素可以使皮肤色素细胞收缩和减少，使动物皮肤颜色变浅；促黑激素使皮肤色素细胞合成黑色素，并使黑色素颗粒扩散，导致动物皮肤颜色加深变暗。

【实验动物】

蟾蜍、鲫鱼。

【实验药品与器材】

剪刀，镊子，注射器，玻璃缸，肾上腺素（1∶1000），促黑激素，生理盐水等。

【方法与步骤】

1. 观察肾上腺素与促黑激素对鲫鱼皮肤色素细胞的作用

1）选择小型鲫鱼，将鲫鱼分成三组，分别为肾上腺素组、促黑激素组和对照组，每组4～5条，在玻璃缸中观察。

2）分别给肾上腺素组、促黑激素组和对照组鲫鱼腹腔注射肾上腺素、促黑激素和生理盐水各0.5ml，将三组鲫鱼玻璃缸置于背光处。

3）注射后2h左右，观察三组鲫鱼皮肤颜色变化。

2. 观察肾上腺素、促黑激素对蟾蜍皮肤色素细胞的作用

1）将蟾蜍分成肾上腺素组和促黑激素组，每组3～4只。为了更好地观察肾上腺素和促黑激素对皮肤色素细胞的作用，在分组时，将皮肤颜色深的放到肾上腺素组，将皮肤颜色浅的放到促黑激素组。

2）分别给蟾蜍的背部淋巴囊注射药物，肾上腺素组注射 0.5ml 肾上腺素，促黑激素组注射 0.5ml 促黑激素。注射 2h 左右后，观察蟾蜍皮肤颜色。

3. 切除蟾蜍垂体，观察皮肤颜色变化　先观察蟾蜍皮肤颜色，之后将蟾蜍背位固定在蛙板上，用垂线的小钩（大头针弯曲即可）钩住蟾蜍下颌，尽可能向下拉开口裂，暴露口腔上颚。沿十字形副蝶骨周围剪去腭黏膜，暴露出十字形副蝶骨，该骨中央处可见米粒大的粉红色小体，即垂体。剪开此处骨组织，用小镊子夹出垂体。切除垂体 2h 左右，观察蟾蜍体色变化。

【思考题】

1. 分析注射肾上腺素和切除垂体后，体色变浅的原因。
2. 注射促黑激素后，体色为什么会变深?
3. 冬眠与夏季活动的蟾蜍体色有什么不同？为什么?

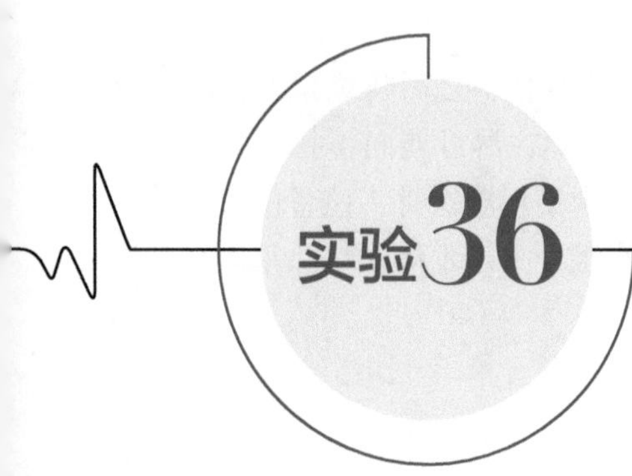

实验36 甲状腺对蝌蚪变态的影响

【实验目的】

了解慢性实验过程；理解甲状腺对生长发育的调节作用。

【实验原理】

蝌蚪是青蛙的幼体，水中生活，主要以植物性食物为食。蝌蚪生长到一定程度即开始变态。在变态期，内外各器官由适应水栖转变为适应陆栖生活。外观上，尾部逐渐萎缩并消失，成对的附肢代替了鳍。从孵化出蝌蚪到变态完成，形成成体幼蛙，大约需要3个月。幼体蝌蚪变为成体青蛙的过程包括了许多重要的生理和基因调控的变化，季节、地理条件、营养、密度、水温和pH等因素均可能影响该过程。甲状腺激素可促进变态，抑制甲状腺的药物会引起幼年期的延长，甚至阻滞变态发育。

【实验动物】

蝌蚪。

【实验药品与器材】

甲状腺片剂，甲状腺抑制剂，玻璃缸3个（2L），筛网3个，培养皿，直尺，研钵，玻璃棒，烧杯，放大镜等。

【方法与步骤】

1. 收集和挑选蝌蚪　　收集湖水喂养蝌蚪于玻璃缸中至体长20mm左右，可以用研磨后的大米喂食，每两天换水一次。挑选体长相近的20～30只蝌蚪进行实验。

2. 实验分组及处理　　将蝌蚪随机分为3组，对照组正常饲养，剩余两组分别在玻璃缸中加入甲状腺片剂（10mg/2d）和甲状腺抑制剂（15mg/d）。正常投食，以大米和藻类为主。

3. 数据采集分析　　对数据进行分析统计，绘制表格。

【实验项目】

1）连续饲养 3d 后，观察蝌蚪体型特征变化，测量长度平均值。

2）连续饲养 7 周后，观察蝌蚪体型特征变化，测量体长，记录后肢变化。

【实验探索项目】

设药物浓度梯度，给予不同浓度的甲状腺素和甲状腺抑制剂处理，观察异同。

【注意事项】

1. 尽量选择成长阶段一致的蝌蚪进行实验。
2. 饲养过程中注意换水和投食的频次；饲养中保证光照和温度。

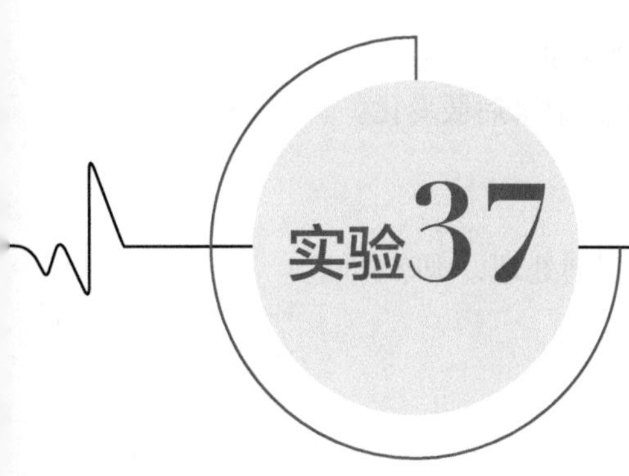

实验37 胰岛素休克现象的观察

【实验目的】

加深对胰岛素的生理功能的理解；巩固糖代谢途径。

【实验原理】

胰岛素是能够调节机体血糖浓度的激素之一（图 2-102），当体内胰岛素含量增高时，便引起血糖浓度下降，动物出现休克现象。

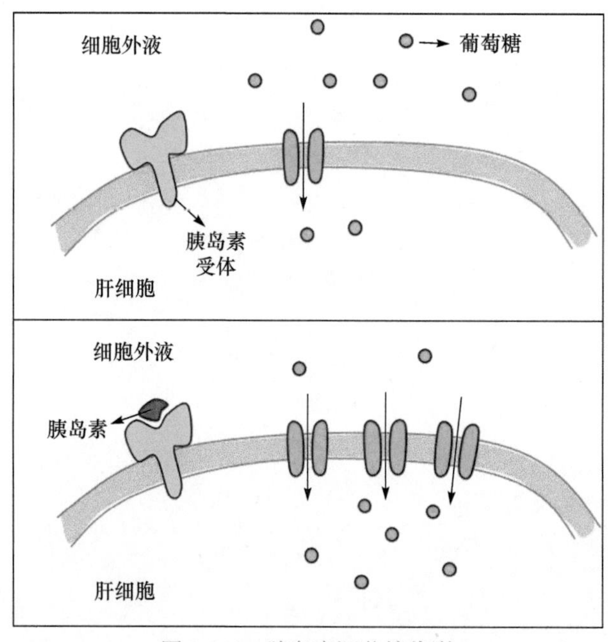

图 2-102　胰岛素调节糖代谢

【实验动物】

金鱼。

【实验药品与器材】

800ml 烧杯 3 个，胰岛素，葡萄糖等。

【方法与步骤】

1. 液体准备　3 个烧杯内分别盛自来水、300ml 自来水加 0.75ml 胰岛素、10% 葡萄糖溶液。

2. 胰岛素休克　将金鱼正常饲养于自来水烧杯中，从中取出一条金鱼放入胰岛素烧杯并随即开始计时。胰岛素通过鱼鳃的毛细血管扩散入血。观察鱼的行为反应，当鱼出现昏迷时停止计时。

3. 糖水恢复　当鱼出现昏迷时，立即将其取出放入盛有葡萄糖溶液的烧杯中，并开始再次计时，待鱼恢复活动后即停止计时，计算鱼恢复活动的平均用时。

4. 数据统计　重复步骤 2、3，计算金鱼发生胰岛素休克和恢复的平均用时，绘制表格。

【实验探索项目】

1. 改变胰岛素浓度和糖水浓度，进行梯度实验。
2. 用小鼠作为实验动物，通过腹腔注射观察胰岛素抵抗现象。

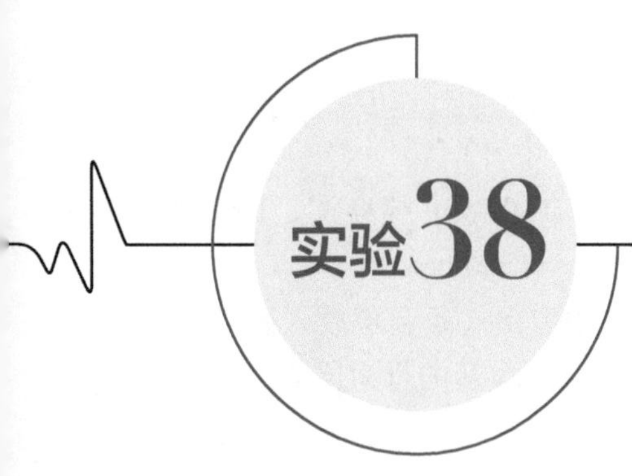

实验38 大鼠性周期的观察

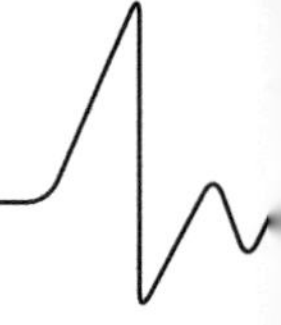

【实验目的】

观察性周期中阴道上皮细胞的形态学变化；加深对性周期中各个时期卵巢活动及性激素波动情况的理解。

【实验原理】

周期性排卵的动物会随着性周期时间的推移，表现出生殖器官和附属生殖器官的形态和功能变化。动情周期正常的大鼠，性周期一般为4～6d，包括动情前期、动情期、动情后期和动情间期。阴道涂片法是目前常用的大鼠性周期判定方法，涂片中各细胞的形态辨认也十分简单。阴道涂片常见的三种细胞中，角化上皮细胞的体积较大，呈片状、多边形，可见钝角；有核上皮细胞体积中等，呈椭圆形或圆形；白细胞体积较小，呈圆形，透亮。动情前期，持续17～21h，光镜下其阴道分泌物中可见膨大而略呈圆形的有核上皮细胞。动情期，持续9～15h，阴道涂片可见满视野无核角化上皮细胞。动情后期，持续10～14h，可见大量白细胞和少量角化上皮细胞。动情间期，持续60～70h，可见满视野的白细胞和少量上皮细胞。根据阴道分泌物涂片的观察结果，可判断大鼠在性周期的哪个阶段。通过阴道涂片镜检，观察大鼠性周期中阴道上皮细胞的形态学变化，并通过卵巢摘除法来了解在性周期各个时期中卵巢活动与性激素的变动情况。

【实验动物】

成年雌性大鼠。

【实验药品与器材】

10%水合氯醛，75%乙醇，亚甲蓝染液，常用手术器械，载玻片，盖玻片，光学显微镜，棉签等。

【方法与步骤】

将大鼠随机分为两组，一组作为对照，另外一组进行卵巢摘除手术，手术7d后，制作阴道涂片，比较两组大鼠动情周期。

1. 制作阴道涂片　每天于 8：00、13：00、22：00 各取材一次。取待检查的雌鼠置于一空笼子铁丝盖上，安抚雌鼠片刻，同时清理毛上的木屑垫料。左手拇指和食指捏住其尾巴，其余三指轻压其后腰背部（此固定方法更适合活跃大鼠），翻起尾巴露出阴道口，有粪便时应及时清理，观察外阴的外观及检查是否存在阴道栓。右手持用蘸有生理盐水的小棉签在阴道口处稍停留，让雌鼠适应，随后轻轻插入雌鼠阴道内 0.5～1.0cm，缓慢转动后取出（应一次完成），将小棉支上的黏液均匀涂在载玻片上，干燥后加亚甲蓝染液，5min 后将残留染液冲洗干净，镜检（10×10 倍）。各时期涂片见图 2-103。

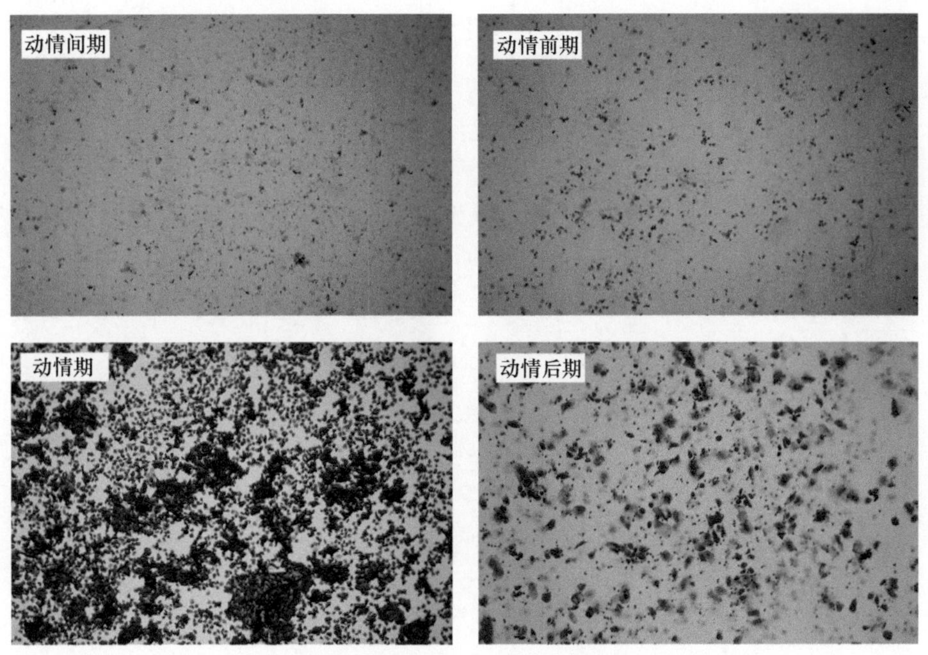

图 2-103　不同时期的阴道涂片

2. 卵巢摘除手术　10% 水合氯醛腹腔注射麻醉大鼠（2.5～3.0ml /kg），背位固定，剪去下腹部被毛，在脐与耻骨前缘中点连线，沿腹底壁正中线切开皮肤 2～3cm，切开腹白线及腹膜，打开腹腔，用两把镊子在切口下方找到子宫体及一侧子宫角，沿子宫角向前导出卵巢，用棉线结扎卵巢系膜血管，摘除卵巢。同法摘除另一侧卵巢，并将子宫复位后缝合腹壁创口。卵巢摘除术后 7d 制作阴道涂片，连续观察 7d，监测动情周期。

【实验探索项目】

1. 卵巢摘除假手术对动情周期的影响。打开腹腔后找出卵巢，但不结扎，仅摘取卵巢旁少许脂肪组织后即缝合腹壁。手术后 7d 制作阴道涂片，检测动情周期，以确定手术对动情周期的影响。

2. 外源性注射雌激素对动情周期的影响。对摘除卵巢大鼠，观察其性周期变化后，皮下注射雌激素，并在3d后制作阴道涂片，观察并判断它们进入动情周期的哪一个时期，推测雌激素的作用及卵巢在性周期维持中的作用。

【注意事项】

1. 手术后大鼠宜分笼饲养。
2. 对手术后大鼠应尽量保持环境清洁，避免感染，也可连续注射3d抗生素。

【思考题】

1. 除阴道涂片外，还可用什么方法来判断动物的动情周期？
2. 大鼠卵巢摘除后，其性周期如何变化？

▶ 第三部分

创新研究型实验

实验39 创新研究型实验基本方法

经过基本技能和综合实验的训练，学生已掌握了动物生理学实验的实验技术方法和初步的数据处理和结果分析的能力。在此基础上，指导学生开展一些创新研究型实验，旨在通过实验的设计和执行，训练学生的科学思维和综合创新能力，培养学生严谨的科研态度和诚实的工作作风，为学生独立从事科研打下良好的基础。本环节的基本教学过程主要是在教师指导下，学生通过查阅文献，结合实验室现有实验条件，设计小型研究性课题，经师生讨论交流，对其科学性、可行性和创新性进行反复论证后，确定实验方案。实验室全天开放，供学生完成设计实验，最终提交实验记录、实验报告及研究论文各 1 份。

创新研究型实验的基本程序为选题、实验设计、实验实施、实验结果的处理分析及实验结论报告。

一、选　　题

选题就是确定研究课题，明确通过实验拟解决的关键问题，是进行研究性实验的第一个环节，一般是学生根据自己的研究兴趣，结合已有的理论知识和查阅文献所掌握的研究现状，在教师指导下来确立。选题应把握以下原则。

1）选题要有明确的目的性，具有明确的理论或实践意义。拟解决的问题要明确并集中，切忌选题过大，导致实验设计内容过多或研究不够深入。一个实验能说明 1～2 个很具体的问题即可。

2）选题要具有创新性，创新是科学研究的命脉。学生必须在查阅国内外相关文献的基础上，提出自己独到的见解和创新性的问题。

3）选题要有科学性，要符合客观规律。课题的选定必须具有充分的科学依据和坚实的理论支持，不能是毫无根据的空想。

4）选题应具有可行性，保证在现有的硬件实验条件下和实验技术支持下能够顺利完成实验。

二、实验设计

课题确定之后，就要进行具体的实验设计，包括实验对象、实验内容方法、步骤及预期结果等。根据实验题目，要选择合适的实验方法，确定观察的生理指标，制定严密的实验步骤，以达到预定的实验目的。设计时要注意实验条件应前后一致，并应有对照实验，实验要有可重复性。必须注意实验动物的年龄、体重、性别应一致，减少个体间差异。根据不同的实验目的选择不同年龄的动物，一般急性实验选用成年动物，慢性实验最好选用年轻健壮的动物。实验设计完成后，经过与指导教师沟通和充分论证，并进行预实验，检验实验设计是否完善，实验方法步骤是否可行，为正式实验提供补充、修正的意见和宝贵经验。

三、实验实施

经过论证和预实验验证可行的实验方案即可进入实验实施阶段，依据实验设计完成实验。实验实施过程中要有准确完整的实验记录。实验记录的项目和内容包括：① 实验名称、实验日期、实验者；② 实验对象，如实验对象的分组，动物种类、品系、编号、体重、性别、来源、健康状况，离体器官名称等；③ 刺激种类、刺激参数，若是药物刺激，则应记录药物名称、厂商、剂型、批号、规格（含量或浓度）、剂量、给药方法等；④ 实验仪器，如主要仪器名称、生产厂、型号、规格等；⑤ 实验条件，如实验时间、室（水）温，动物饲养的饲料、光照、温度条件等；⑥ 实验方法及步骤，如测定内容和方法等；⑦ 实验指标的名称、单位、数值及变化，刺激（或药物）施加与撤销。实验实施过程中记录的资料，确保真实、准确和客观。

四、实验结果的分析

依据实验设计确定的统计学方法，对原始数据进行整理、数据处理和统计及显著性检验。动物生理学常用的数据分析方法有 t 检验、单因素方差分析、多重比较、回归分析等。根据实验需求选择合适的数据分析方法，并运用作图软件，选择不同的图、表格等。

五、实验结论

经过实验设计、实验实施、数据处理，对实验结果进行严密的分析，推出结论，并撰写论文。结论必须是从实验结果概括归纳出来的判断，要严谨、精炼和准确。

六、动物生理学创新研究型论文的撰写

实验完成后，通过对实验结果的统计分析，最后完成论文撰写。

实验论文的撰写具有一定的格式要求，一般包括三个部分。第一部分包括标题、作者、摘要和关键词。标题要含义明确，言简意赅，能反映论文核心内容，并包含主要的关键词。作者应按贡献大小进行排名。摘要是全文的缩写形式，可独立成文，包括本实验的目的、使用的材料和方法、结果和结论。关键词一般为 3～5 个词或短语。第二部分是正文部分，包括引言、材料与方法、结果、讨论与结论等。引言应结合文献阐述相关研究领域的研究现状及本研究的目的和意义。材料与方法包括实验用的动物、药品、仪器、实验分组、实验步骤、测定的指标及数据处理方法等。结果可用文字、图表等表示，文字叙述要求简洁、清楚，与图、表内容相互补充。讨论与结论要紧扣研究目的，围绕结果展开，并与引言中提出的问题相呼应，通过与其他相关工作进行比较，得出本实验的结论，同时可为下一步实验提出建议。讨论中应围绕本实验的结果进行。第三部分主要包括参考文献和致谢等。参考文献应列出本实验的引用文献，注明作者、标题、期刊或著作、出版社或发表时间、卷、期、起止页码等。

后文的研究创新型实验供学生根据自己的兴趣结合本科毕业设计自由选择。

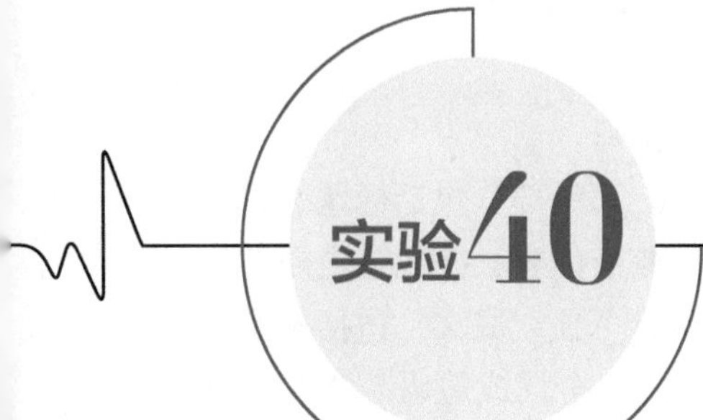

急、慢性应激对小鼠情绪行为及学习记忆的影响

【背景关键词】

1. 应激　应激（stress）的概念是20世纪30年代由加拿大内分泌生理学家Hans Selye首次引入医学领域，当时尚没有精确的定义，一般认为是在外环境的各种压力下，机体所处的一种状态及表现出的反应。Weiner描述应激源是来自某些躯体因素和社会环境对机体的威胁或挑战而产生的选择性压力。生活中的应激事件是很多精神性疾病发病的重要诱因，如抑郁、焦虑和创伤后应激障碍（Radley et al.，2008）。应激引起体内神经递质、神经营养因子、激素和细胞骨架蛋白等一系列生化底物发生变化，调动机体的内分泌系统、神经系统和免疫系统对生活应激事件做出保护性也有可能是伤害性的应激反应。应激反应的作用方向与应激的时间、强度和持续时间密切相关（Haj-Mirzaian et al.，2014）。一般来说，急性应激在不同个体或个体生活史的不同阶段所引起的应激反应往往有很大不同，有时会产生兴奋性的正向应激反应，使机体积极应对环境因素的变化；有时也可能产生负性应激反应，使个体在应激后长时间表现出生理或心理的负性效应，如创伤后应激障碍。慢性应激更多地引起负性应激反应，长期的、持续的应激生活事件对个体的身体、意志和生活都会产生不利、甚至有害的影响，并长期伴随。

由于应激是包括重症抑郁和创伤后应激等诸多精神性疾病的有效诱发因素（Kessler et al.，1997），在科学研究中，往往通过应激建立精神性疾病的动物模型，探讨精神性疾病所导致的行为变化的神经机制。用于研究抑郁发生机制的应激模型很多，每种模型都不能完全模拟人类抑郁发生过程及症状表现，但不同模型均可导致动物产生某些抑郁样行为表现。因此，动物应激性抑郁模型可作为有效可行的实验手段，帮助人类了解和探究抑郁症发生的内在神经生物学机制，同时也为临床药物开发提供有力依据。

2. 急、慢性应激模型　急性或慢性的不可逃避或不可控制应激均可导致诸如抑郁症等精神性疾病发生（Russell et al.，2014）。

急性足底刺激（30min）（Haj-Mirzaian et al.，2014）和急性束缚应激［30min（Fan et al.，2013）～2h（Zlatkovic et al.，2014）］是广泛使用的急性应激模型，刺激源作为

不可逃避的急性环境刺激，可导致啮齿动物产生抑郁样行为。由于应激因子的急性特征，急性应激模型多用于检验抗抑郁药物的疗效，它不能有效模拟抑郁发生，很难使动物表现出长期的、多方面的抑郁样行为。

慢性社会挫败应激、慢性束缚应激和慢性不可预见性应激等模型可使实验动物产生类似人类中抑郁患者的快感缺失（糖水偏爱率测试中糖水偏爱率下降）和行为绝望（悬尾测试和强迫游泳测试中不动时间延长）等抑郁核心症状，且长期的抗抑郁治疗会引起这些抑郁样行为缓解或消失，因此成为可靠的、广泛使用的慢性应激性抑郁模型。

慢性束缚应激（chronic restraint stress，CRS）（1h/d，9d）和慢性不可预见性应激（chronic unpredictable stress，CUS）（9d）可降低个体摄食和体重增长率，且 CUS 效应强于慢性束缚应激（Pastor-Ciurana et al.，2014）；4 周慢性束缚应激（2h/d，每周 5d，持续 4 周）可导致动物在高架十字测试中开臂停留的时间减少，在强迫游泳测试中不动时间增加（Lapmanee et al.，2013）；慢性可变性应激（chronic variable stress，CVS）同样可引起动物在强迫游泳测试中不动时间增加，应激敏感度增强（Mcklveen et al.，2013）；慢性温和性应激（chronic mild stress，CMS）可降低动物在糖水偏爱率测试中的糖水偏爱率，引起大鼠快感缺失样抑郁行为表现（Farhang et al.，2014）；慢性社会孤独模型（chronic social isolation stress，CSIS）大鼠显著表现出游泳不动时间增加和糖水偏爱率下降，且同时缓解急性应激（束缚和寒冷刺激）引起的下丘脑-垂体-肾上腺（HPA）轴过度激活（Zlatkovic et al.，2014）。多种慢性应激模型中，慢性不可预见性温和应激模型（chronic unpredicted mild stress，CUMS）同时具有应激因子的多变性和不可预见性，被认为可以更好地模拟人类长期的社会和环境压力，可以使模型动物产生长期的、较稳定的快感缺失等抑郁样行为表现，在抑郁发病机制的研究和抗抑郁药物的疗效和机制的研究中被广泛采用。

3. *情绪行为检测方法*　　对动物的情绪表现，有很多比较成熟且广泛应用的行为学检测方法和手段，这些行为学检测方法均可模拟或反映出某一特征性的人类情绪表现，如快感缺失、行为绝望、情绪性运动阻抑、焦虑等。常用情绪行为检测方法有以下几种。

（1）糖水偏爱率测试　　糖水偏爱率测试（sucrose preference test，SPT）是抑郁症发病机制研究中普遍使用的行为学检测方法，根据动物对糖水的喜爱和消耗程度检测动物是否表现抑郁的核心症状——快感缺失（图 3-1）。为使糖水测试有效进行，在应激开始前，大鼠首先进行糖水适应，适应的第一天用 1% 蔗糖水代替自来水，自由饮用 24h；第二天给予一瓶糖水、一瓶自来水，自由饮用 24h。糖水适应结束后，开始慢性不可预见性应激建模，在建模的最后一天进行糖水测试。首先，禁食禁水 6～12h，在随后的 1h 分别给予 100ml 糖水和 100ml 自来水，自由饮用 1h。1h 后称量糖水消耗量和自来水消耗量，根据公式计算糖水偏爱率：

$$糖水偏爱率=\frac{糖水消耗量}{糖水消耗量+自来水消耗量}$$

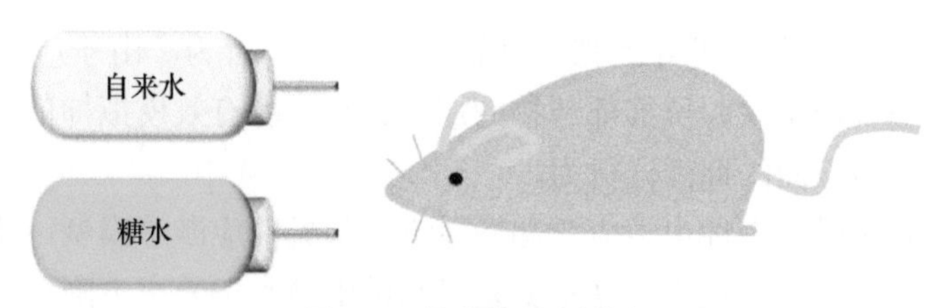

图 3-1 糖水偏爱率测试

（2）敞箱实验测试　敞箱实验测试（open field test，OFT）可有效检测动物对空间的探究行为及运动能力。抑郁个体表现出精神性运动阻抑，在敞箱实验中表现为在一定时间、一定空间内总运动里程数减少、水平穿格次数减少等，称为水平活动度下降或水平运动得分下降；直立、攀爬四壁次数下降，称为垂直运动得分下降；洗脸、理毛行为次数下降，称为自饰行为减少。实验装置为 60cm×60cm×40cm 的无盖木箱，内部四周和底面全黑色。木箱底部利用软件等分为 5×5 的 25 个小方格。将测试鼠放置入箱底中央位置，利用 Video Mot2（TSE，德国）软件进行观察记录，评分水平运动得分，利用上方摄像头记录动物测试期行为表现，以便后期根据录像评价垂直运动得分与自饰行为。测试持续 5min。测试结束后，将测试鼠取出，用 75% 乙醇仔细拭擦箱体内壁及底部，清除测试鼠在箱体内留下的气味（图 3-2）。

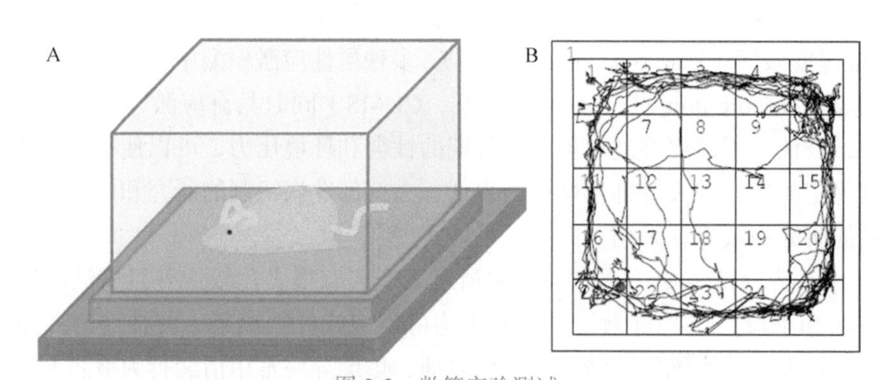

图 3-2 敞箱实验测试

A. 实验装置图；B. 软件记录动物测试期间的运动轨迹

（3）高架十字测试　高架十字测试（elevated plus maze test，EPT）多用来检测动物的焦虑、抑郁样行为，无情绪障碍个体往往有更多对新环境的探究行为，表现为开臂停留时间的延长和访问次数增加。实验装置为两边长为 100cm 的十字形高架平台，两个相对的合臂边缘有 20cm 的护栏，而两个相对的开臂则敞开无护栏。测试中，将测试鼠放置在十字中央区域，随即利用 Video Mot2（TSE，德国）软件进行记录与观察，持续 5min。测试结束后，将测试鼠取出，用 75% 乙醇仔细拭擦箱体内壁及底部，以清除测试鼠在箱体内留下的气味（图 3-3）。

（4）悬尾测试　悬尾测试（tail suspended test，TST）类似强迫游泳测试，在抑郁的发病机制及药效研究中多用来检测动物是否表现抑郁的另一核心症状——行为绝望。在测

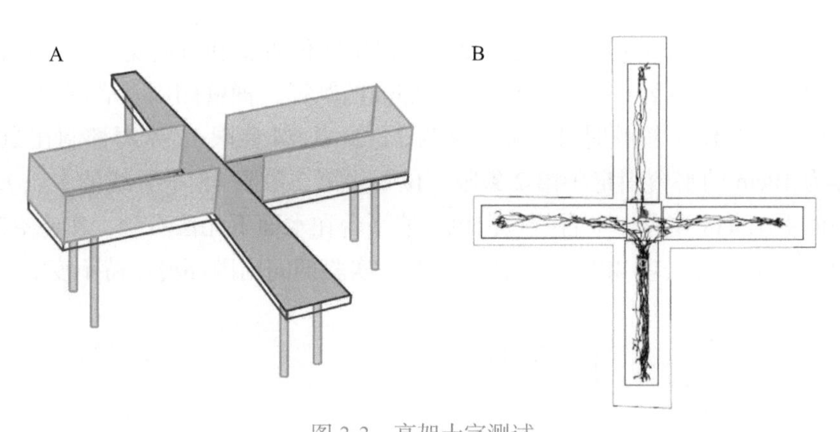

图 3-3　高架十字测试

A. 实验装置图；B. 软件测试动物在测试期间的运动轨迹

试中，抑郁个体多表现为面对不可逃避的刺激时，主动挣扎时间减少，静止不动的时间增加。实验装置为长、宽、高分别为 50cm、50cm、100cm 的单侧立面敞开箱体，箱体内顶部有与张力换能器相连的长为 10cm 的铁链。测试中将动物尾部 1/3 处通过医用胶带固定于铁链末端吊环上，开始测试后利用 Tail Suspension Monitor（TSE，德国）记录并观察 6min，并对后 5min 数据进行分析，计算悬尾不动时间。测试结束后，将测试鼠取出，用 75% 乙醇仔细拭擦箱体内壁及底部，以清除测试鼠在箱体内留下的气味（图 3-4）。

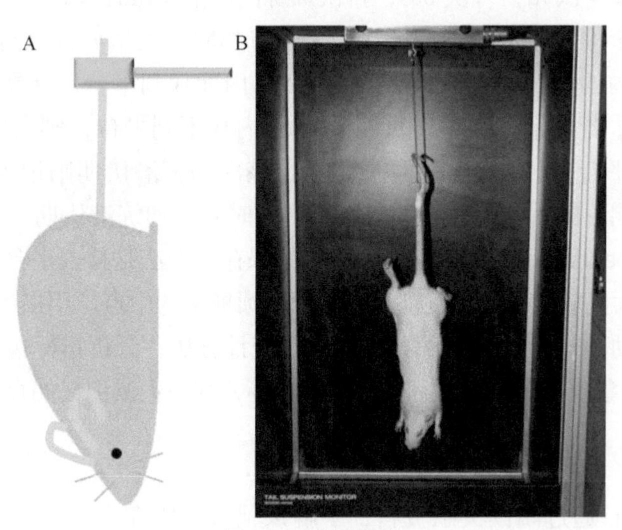

图 3-4　悬尾测试

A. 实验示意图；B. 实验装置图

4. 学习记忆检测方法　学习记忆是脑的高级功能之一，情绪行为改变往往伴随学习记忆功能的变化，应激也会引起学习记忆能力变化。以往研究表明，急性应激往往引起学习记忆能力的提高，慢性应激则损伤学习记忆。对动物空间学习记忆能力的检测，一般采用 Morris 水迷宫或八臂迷宫测试，现重点介绍 Morris 水迷宫实验测试方法。

Morris 水迷宫（图 3-5）主要用于测试大鼠空间位置觉和方向觉（空间定位）的学习记忆能力。实验仪器为一直径 1.5m、高 0.5m 的圆桶，桶壁四周及底部均为黑色，划分为均匀的 4 个象限（按顺时针方向定义为 1、2、3、4 象限），水温控制在 20～25℃。将一直径为 10cm 的平台固定于第 2 象限（位置为第 2 象限 45°平分线的中点），确保平台在水平面下 1.5cm 左右。平台颜色白色，使平台在水面下无法看到。实验室暗光，圆桶上方约 150cm 处放一盏 40W 的白炽灯照明，实验期间周围环境保持不变。

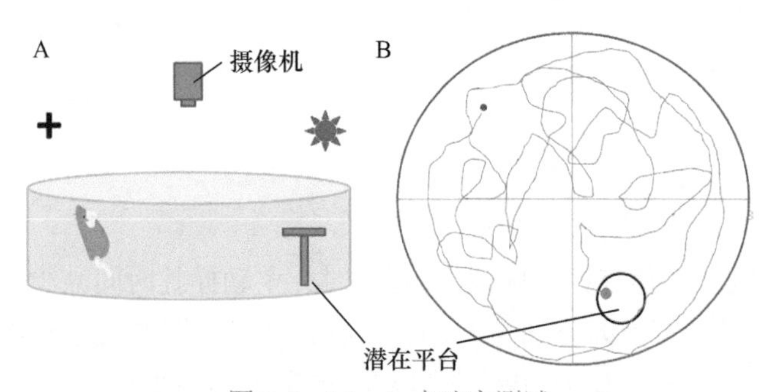

图 3-5　Morris 水迷宫测试

A. 水迷宫装置示意图；B. 软件记录动物测试期间的运动轨迹

第 1～5 天为空间定向条件的反射训练（spatial bias），测定空间参考记忆的获得，每只动物接受训练 4 次 /d，每次 60s，每次训练间间隔 1min，每次大鼠入水的位置均匀分散在圆桶的 4 个位置，每次不同大鼠的入水点相同。大鼠放入水时，头部面向桶壁，使其不能看到桶内的状况，大鼠入水后，在 60s 内如找到平台，并在平台停留超过 3s，则此次训练结束［若大鼠在最大潜伏期（60s）内找不到平台，则由实验人员引导其到平台，并使其在平台上休息 10s 以形成记忆，该次训练潜伏期则记为 60s］。5d 全程录像记录大鼠从不同象限入水到发现并爬上平台的时间为训练潜伏期。第 6 天进行空间觅向能力测试（probe trial），测定空间参考记忆的保存，方法是移去平台，将大鼠面向桶壁放入水中，所有大鼠放入水的位置都为第 4 象限圆桶壁的中点。用摄像系统记录大鼠 60s 内在水迷宫中活动，采用 Noldus 行为分析系统统计分析，分析指标包括测试潜伏期、平台穿越次数、4 个象限逗留时间路程和活动轨迹等，判断大鼠记忆储存及提取再现能力。

【实验设计方案写作提纲】

1. 研究背景：通过阅读文献资料，了解该领域的研究现状，对研究现状进行归纳总结，在此基础上提出问题。

2. 核心问题：简要说明该实验设计方案所要解决的科学问题。

3. 研究内容与研究方案：具体研究方法，包括分组、实验方法、技术路线等，提交材料清单。

4. 参考文献：所列举参考文献必须是文中引用，且文中有准确的引用标记。

【研究可行性评价】(教师)

教师对方案的理论依据、方案和方法的可行性进行评价，并与学生进行讨论，提出修改建议及下次提交修改方案时间。

【研究报告撰写提纲】

1. 前言：简要叙述该领域当前研究背景，提出研究问题及研究的意义。

2. 材料和方法。

3. 实验结果：所有结果必须进行分析统计，规范、客观地利用图表和文字表述。

4. 讨论：结合研究的背景和实验结果展开讨论，得出核心结论。也可对下一步研究计划进行展望。

5. 参考文献：列出在研究中所引用的已发表的文献。

实验41 中枢递质对消化道活动的调节

【背景关键词】

1. *外周神经系统对胃运动的调控*　　胃肠的神经支配包括内在神经系统（intrinsic nervous system）和外来神经系统（extrinsic nervous system）两大部分，两者相互协调，共同调节胃肠功能。

胃肠内在神经系统是由存在于消化管壁内无数的神经元和神经纤维组成的复杂神经网络。其神经元组成有感觉神经元、运动神经元及中间神经元，分别感受胃肠道内化学、机械和温度等刺激，支配胃肠道平滑肌、腺体和血管。各神经元间通过短的神经纤维形成网络。内在神经系统释放的神经递质和神经调质种类很多，几乎所有中枢神经系统中的递质和调质均存在于内在神经元中。因此，内在神经丛构成了一个完整的、可独立完成反射活动的整合系统。但在完整的机体内，消化道内在神经系统受外来神经的调节。

除支配食管上 1/3 和肛门外括约肌的是躯体运动神经外，其余的外来神经均属于植物性神经。就消化道而言，一般认为交感神经（sympathetic nerve）是抑制性神经，其兴奋主要引起胃肠道运动减弱，腺体分泌减少。支配消化道的交感神经发自脊髓胸腰段侧角，在腹腔神经节、肠系膜神经节或腹下神经节更换神经元后，发出节后肾上腺素能纤维，投射在内在神经元上，或直接支配胃肠道平滑肌细胞、血管平滑肌及胃肠道腺细胞。副交感神经（parasympathetic nerve）是兴奋性神经，主要来自迷走神经和盆神经，节前纤维直接进入胃肠组织，与内在神经元形成突触，继而发出节后纤维支配腺体细胞、上皮细胞和平滑肌细胞。其节后纤维主要为胆碱能纤维，引起胃肠道运动增强，腺体分泌增加。迷走神经中约有 75% 的神经纤维为传入纤维，可将胃肠感受器信号传入高位中枢，引起反射调节，如“迷走-迷走”反射（vago-vagal reflex）。

2. *中枢神经系统对胃运动的调控*　　调节胃运动的基本中枢位于脑干，脑干的一些神经核团通过迷走副交感神经系统控制胃肠道活动。当胃受到伤害性刺激时，可以观察到蓝斑核（locus ceruleus，LC），中缝背核（dorsal raphe nucleus，DRN），中脑导水管周围灰质（periaqueductal gray matter，PAG），延髓内脏带有大量的 c-fos、酪氨酸羟化酶（tyrosine hydroxylase，TH）双标阳性神经元，周围有密集的胶质源纤维酸性蛋白

（王颖等，2001）。刺激内脏大神经，中缝背核、蓝斑、中缝大核和网状外侧核都显示 c-fos 阳性表达（王宏琰等，1994）。

大量研究表明，传入性迷走神经、孤束核（nucleus of tractus solitary，NTS）神经元和迷走神经背核（dorsal motor nucleus of the vagus，DMV）的传出神经元共同形成以脑干为中枢的基本的胃肠功能活动调控反射弧（Travagli et al.，2016）。

迷走神经背核位于迷走神经三角的深面，纵贯延髓全长。在经橄榄的切面上，位于舌下神经核的背外侧。孤束核因包绕孤束而得名，位于迷走神经背核的腹外侧方，在延髓上段横切面围绕于孤束周围。孤束核是第Ⅶ、Ⅸ、Ⅹ对脑神经中的味觉（特殊内脏）和一般内脏感觉纤维的终止核，是内脏初级传入纤维的中继核团。

早年已有人从迷走神经背核记录到胃运动的兴奋性神经元和抑制性神经元的电活动。刺激 NTS 引起 DMV 兴奋的途径可能有三种：一是间接途径，NTS 通过网状结构内的核团，间接与 DMV 建立联系；二是 NTS 直接发出纤维参与迷走神经；三是 NTS 传出纤维与 DMV 直接形成突触联系。

迷走神经背核除接受来自 NTS 的投射外，还接受来自三叉神经脊束核、中缝隐核、外侧网状核、臂旁核、蓝斑、下丘脑室旁核、杏仁中央核、终纹床核和岛叶皮质的传入（程世斌和卢光启，1996）。DMV 神经元上有谷氨酸的 NMDA 受体（Broussard et al.，1997）和 5-羟色胺 1A、2A、5A 受体，以及肾上腺素能 α 受体分布，接受来自 PAG 的投射（Farkas et al.，1997），其胃肠运动神经元可被 5-羟色胺（5-hydroxytryptamine，5-HT）和去甲肾上腺素（norepinephrine，NE）兴奋或者抑制（Martinez-Penay et al.，2004；Browning et al.，1999；Travagli et al.，1995）。

3. *胃活动的记录*　动物实验前禁食 24h，自由饮水。20% 氨基甲酸乙酯（0.6ml/100g）麻醉动物后做气管插管和颈静脉插管，以辅助呼吸，以及方便补加麻醉剂和注射生理盐水。打开腹腔时，在剑突处向下做正中切口，长约 1.5cm，暴露胃体及十二指肠。将距胃窦幽门括约肌 0.7cm 处的十二指肠结扎并在靠近幽门处剪口，向胃窦插入聚乙烯软管 1～1.5cm，注入温热生理盐水约 0.8ml。软管从腹腔引出，与压力换能器连接，信号经 PowerLab8.0 系统（图 3-6）进行采集，记录平均胃内压力及胃收缩幅度（图 3-7，图 3-8），采样率为 20/s。

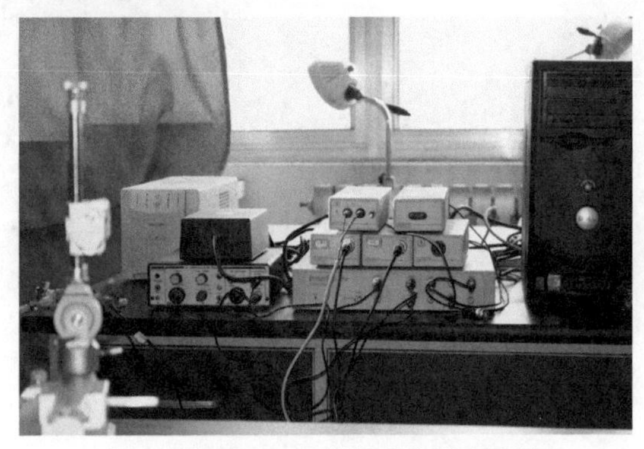

图 3-6　Powerlab 信号采集处理系统

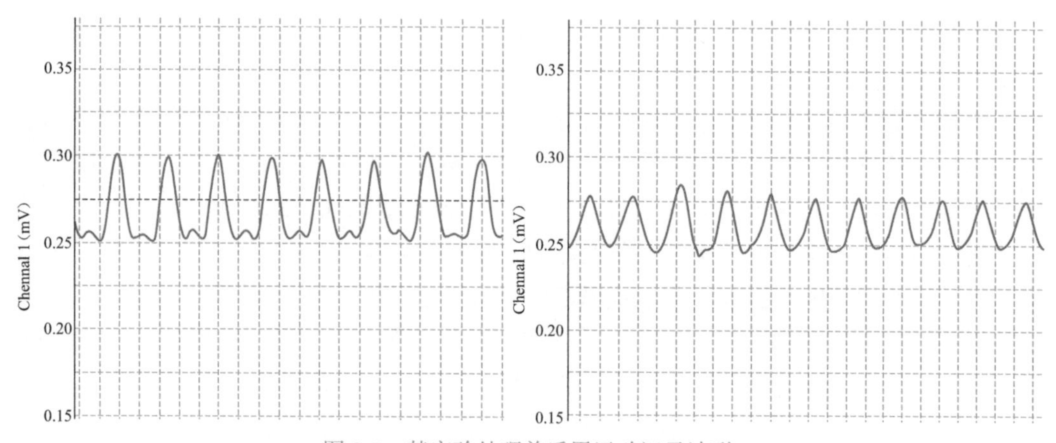

图 3-7　某实验处理前后胃运动记录波形

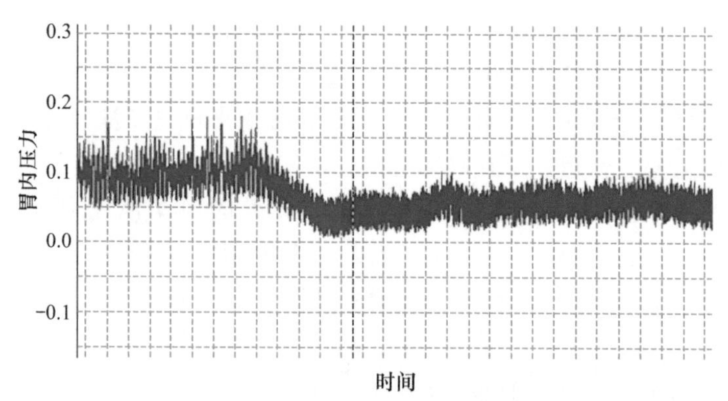

图 3-8　平均胃内压力记录波形

4. 核团定位及刺激、注药　腹腔手术完成后，在脑立体定位仪（图 3-9）上（stoelting，美国）参照 George Paxinos 和 Charles Watson 的大鼠脑立体定位图谱，按照分组需要分别对迷走神经背核（AP=13.6，L=0.7，H=7.5）、中缝大核（AP=10.3，L=0，H=9.7）和蓝斑核（AP=9.8，L=1.35，H=8.5）进行定位（图 3-10）。

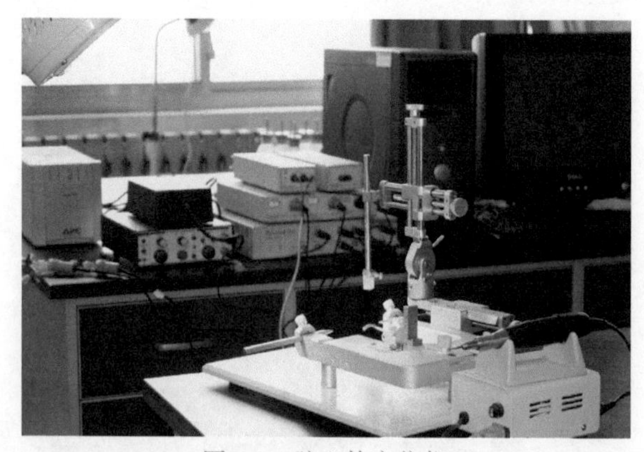

图 3-9　脑立体定位仪

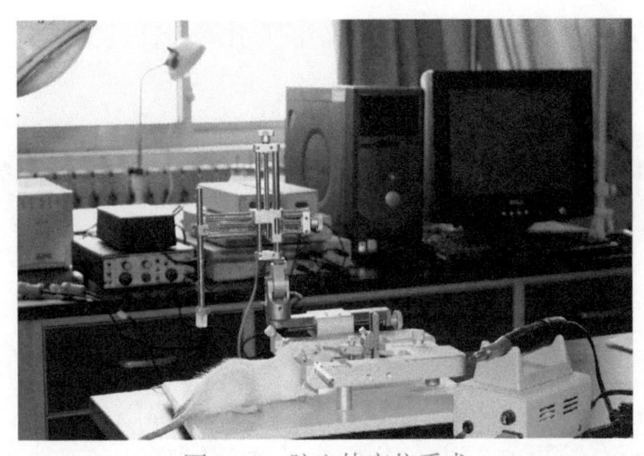

图 3-10　脑立体定位手术

（1）定位　　将动物麻醉后固定于脑立体定位仪上（stoelting，美国），使其头部处于不可活动状态。剪去大鼠颅骨上方的毛，用 75% 乙醇消毒的手术剪剪去颅骨上方 $1cm^2$ 左右的皮肤和肌肉，用手术刀柄清除暴露的颅骨表面骨膜，待颅骨表面略干燥后，可清晰地看到前囟和人字缝。将提前制作好的外径 0.9mm、长 14mm 的消毒不锈钢套管固定在脑立体定位仪的夹持器上，调整脑立体定位仪，使前囟与后囟同处在正中线上，且在同一水平面，记录前囟三维坐标（$AP_0/R_0/H_0$）。根据脑立体定位图谱，移动待植入套管至目标核团上方，并在颅骨表面准确标记位置。用颅骨钻小心地在标记点打孔，穿透颅骨并保证不伤到脑组织。随后清理颅骨表面，将不锈钢套管按照图谱确定深度，植入颅骨孔。待颅骨表面干燥后，用牙科磷酸水门汀将套管和颅骨表面固定，凝固后再用牙托粉、牙托水混合物覆盖外层。

（2）刺激及给药　　术后先正常记录 40～90min，待胃运动波形稳定后，再给予刺激或注射药物。

刺激电极外径 0.5mm，刺激参数：频率 10Hz、强度 100μA、持续时间 45s、波宽 1ms；损毁参数为频率 10Hz、强度 1mA、持续时间 2min、波宽 1ms。脑内注射采用微量进样器（1μl 量程）匀速推注，药剂总量为 1μl，推注完成后留针 2min。

实验结束后，实验动物静脉推注空气处死，立即开颅取脑，用 10% 多聚甲醛固定后，在冰冻切片机上以 50μm 的厚度做连续冠状切片，确认核团定位的准确性。

【实验设计方案写作提纲】

1. 研究背景：通过阅读文献资料，了解该领域当前研究现状，对研究现状进行归纳总结，并在此基础上进一步提出问题。

2. 核心问题：简要说明该实验设计方案所想要解决的科学问题。

3. 研究内容与研究方案：具体研究方法包括分组、实验方法、技术路线等，并提交材料清单。

4. 参考文献：所列举参考文献必须是文中所引用的，且文中有准确的引用标记。

【研究可行性评价】(教师)

教师对方案的理论依据、方案和方法的可行性进行评价，并与学生进行讨论，提出修改建议及下次提交修改方案时间。

【研究报告撰写提纲】

1. 前言：简要叙述该领域当前研究背景，提出研究问题及研究的意义。

2. 材料和方法。

3. 实验结果：所有结果必须进行分析统计之后规范、客观地利用图表和文字进行表述。

4. 讨论：结合研究的背景和自己的实验结果展开讨论，得出核心结论。也可对下一步研究计划进行展望。

5. 参考文献：所列举参考文献必须是文中引用，且文中有准确的引用标记。

实验42 发育早期社会环境对啮齿类动物社会行为的影响

【背景关键词】

1. 发育早期社会环境　动物的发育是一个不断变化的过程，每个物种或个体的生存都依赖于对环境的短期和长期适应（Champagne et al.，2005）。发育早期动物在基因和行为水平上都具有很高的可塑性，这一关键期的社会经验对其所产生的影响尤其深远（Stowe et al.，2005）。

哺乳类幼体发育阶段的母子相互作用、家庭环境、激素环境都可能产生神经解剖和神经内分泌的长期改变，进而对机体产生深远的行为影响（Ladd et al.，2000；Levine，2001）。越来越多的证据显示，早期暴露于过多的应激可引起神经内分泌的长期改变，而这些改变可提高精神病症状出现的风险（Heim and Nemeroff，2001；2002）。

2. 亲本育幼　亲本育幼行为在子代发育过程中起着重要的作用，该行为是影响子代神经内分泌和行为发育的至关重要的早期环境因子。亲本育幼行为由一系列复杂的行为组成。这一行为不仅为子代提供丰富的营养物质和触觉刺激，保持体温，提供保护，同时也为子代提供了发育早期的社会环境。

自然状态下，母本育幼对大鼠的发育至关重要，能够影响幼仔神经系统的发育，从而调节动物的认知、情绪及其对应激的神经内分泌应答（Leng et al.，2008）。大多数情况下，育幼行为主要由进行怀孕和分娩的哺乳期雌性承担（Lonstein and de Vries，2000）。

单配制与多配制动物的亲本育幼行为具有明显差异，单配制雌雄成体共同参与亲本育幼，而多配制雄性则基本不参与育幼（Hayes and de Vries，2007）。

3. 根据亲本投资不同建立的不同早期社会环境模型　啮齿动物断奶前是一个对外界刺激相对敏感的时期，这一时期所产生的影响往往持续到其成年仍在发挥重要的作用。因此，发育早期不同社会环境对动物神经内分泌系统和行为的发育有着长期持续的影响。这些发育早期异常的社会环境能够引起下丘脑-垂体-肾上腺（HPA）轴状态的变化，导致血浆中皮质酮的水平升高，而反复应激引起的高浓度糖皮质激素进一步损害海马功能，同时也可能改变动物脑内其他激素及其受体水平，从而对整个神经系统产生一定效应，最终影响动物情绪和行为发育。根据亲本投资的不同，通常建立以下几种不同早期社会环境模型，研究对其子代成年后的社会行为影响。

（1）幼体隔离（maternal separation） 其是指在个体发育早期，将幼体与其母本进行短期或长期隔离。哺乳动物母婴互作是子代接收到的早期社会刺激，这种刺激能够长期持续地改变子代行为表型（Champagne et al.，2005）。因此，对母婴关系的处理广泛应用于研究母婴互作对发育的影响研究中。研究证实，幼体隔离能导致子代神经内分泌系统发生变化，产生抑郁或/和焦虑样行为，甚至产生其他长期或短期效应（Cirulli et al.，2003；Pryce and Feldon，2003；Weaver et al.，2004）。同时，幼体隔离对HPA轴应激反应的作用可能具有应激源特异性、处理特异性、年龄特异性和/或性别特异性（Rees et al.，2006）。幼体隔离还可导致对应激敏感的脑区，如海马和杏仁外侧核发生变化，从而使动物产生神经化学和行为学改变（Giachino et al.，2007）。此外，幼体隔离对动物认知能力的发育也有一定作用。

（2）父本剥夺（paternal deprivation） 其是指在幼体发育阶段，全程或部分剥夺其父本投资。父本育幼行为具体包括蹲伏、舔舐和修饰幼仔、嗅体、鼻鼻接触、嗅颈背部及驮幼仔等行为（Reynolds et al.，1979）。与母本相似，父本同样为子代提供各种感觉和情绪刺激。具有父本育幼的物种，在幼体发育早期对其施加父本剥夺会影响个体行为及神经内分泌系统的发育。

（3）早期社会剥夺（early social deprivation） 其是一种改良的隔离模式，与幼体隔离相比，这种隔离模式目前研究还较少，早期社会剥夺的幼体在发育早期不但与父、母本隔离，同时也与同胞隔离，这种隔离模式对幼体是一种更为严酷的社会经验（Pryce and Feldon，2003；Koslen and Kehoe，2005）。因此，早期社会剥夺能提高动物的焦虑行为（Rees et al.，2006），导致大鼠成年后社会动机降低，在饲养箱中个体间的社会互作和探究行为减少（Mintz et al.，2005），能降低奖赏动机，影响神经递质的表达（Leventopoulos et al.，2009）。

4. 社会行为 社会行为是指动物对其他同种个体所表现的行为，具有群居、分工和等级三大特征。动物的社会行为大致可分为优势等级序列、通信行为（包括触觉、有声、视觉、化学通信等）、繁殖行为（包括求偶行为、配偶选择、交配行为、亲本抚育等）、利他行为、杀婴行为等。

选择社会性较强的动物作为模型有利于社会行为的研究。社会行为种类较多，每种社会行为的检测方法差别很大。因此，要根据实验目的选择合适的行为学检测方法进行研究，其中一些常用社会行为检测方法如下。

（1）亲本育幼行为 在被测鼠产仔第0、13和21天时检测其亲本育幼行为，行为观察在其饲养箱中进行。实验随机选留2只幼仔作为刺激鼠，行为观察过程中将多余幼仔置于32℃恒温抚育箱中抚育。

将刺激幼仔鼠留在巢穴中，用一木板将亲代鼠与幼仔隔开，适应5min。行为观察开始时，轻轻取掉木板，使用摄像机拍摄15min，记录后使用Noldus Observe 5.0

软件分析被测鼠以下行为指标的持续时间：蹲伏（crouch：弓背姿势蹲伏在幼仔身体上）；舔舐幼仔（lick）；衔回幼仔（retrieve）；哺乳（lactate）；嗅闻幼仔（sniff）；筑巢（nest）；接触幼仔（non-kyphotic：以非弓背姿势站立或平铺或接触幼仔）及非社会行为（nonsocial behaviors）（图 3-11）。

图 3-11　亲本育幼行为检测示意图

（2）社会互作行为　　社会互作行为用以判断动物的社会性，可分为同性间社会互作和异性间社会互作。选择一无性经验、与被测鼠具有相似年龄和体型的陌生同性鼠作为刺激鼠，刺激鼠做标记。实验开始前，分别将被测鼠和刺激鼠置于观察箱对角，用木板隔开，适应 5min。行为观察开始时，轻轻取掉木板，使用摄像机拍摄 10min，记录后使用 Noldus Observe 5.0 软件分析被测鼠以下行为指标的总时间和频次：友好（physical contact：与刺激鼠聚团、互饰或爬跨）；探究（investigating：接近或嗅闻刺激鼠）；警觉（staring：警觉地凝视刺激鼠）；追逐（chasing）；攻击（aggression：主动攻击刺激鼠，包括摔跤、撕咬和混战等）；服从（submission：平躺或是将腹部暴露于刺激鼠）；逃离（retreat：逃脱或远离刺激鼠）；自饰（self grooming）；移动（exploration：嗅底物、在观察箱中位移或后腿蹬地直立嗅闻空气或箱壁）；挖掘底物（digging）；静止（inactivity）。为防止动物受伤并尽量降低实验过程中动物的应激反应，在预实验中选择那些从未主动攻击其他个体的动物作为刺激鼠。观察箱相对较大，以便实验鼠和刺激鼠都能够轻易逃离对方的威胁。如果动物对抗持续 10s 以上，观察者通过敲击观察箱打断对抗，避免动物受伤。如果动物无视敲击，单次攻击行为持续 20s 以上，观察者立即终止此次实验，将动物分隔开以免其受伤（图 3-12）。

图 3-12　社会互作行为检测示意图

（3）配偶选择行为　　选择无性经验，与被测鼠具有相似年龄和体型的陌生异性鼠作为配偶鼠。配对 24h 后进行配偶选择行为的检测。行为观察在品字形观察箱中进行。该观察箱由两个选择箱（20cm × 25cm × 45cm）和一个中立箱（20cm × 25cm × 45cm）组成，中立箱有一个活动隔板，并由两个塑料管（长度为 15cm，直径为 7.5cm）分别与两个选择箱相连通。两个平行的选择箱中分别放置配偶鼠和陌生同性鼠。在行为实验前对陌生刺激鼠进行筛选。陌生刺激鼠选择没有性经验的雄性或处于动情间期的雌性。实验开始前，先将被测鼠置于品字形观察箱中自由活动。然后放下隔板，将被测鼠隔离在中立箱，并且将配偶鼠和陌生异性鼠通过塑料套环和锁链分别固定在选择箱上，适应 10min。行为观察开始时，轻轻取掉木板，使用摄像机拍摄 30min，记录后使用 Noldus Observe 5.0 软件分析被测鼠以下行为指标：被测鼠与刺激鼠之间发生友好行为（physical contact）和攻击行为（aggression）的总时间和频次；被测鼠进入熟悉鼠箱和陌生鼠箱的时间（图 3-13）。

图 3-13 配偶选择行为检测

【实验设计方案写作提纲】

1. 研究背景：通过阅读文献资料，了解该领域当前研究现状，对研究现状进行归纳总结，并在此基础上进一步提出问题。

2. 核心问题：简要说明该实验设计方案所想要解决的科学问题。

3. 研究内容与研究方案：具体研究方法包括分组、实验方法、技术路线等，并提交材料清单。

4. 参考文献：所列举参考文献必须是文中所引用的，且文中有准确的引用标记。

【研究可行性评价】（教师）

教师对方案的理论依据、方案和方法的可行性进行评价，并与学生进行讨论，提出修改建议及下次提交修改方案时间。

【研究报告撰写提纲】

1. 前言：简要叙述该领域当前研究背景，提出研究问题及研究的意义。

2. 材料和方法。

3. 实验结果：所有结果必须进行分析统计之后，规范、客观地利用图表和文字进行表述。

4. 讨论：结合研究的背景和自己的实验结果展开讨论，得出核心结论。也可对下一步研究计划进行展望。

5. 参考文献：所列举参考文献必须是文中引用，且文中有准确的引用标记。

地下鼠的低氧适应机制

【背景关键词】

1. 低氧　氧是大多数真核生物生存的必需环境因素，是动物机体进行正常物质和能量代谢的保证，常温常压下空气中的氧含量约为21%。低氧是动物生活环境中氧浓度低于正常大气中的氧含量，如高原地区，海拔升高，大气压下降，使得高海拔地区的氧浓度降低，形成低氧环境；又如啮齿动物生活的洞道，环境密闭，加上动物活动，洞道中气体无法与外界交换，形成低氧、高二氧化碳环境，并且氧浓度会随着洞道深度、季节等发生变化（Shams et al.，2005）。此外，在正常生理状态下，机体组织器官环境中氧含量较低，如正常生理状态下人体心脏、肝、肾内的氧浓度为4%～14%；脑中氧浓度为0.5%～7%（Ivanovic，2009）。或者在其他生理状态下也可以出现低氧现象，如睡眠时打鼾导致的暂时性缺氧及缺血性低氧等。因此，机体低氧（缺氧）的形成可来源于三个方面：一是环境中氧含量降低，使正常生理过程中得不到足够的氧供应；二是因疾病导致外界正常氧量不能充分到达机体内，导致心、脑和呼吸系统的缺氧；三是机体活动所需的氧消耗量超过了生理动员能力，造成相对氧供给不足，常见于剧烈运动和超量的工作（周兆年等，2007）。

2. 急、慢性低氧应激模型　低氧作为应激因子，几乎对动物的所有生理机能都有调节作用，如心血管系统、呼吸系统、神经内分泌等。因此，对动物低氧适应的研究一直以来都是研究的热点。低氧适应模型常用的有急性低氧适应和慢性间歇性低氧适应。

急性低氧（acute hypoxia）：是指动物仅一次暴露在低氧环境一段时间，之后从低氧环境中取出进行相关的实验，这种短暂的低氧应激即急性低氧。

慢性间歇性低氧（intermittent hypoxia，IH）：又称为间断性低氧（interval hypoxia）或周期性低氧（periodic hypoxia），是指在一定时间段内，动物间断地暴露于一定程度的低氧环境，而其余时间处于常氧环境（张翼等，2007）。例如，动物每天在低氧环境中几小时，之后取出置于常氧环境中，连续适应几周。氧浓度依实验模拟的环境不同来设置不同的参数。

低氧模拟有常压低氧和减压低氧。常压低氧是指在正常大气压下低氧，模拟临床低氧；减压低氧是模拟高原环境的低氧。

3. 地下鼠　地下鼠（subterranean rodents）是一类终生营地下生活的植食性小型哺乳动物，广泛分布于亚洲、非洲、美洲及欧洲大陆，多生活于开放地带，如热带草原、草原、山地、干旱及半干旱地区，也有一些生活在茂密的灌丛和森林（Nevo，1979；Nevo and Reig，1990）。全世界地下鼠约有160种。主要类群有鼢鼠亚科Myospalacinae，囊鼠科Geomyidae，鼹形鼠亚科Spalacinae，竹鼠亚科Rhizomyinae，八齿鼠科Octodontidae，栉鼠科Ctenomyidae，滨鼠科Bathyergidae和水（鼠平）亚科Arvicolinae等。

地下鼠长期适应于地下黑暗洞道生活，很少到地上活动。一般地下鼠都具有趋同的形态学特征（Nevo，1979；Nevo and Reig，1990）。身体紧凑，尾短，颈短，前足、肩带及相关的肌肉强而有力，前足爪和门齿多较发达，适于掘土（Nevo，1979）。其感觉系统发生适应性变化，一般视器和外耳退化，触觉、嗅觉及听觉发达（Andersen，1987）。由于其地下洞道中为典型的低氧、高二氧化碳（Ivanovic，2009）环境，经过长期进化，地下鼠形成了适应低氧、高二氧化碳的生理和结构机制（Andersen，1987）。

地下鼠终生营洞道生活，其所有的活动和繁殖都在洞道系统中完成（张翼等，2007）。地下鼠主要通过挖掘获得食物，啃食植物的地下根、茎或是将整株植物拖入洞中取食，因而大多为害鼠。其活动多为昼夜活动，不休眠，存在储食行为（Nevo and Reig，1990）。

地下鼠特殊的结构特征和生活环境，使其成为研究适应性进化极佳的模式动物，尤其是在视觉进化和低氧适应研究等方面。近年来，科学家主要在分子水平进行广泛、深入的研究，如低氧适应分子HIF、EPO、p53、VEGF等蛋白的基因序列及其功能特征（Avivi et al.，2005；Shams et al.，2005a，2005b，2013；Band et al.，2008；Wang and Zhang，2012；郑亚宁等，2001）。

【实验设计方案写作提纲】

1. 研究背景：通过阅读文献资料，了解该领域当前研究现状，对研究现状进行归纳总结，并在此基础上进一步提出问题。

2. 核心问题：简要说明该实验设计方案所想要解决的科学问题。

3. 研究内容与研究方案：具体研究方法包括分组、实验方法、技术路线等，并提交材料清单。

4. 参考文献：所列举参考文献必须是文中所引用的，且文中有准确的引用标记。

【研究可行性评价】（教师）

教师对方案的理论依据、方案和方法的可行性进行评价，并与学生进行讨论，提出修改建议及下次提交修改方案时间。

【研究报告撰写提纲】

1. 前言：简要叙述该领域当前研究背景，提出研究问题及研究的意义。

2. 材料和方法。

3. 实验结果：所有结果必须进行分析统计之后，规范、客观地利用图表和文字进行表述。

4. 讨论：结合研究的背景和自己的实验结果展开讨论，得出核心结论。也可对下一步研究计划进行展望。

5. 参考文献：所列举参考文献必须是文中引用，且文中有准确的引用标记。

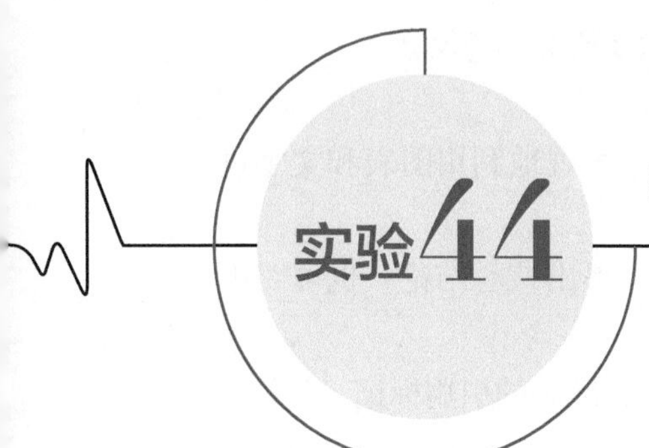

中枢递质对左心室内压的调节

【背景关键词】

1. 心脏的泵血功能及心功能的评价　心脏为血液循环提供动力。在一个心动周期中，心室进行一次收缩和舒张的机械活动，造成心室内压和容积规律性变化。心室内压力与动脉压、心房压的压力差是推动血液流动的动力。

在进行血流动力学研究时，左心室功能参数是很重要的指标，这些参数包括左心室收缩压（left ventricular systolic pressure，LVSP）、左心室舒张末压（left ventricular diastolic pressure，LVDP）和左心室内压变化速率［包括左心室内压最大上升速率（$+dp/dt_{max}$）和左心室内压最大下降速率（$-dp/dt_{max}$）］等。

2. 中枢神经系统对心血管活动的调节　从脊髓到大脑皮质的不同水平都分布有心血管中枢，含有控制心血管活动的神经元，最终通过交感神经和迷走神经支配心脏和血管。

调节心血管活动的基本中枢位于延髓，其中延髓头端腹外侧区（rostral ventrolateral medulla，RVLM）为缩血管区，分布有控制心交感神经和交感缩血管神经的神经元；延髓尾端腹外侧区为缩血管区；迷走神经背核和疑核为心迷走中枢。而位于延髓背侧的孤束核（nucleus tractus solitarius，NTS）是心血管感受器传入信号的主要接受区，其腹侧是血压控制中心，具有负反馈调节机制（钟冬胜和王茂明，2012）。研究发现，延髓的一氧化氮（nitric oxide，NO）具有多样性效应，对维持基础心血管功能可能具有特定的意义。在NTS内注射NO的前体L-精氨酸，能降低心率和基础血压，而在RVLM区则能增加心率、血压和交感神经活动（章汝文等，2012）。

下丘脑是调控内脏活动、内分泌机能和情绪行为的皮质下较高级中枢，这些机能活动都包含有相应的心血管活动的变化，因此它也是延髓以上的心血管中枢。研究发现，左、右两侧的背内侧下丘脑（dorsomedial hypothalamus，DMH）对心血管功能调节具有不对称效应，在DMH区微量注射γ氨基丁酸A型受体（$GABA_AR$）抑制剂荷包牡丹碱后诱发心率、左心室内压及变化速率的显著增加，右侧DMH产生的效应大于左侧（Xavier et al.，2013）。下丘脑促垂体区微量注射一氧化氮合酶抑制剂后引起 LVSP 升高，表明该区内源性 NO 对心功能起一定的抑制作用（徐畅等，2006）。下丘脑室旁核（paraventricular nucleus，PVN）在心衰发生中起着重要作用（Kang et al.，2009）。在心衰模型鼠中，PVN 中的血管紧张素Ⅱ、去甲肾上腺素、谷氨酸和环氧酶 2（cyclooxygenase-2，COX-2）的含量升高，腹腔注射 COX-2 抑制剂能显著提高心率、左心室收缩压、左心室舒张压及室内压变化速率，改善心功能（Zheng et al.，2012）。

3. 脑立体定位　实验大鼠术前禁食 18～24h，自由饮水。20% 氨基甲酸乙酯（1g/kg 体重）麻醉大鼠后，将其固定于脑立体定位仪上（stoelting，美国）进行脑定位。按照分组需要可分别将套管埋植至所需脑区或核团，具体定位方法参见实验 41。参照 George Paxinos 和 Charles Watson 的大鼠脑立体定位图谱（1997），各脑区与核团定位的参考坐标如下：延髓头端腹外侧区（AP=−11.96mm，RL=1.8～2.2mm，H=10.2～10.6mm）、下丘脑促垂体区（AP=−3.3～−3.0mm，RL=0.5mm，H=10.0～10.2mm）、孤束核（AP=−12.3～−11.6mm，RL=1.6～2.0mm，H=8.0～8.4mm）、下丘脑室旁核（AP=−0.92mm，RL=0.7mm，H=7.0mm）。

4. 心室内压的测定　将脑定位完成的大鼠从定位仪上取下，背位固定于大鼠手术台，首先进行气管插管和股静脉插管，辅助呼吸并方便补加麻醉剂和补液，然后进行左心室插管。实验中使大鼠体温保持在 37℃。

心室插管参照实验 22 和徐畅等（2006）的实验方法，压力传感器 MLT0380 与 PowerLab/4sp 信号采集和分析系统相连，往传感器内推注使之充满 0.3% 肝素生理盐水，与传感器另一端相连的聚乙烯导管经右侧颈总动脉插入左心室，记录左心室内压（LVP）和其一阶微分曲线，经 Chart 软件处理得出不同时刻的左心室收缩压（LVSP）、左室舒张末压（LVDP）及左心室内压的瞬时上升速率峰值（$\mathrm{d}p/\mathrm{d}t_{max}$）、瞬时下降速率峰值（$-\mathrm{d}p/\mathrm{d}t_{max}$），见图 3-14。同时可采用Ⅱ导联记录心电图，分析心率（heart rate，HR）。

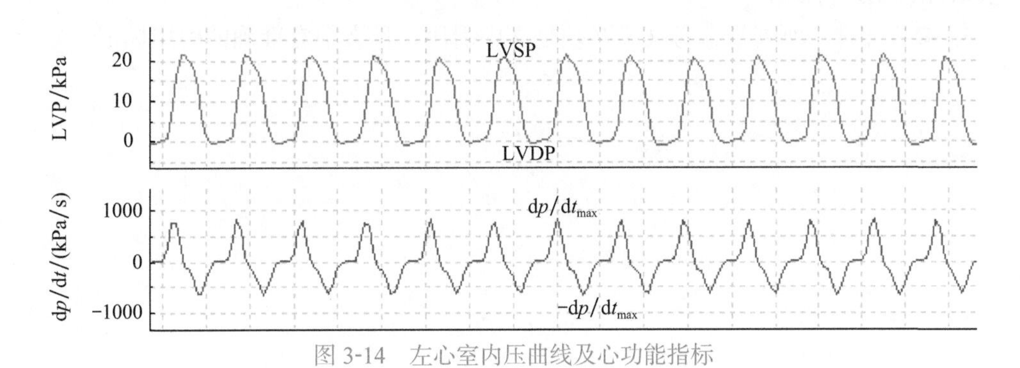

图 3-14　左心室内压曲线及心功能指标

PowerLab/8sp 的参数设置：在首次实验时，用血压计定标。软件参数设定为采样速率 100/s，灵敏度 10mV，高通滤波 DC，低通滤波 100Hz。

记录左心室内压 30～60min，待波形稳定后，相应中枢给予电刺激或采用微量进样器注射药物，观察对心功能活动的影响。

实验结束后，从动脉插管推注空气处死大鼠，从定位套管注入 5% 的溴酚蓝 0.5μl 并立即开颅取脑，用 10% 多聚甲醛固定后，在冰冻切片机上以 50μm 的厚度做连续冠状切片，确认核团定位的准确性。

【实验设计方案写作提纲】

1. 研究背景：通过阅读文献资料，了解该领域当前研究现状，对研究现状进行归纳总结，并在此基础上进一步提出问题。

2. 核心问题：简要说明该实验设计方案所想要解决的科学问题。

3. 研究内容与研究方案：具体研究方法包括分组、实验方法、技术路线等，并提交材料清单。

4. 参考文献：所列举参考文献必须是文中所引用的，且文中有准确的引用标记。

【研究可行性评价】(教师)

教师对方案的理论依据、方案和方法的可行性进行评价，并与学生进行讨论，提出修改建议及下次提交修改方案时间。

【研究报告撰写提纲】

1. 前言：简要叙述该领域当前研究背景，提出研究问题及研究的意义。

2. 材料和方法。

3. 实验结果：所有结果必须进行分析统计之后，规范、客观地利用图表和文字进行表述。

4. 讨论：结合研究的背景和自己的实验结果展开讨论，得出核心结论。也可对下一步研究计划进行展望。

5. 参考文献：所列举参考文献必须是文中引用，且文中有准确的引用标记。

主要参考文献

陈克敏 . 2001. 实验生理科学教程 . 北京：科学出版社 .

陈其才 . 1995. 生理学实验 . 北京：科学出版社 .

程世斌，卢光启 . 1996. 迷走神经背核的研究进展 . 生理科学进展，27（01）：13-18.

邓群根 . 1994. 生理学实验指导 . 北京：人民卫生出版社 .

樊继云，冯逵，刘燕 . 2003. 生理学实验与科研训练 . 北京：中国协和医科大学出版社 .

高兴亚，汪晖，戚晓红，等 . 2016. 机能实验学 . 3 版 . 北京：科学出版社 .

李在琉 . 1985. 中国生理学会学术讨论会论文摘要汇编：307.

刘少金，胡祁生 . 2001. 生理学实验指导 . 武汉：武汉大学出版社 .

陆源，林国华，杨午鸣 . 2005. 机能学实验教程 . 北京：科学出版社 .

罗自强，管茶香，陈小平，等 . 2008. 机能实验学 . 长沙：中南大学出版社 .

马恒东 . 2004. 生理学实验教程 . 成都：四川科学技术出版社 .

南开大学实验动物解剖学编写组 . 1979. 实验动物解剖学 . 北京：高等教育出版社 .

沈岳良 . 2002. 现代生理学实验教程 . 3 版 . 北京：科学出版社 .

孙久荣，黄玉芝 . 2005. 生理学实验 . 北京：北京大学出版社 .

王宏琰，李宽，黄显奋，等 . 1994. 大鼠内脏大神经电刺激后 C-Fos 在中枢神经系统中的表达 . 中国组织化学与细胞化学杂志，3（03）：191-195.

王颖，邱建勇，段丽，等 . 2001. 胃伤害性刺激诱导大鼠脑干星形胶质细胞 GFAP 蛋白表达及其与神经元的关系 . 中国组织化学与细胞化学杂志，10（02）：219-224.

魏景汉，阎克乐 . 2008. 认知神经科学基础 . 北京：人民教育出版社 .

解景田，刘燕强，崔庚寅 . 2016. 生理学实验 . 4 版 . 北京：高等教育出版社 .

徐畅，安书成，慈蕾 . 2006. 大鼠下丘脑微量注射 TRH 对心功能的作用及其机制 . 中国应用生理学杂志，22（3）：317-321.

杨秀平，肖向红 . 2009. 动物生理学实验 . 2 版 . 北京：高等教育出版社 .

姚泰 . 2005. 生理学 . 6 版 . 北京：人民卫生出版社 .

袁孝如 . 2007. 现代生理学实验技术 . 北京：科学出版社 .

张才乔 . 2014. 动物生理学实验 . 2 版 . 北京：科学出版社 .

张翼，杨黄恬，周兆年 . 2007. 间歇性低氧适应的心脏保护 . 生理学报，59（5）：601-613.

章汝文，沈镀，孙巍巍，等 . 2012. 中枢一氧化氮对心血管作用的多样性研究 . 第二军医大学学报，33（7）：718-720.

郑亚宁，朱瑞娟，王多伟，等 .2011. 高原鼢鼠血管内皮生长因子基因编码和 mRNA 的表达以及微血管密度：与其它鼠类的比较 . 生理学报，63（2）：155-163.

钟冬胜，王茂明 . 2012. 孤束核调节动脉血压机制的研究进展 . 临床和实验医学杂志，11（3）：222-224.

周兆年 . 2003. 低氧与健康研究 . 中国基础科学，(5)：20-26.

朱健平 . 2003. 生理科学实验教程 . 北京：科学出版社 .

朱思明 . 1997. 生理学实验指导 . 北京：人民卫生出版社 .

Andersen DC. 1987. Below-ground herbivory in natural communities: a review emphasizing fossorial animals. Quarterly Review of Biology, 62(3):261-286.

Avivi A, Shams I, Joel A, et al. 2005. Increased blood vessel density provides the mole rat physiological tolerance to its hypoxic subterranean habitat. FASEB J, 19: 1314-1316.

Band M, Shams I, Joel A, et al. 2008. Cloning and *in vivo* expression of vascular endothelial growth factor receptor 2 (Flk1) in the naturally hypoxia-tolerant subterranean mole rat. FASEB J, 22: 105-112.

Broussard DL, Li H, Altschuler SM. 1997. Colocalization of GABA(A) and NMDA receptors within the dorsal motor nucleus of the vagus nerve (DMV) of the rat. Brain Res, 763 (1): 123-126.

Browning KN, Travagli RA. 1999. Characterization of the *in vitro* effects of 5-hydroxytryptamine(5-HT) on identified neurones of the rat dorsal motor nucleus of the vagus(DMV). Br J Pharmacol, 128(6): 307-301.

Champagne FA, Curley JP. 2005. How social experiences influence the brain. Curr Opin Neurobiol, 15(6): 704-709.

Cirulli F, Berry A, Alleva E. 2003. Early disruption of the mother-infant relationship: effects on brain plasticity and implications for psychopathology. Neurosci Biobehav Rev, 27(1-2): 73-82.

Fan X, Li D, Zhang Y, et al. 2013. Differential phosphoproteome regulation of nucleus accumbens in environmentally enriched and isolated rats in response to acute stress. PLoS One, 8: e79893.

Farhang S, Barar J, Fakhari A, et al. 2014. Asymmetrical expression of *BDNF* and *NTRK3* genes in frontoparietal cortex of stress-resilient rats in an animal model of depression. Synapse, 68: 387-393.

Farkas E, Jansen AS, Loewy AD. 1997. Periaqueductal gray matter projection to vagal preganglionic neurons and the nucleus tractus solitarius. Brain Res, 764(1-2): 257-261.

Giachino C, Canalia N, Capone F, et al. 2017. Maternal deprivation and early handling affect density of calcium binding protein-containing neurons in selected brain regions and emotional behavior in periadolescent rats. Neuroscience, 145(2): 568-578.

Haj-Mirzaian A, Ostadhadi S, Kordjazy N, et al. 2014. Opioid/NMDA receptors blockade reverses the depressant-like behavior of foot shock stress in the mouse forced swimming test. Eur J Pharmacol, 735: 26-32.

Hayes UL, de Vries GJ. 2007. Role of pregnancy and parturition in induction of maternal behavior in prairie voles (*Microtus ochrogaster*). Horm Behav, 51(2): 265-272.

Heim C, Nemeroff CB. 2001. The role of childhood trauma in the neurobiology of mood and anxiety disorders: preclinical and clinical studies. Biol Psychiatry, 49(12): 1023-1039.

Heim C, Nemeroff CB. 2002. Neurobiology of early life stress: clinical studies. Semin Clin Neuropsychiatry, 7(2): 147-159.

Ivanovic Z. 2009. Hypoxia or in situ normoxia: The stem cell paradigm. J Cell Physiol, 219(2): 271-275.

Kang YM, He RL, Yang LM, et al. 2009. Brain tumour necrosis factor-a modulates neurotransmitters in hypothalamic paraventricular nucleus in heart failure. Cardiovas Res, 83: 737-746.

Kessler RC. 1997. The effects of stressful life events on depression. Annu Rev Psychol, 48: 191-214.

Kosten TA, Kehoe P. 2005. Neonatal isolation is a relevant model for studying the contributions of early life stress to vulnerability to drug abuse: response to Marmendal et al. (2004). Dev Psychobiol, 47(2): 108-110.

Lacey EA, Patton JL, Cameron GN. 2000. Life Under Ground: The Biology of Subterranean Rodents. Chicago: University of Chicago Press: 1-415.

Ladd CO, Huot RL, Thrivikraman KV, et al. 2000. Long-term behavioral and neuroendocrine adaptations to adverse early experience. Prog Brain Res, 122: 81-103.

Lapmanee S, Charoenphandhu J, Charoenphandhu N. 2013. Beneficial effects of fluoxetine, reboxetine, venlafaxine, and voluntary running exercise in stressed male rats with anxiety- and depression-like behaviors. Behav Brain Res, 250: 316-325.

Leng G, Meddle SL, Douglas AJ. 2008. Oxytocin and the maternal brain. Curr Opin Pharmacol, 8(6): 731-734.

Leventopoulos M, Russig H, Feldon J, et al. 2009. Early deprivation leads to long-term reductions in motivation for reward and 5-HT1A binding and both effects are reversed by fluoxetine. Neuropharmacology, 56(3): 692-701.

Levine S. 2001. Primary social relationships influence the development of the hypothalamic-pituitary-adrenal axis in the rat. Physiol Behav, 73(3): 255-260.

Lonstein JS, de Vries GJ. 2000. Sex differences in the parental behavior of rodents. Neurosci Biobehav Rev, 24(6): 669-686.

Martinez-Peña YVI, Rogers RC, Hermann GE, et al. 2004. Norepinephrine effects on identified neurons of the rat dorsal motor nucleus of the vagus. Am J Physiol Gastrointest Liver Physiol, 286(2): G333-G339.

McKlveen JM, Myers B, Flak JN, et al. 2013. Role of prefrontal cortex glucocorticoid receptors in stress and emotion. Biol Psychiatry, 74: 672-679.

Mintz M, Ruedi-Bettschen D, Feldon J, et al. 2005. Early social and physical deprivation leads to reduced social motivation in adulthood in Wistar rats. Behav Brain Res, 156(2): 311-320.

Nevo E, Reig OA. 1990. Evolution of Subterranean Mammals at the Organismal and Molecular Levels. New York: Wiley-Liss: 1-422.

Nevo E. 1979. Adaptive convergence and divergence of subterranean mammals. Annual Review of Ecology and Systematics, 10: 269-308.

Pastor-Ciurana J, Rabasa C, Ortega-Sanchez JA, et al. 2014. Prior exposure to repeated immobilization or chronic unpredictable stress protects from some negative sequels of an acute immobilization. Behav Brain Res, 265: 155-162.

Pryce CR, Feldon J. 2003. Long-term neurobehavioural impact of the postnatal environment in rats:

manipulations, effects and mediating mechanisms. Neurosci Biobehav Rev, 27(1-2): 57-71.

Radley JJ, Rocher AB, Rodriguez A, et al. 2008. Repeated stress alters dendritic spine morphology in the rat medial prefrontal cortex. J Comp Neurol, 507: 1141-1150.

Rees SL, Steiner M, Fleming AS. 2006. Early deprivation, but not maternal separation, attenuates rise in corticosterone levels after exposure to a novel environment in both juvenile and adult female rats. Behav Brain Res, 175(2): 383-391.

Reynolds TJ, Wright JW. 1979. Early postnatal physical and behavioural development of degus (*Octodon degus*). Lab Anim, 13(2): 93-99.

Russell VA, Zigmond MJ, Dimatelis JJ, et al. 2014. The interaction between stress and exercise, and its impact on brain function. Metab Brain Dis, 29: 255-260.

Shams I, Avivi A, Nevo E. 2005. Oxygen and carbon dioxide fluctuations in burrows of subterranean blind mole rats indicate tolerance to hypoxia-hypercapnic stresses. Comparative Biochemistry and Physiology, 142:376-382.

Shams I, Malik A, Manov I, et al. 2013. Transcription pattern of p53-targeted DNA repair genes in the hypoxia-tolerant Subterranean mole rat *Spalax*. J Mol Biol, 425: 1111-1118.

Shams I, Nevo E, Avivi A. 2005. Erythropoietin receptor spliced forms differentially expressed in blind subterranean mole rats. FASEB J, 19: 1749-1751.

Shams I, Nevo E, Avivi A. 2005. Ontogenetic expression of erythropoietin and hypoxiainducible factor-1 alpha genes in subterranean blind mole rats. FASEB J, 19: 307-309.

Stowe JR, Liu Y, Curtis JT, et al. 2005. Species differences in anxiety-related responses in male prairie and meadow voles: the effects of social isolation. Physiol Behav, 86(3): 369-378.

Travagli RA, Gillis RA. 1995. Effects of 5-HT alone and its interaction with TRH on neurons in rat dorsal motor nucleus of the vagus. Am J Physiol, 268(2 Pt 1): G292-G299.

Travagli RA, Hermann GE, Browning KN, et al. 2006. Brainstem circuits regulating gastric function. Annu Rev Physiol, 68: 279-305.

Wang ZL, Zhang YM. 2012. Predicted structural change in erythropoietin of plateau zokors—Adaptation to high altitude. Gene, 501: 206-212.

Weaver IC, Cervoni N, Champagne FA, et al. 2004. Epigenetic programming by maternal behavior. Nat Neurosci, 7(8): 847-854.

Woodman DA, Tharp GD. 2014. Experiments in Physiology. 11th ed. New York: Benjamin Cummings.

Xavier CH, Beig MI, Ianzer D, et al. 2013. Asymmetry in the control of cardiac performance by dorsomedial hypothalamus.Am J Physiol Regul Integr Comp Physiol, 304(8):664-674.

Zheng M, Kang YM, Liu W, et al. 2012. Inhibition of cyclooxygenase-2 reduces hypothalamic excitation in rats with adriamycin-induced heart failure.PLoS One, 7(11): e48771.

Zlatkovic J, Todorovic N, Boskovic M, et al. 2014. Different susceptibility of prefrontal cortex and hippocampus to oxidative stress following chronic social isolation stress. Mol Cell Biochem, 393: 43-57.

RM6240多道生理信号采集处理系统软件使用说明

一、硬件系统

RM6240 多道生理信号采集处理系统由硬件和软件两部分组成。硬件包括外置程控放大器、数据采集板、数据线及各种信号输入、输出线。软件为 RM6240.exe，实现对硬件参数的控制，包含多个实验模块，兼有数据分析处理功能。

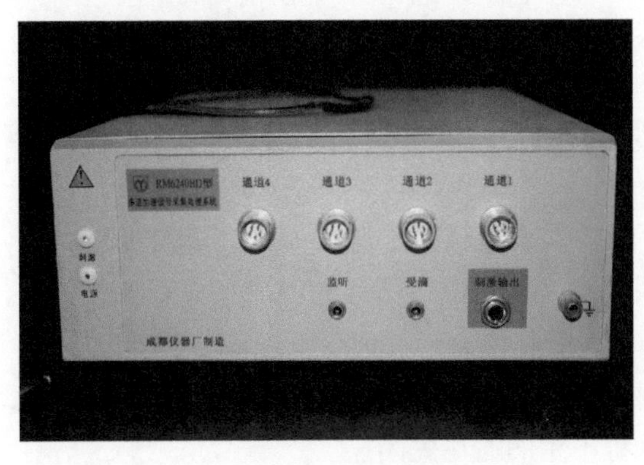

附图 1-1　RM6240 多道生理信号采集处理系统硬件的面板

仪器硬件面板（附图 1-1）有通道输入端、刺激输出端口、受滴输入及监听输出端口。

通道输入端：4 个通道输入端口，可外接不同的传感器，同时输入 4 种（个）信号。

刺激输出端口：与刺激电极相连，用于输出刺激。可通过软件进行刺激参数设置，以电压或电流的方式输出。

受滴输入端口：可与受滴器相连，记录液体滴数。

监听输出端口：与有源音箱连通后可监听第 1 通道的记录信号音。

除此之外，硬件面板上有电源信号指示灯和刺激指示灯，当刺激正常输出时，指示灯会闪烁。

二、软件操作

启动计算机，双击“RM6240 多道生理信号采集处理系统 2.0”进入实验系统。

软件窗口有 6 个功能区，分别为菜单区、工具条及快捷键图标、参数设置区、信号显示记录区、标尺及处理区和刺激器。菜单区（附图 1-2 蓝色框区）每一项目均有下拉菜单，包含多项内容，其中一些常用项目，如“新建”“打开”“保存”“搜索”“打印”

“示波”“记录”“暂停”“停止”均有对应快捷键图标出现在下方“工具条及快捷键图标一栏（附图 1-2 红色框区）。此外，快捷键图标还有“记滴”“刺激器”“回放”“标记查询”“导联开关”“50Hz”“校验开关”“移动测量”“斜率测量”“面积测量”“纵向”和“横向缩放波形”等。

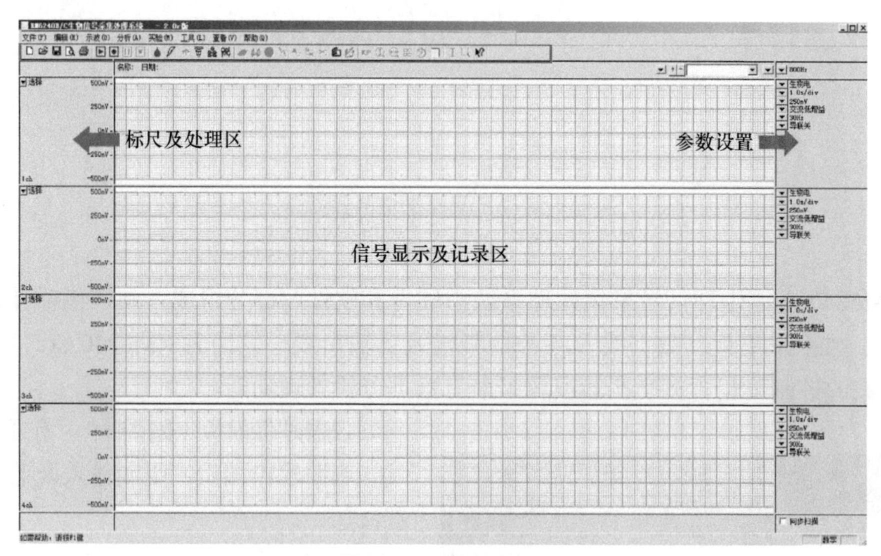

附图 1-2　软件界面

参数设置区（附图 1-2）位于窗口的右侧。含采样频率、通道模式、灵敏度、时间常数、滤波、扫描速度等常用参数，可根据实验需求和记录信号的特征来分别调节各通道参数。

信号显示记录区是显示实验信号的区域。4 个记录通道分别对应面板上的 4 个通道输入端口，在确定好实验信号输入通道后可将不用的通道关闭。

标尺及处理区（附图 1-2）位于窗口的左侧，显示各通道的通道号、对应信号量纲标尺，通过下拉菜单便可进行分析测量、数据处理等操作。

刺激器为一弹出式浮动窗口（附图 1-3），可通过“工具条及快捷键图标”栏的“刺激器”快捷键打开或关闭，也可以通过点击“示波”菜单中下拉菜单里的“刺激器”打开。通过刺激器面板可对刺激方式、强度、波宽等多项参数进行设置，满足不同实验的需要。

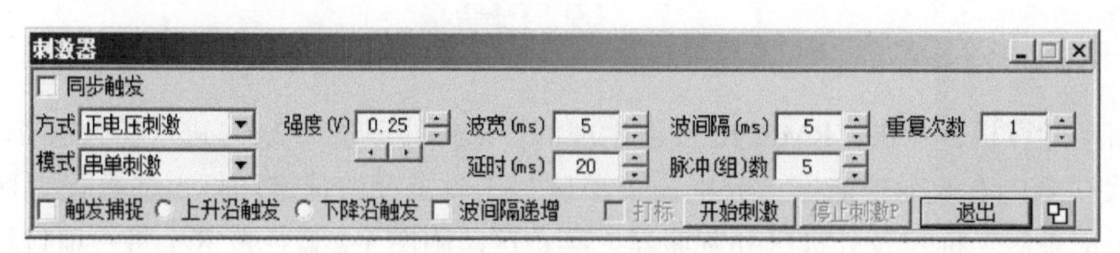

附图 1-3　刺激器界面

RM6240 多道生理信号采集处理系统 2.0 在工作过程分别有三种工作环境，即示波、记录和分析环境。

示波环境：即系统将采集到的信号波形实时显示出来。在此环境下可以调节各种实验参数和选择各种实时处理模式，并可进行刺激器参数设置、使用记滴等功能。但示波状态只能实时显示此时采集到的信号，不能记录到硬盘。

记录环境：系统在示波的同时将采集的信号实时存储到硬盘。在示波状态点击“记录”快捷键可直接进入记录状态。

分析环境：在记录状态停止记录，或打开一个已记录存盘的文件，系统即进入分析状态。在分析状态下系统可对记录的波形进行各种测量、分析、编辑和打印。

（一）主要菜单和快捷键图标的使用

1.“示波”菜单

在“示波”菜单中有“开始示波”“开始记录”“暂停记录”“停止记录”“程控记录”“记滴”“刺激器”“开始刺激”“1mV 校验开关”“50Hz 陷波开关”“导联开关”“取消所有零点偏置”“取消所有定标系数”等。

在“工具条及快捷键图标”栏中分别有其相应的快捷键图标。应注意的是，开始记录后默认保存到硬盘中的文件依然为临时文件，必须在停止记录后点击“保存”，并选择文件保存路径才能使其生成正式的保存文件（附图 1-4）。

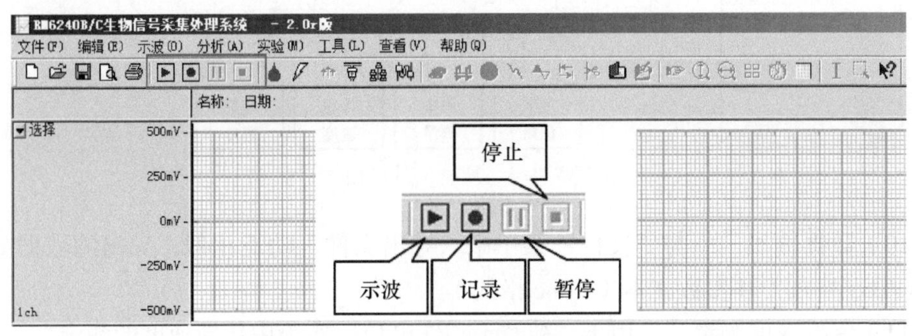

附图 1-4　示波菜单快捷键

2.“分析”菜单

“分析”菜单中的项目众多，主要用于对实验结果进行分析及实验信息的显示等，在生理学实验中常用到的主要项目如下。

（1）刺激强度-时间关系分析　　用于分析刺激强度与作用时间的关系。

（2）上一实验　　在分析状态进入上一实验子项目（即打开上一个子文件）。

（3）下一实验　　在分析状态进入下一实验子项目。

（4）标记查询　　查询已记录文件中某个标记的所在位置，可通过词条查询和时间查询两种方式进行。在“工具条及快捷键图标”栏有对应的快捷键按钮（附图 1-5）。

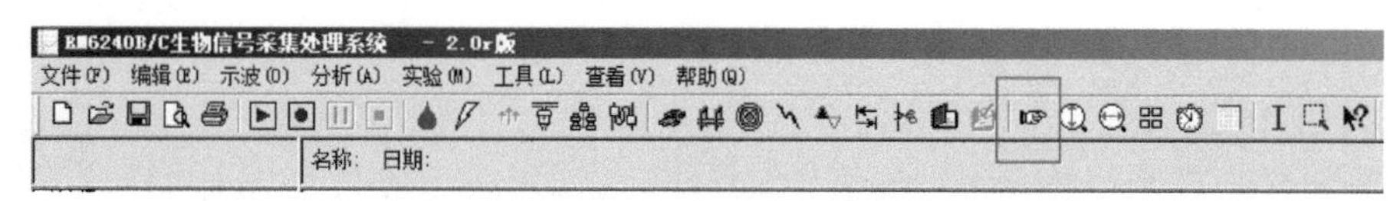

附图 1-5 标记查询快捷键

（5）鼠标捕捉　主要用于确定一个图形区域，并将该区域的图形复制下来。

（6）移动测量　用于测量波形中当前鼠标位置的时刻和振幅数据。

（7）斜率测量　用于测量鼠标所在的某一点或在某两点间的波形斜率数据。

（8）区域测量　鼠标点击的两点间所形成的区域内波形的时间、波幅、峰-峰值、平均值等数据，并将数据自动粘贴在数据板。

（9）周期测量　测量选定区域内的具有周期性变化的波形的周期、频率及波动率。方法是用鼠标左键在若干个连续的周期波的相同位置各点击一次，然后点击鼠标右键，系统即自动测量出若干个波形的平均周期、频率和波动率。

以上的移动测量、斜率测量、区域测量、周期测量等在“工具条及快捷键图标”中有相应的快捷键（附图 1-6）。

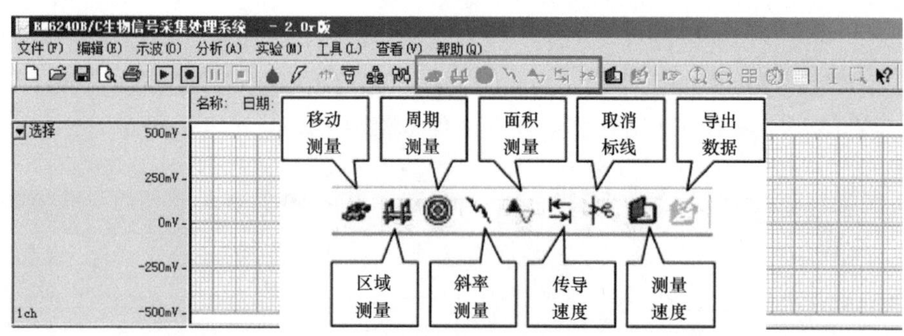

附图 1-6 测量工具快捷键

（10）数据输出　与“文件”菜单中“导出文件”功能相似，导出的数据分数据文本（*.txt 格式）和参数文本（*.doc 格式）。

（11）传导速度测量　用于“神经干动作电位”实验中传导速度的测定。

（12）显示测量信息　测量数据显示框可通过点击“工具条及快捷键图标”栏中快捷键关闭或打开“数据板”（附图 1-7）。

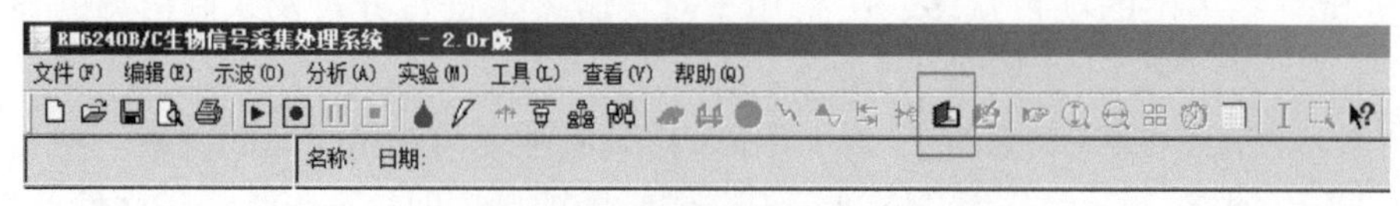

附图 1-7 数据显示框快捷键

3.“实验”菜单

系统预先设置的实验项目，点击“实验”菜单中已有的实验项目，即可进入系统自动设置好有关参数和实验内容的该项实验。在“实验”菜单中除了有系统设置好的实验项目外，还有保存自定义实验项目、打开自定义实验项目、最近实验参数等选项，实验者可根据自己的需求设置所有实验参数，建立新的实验项目并保存。此外还有以下几项。

（1）实验信息　　用于输入用户信息，可附加在实验报告中供打印输出。

（2）参数设置　　在通道窗口的右侧“参数设置”栏中有其相应的快捷键图标。常用参数有采集频率、通道模式、扫描速度、灵敏度、时间常数及滤波频率等。

（3）量纲转换　　在分析状态，对于不同实验项目的量纲进行转换。

（4）标记组　　用于在实验过程中，对实验对象的反应及各种处理进行标注。该菜单功能在“工具条及快捷键图标”栏中有其相应的快捷键图标（附图 1-8）。使用方法是，输入标记词条后，在记录状态下点击此快捷键图标组最右侧的下三角按钮，即可实时在通道记录区加入标记线；也可通过在各个通道波形的任意位置点击鼠标右键加入标记。若想对已打上的标记进行修改，或删除、添加新标记，则只需要在打标记处点击右键，即可在标记旁出现移动菜单，进一步选择“修改”“删除”或“添加新标记”等操作。此外，还可利用鼠标左键将标记符号拖到任意需要的部位。若想增加或删除标记词条，可在显示窗右侧标记窗中点击“+”或“－”进行。

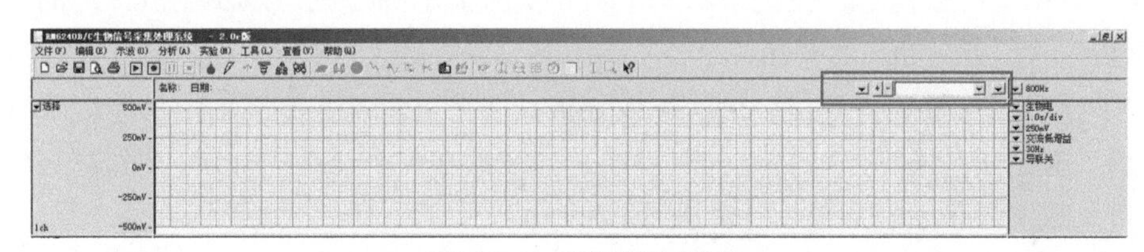

附图 1-8　标记组快捷键

4.“工具”菜单

提供各种界面下的操作工具。菜单中内容在显示界面的左侧或工具栏中具有其快捷键图标。主要项目如下。

（1）坐标滚动　　选中后，监视参数区（通道左侧）将弹出一滚动条，拉动滑块可使坐标和波形一起沿垂直方向快速滚动，点击滚动条上下两端的箭头，则缓慢滚动，从而扩大了波形的显示范围。

（2）零点偏移　　用于通道的零点调节。其正负调零范围最好不要超过垂直方向的向上或向下一大格。

（3）快速归零　　当波形输出为直流档时，如果此时选择快速归零功能，系统将记下此时的波值，以后的波形都将减去记下的这个波值。

（4）纵向缩放　　使信号沿 Y 轴纵向放大或缩小，点选后，在通道区域内单击鼠标左键，波形放大；单击右键，波形缩小；双击左键，波形还原。

（5）横向缩放　　使信号沿 X 轴横向放大或缩小，即改变通道扫描速度。使用方法同纵向缩放，但缩放时是以鼠标点击点为中心点。

纵向缩放和横向缩放在“工具条及快捷键图标”栏中均有快捷键图标（附图 1-9）。

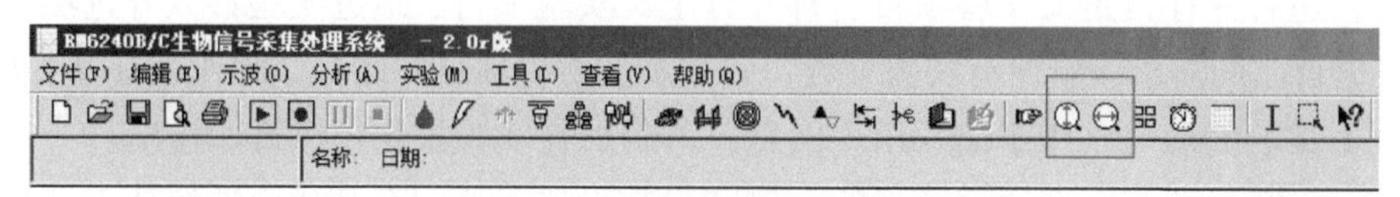

附图 1-9　纵向和横向缩放快捷键

（6）浏览视图　　在分析状态浏览记录文件的所有波形。在“工具条及快捷键图标”栏有其快捷键图标（附图 1-10）。

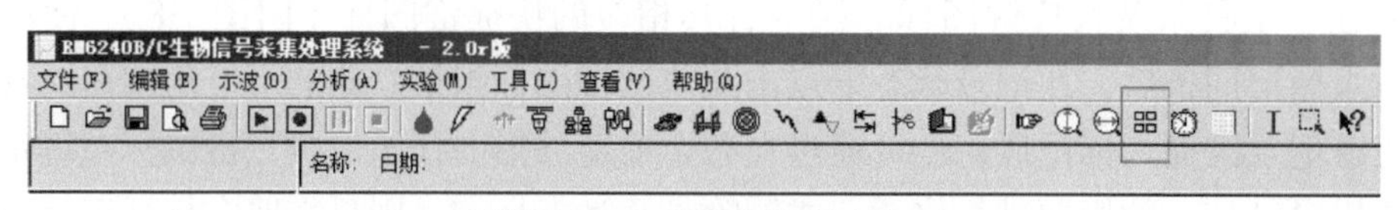

附图 1-10　浏览视图快捷键

（7）选项　　实验者可根据需要更改波形的颜色、走纸方向、网格的颜色及显示方式等。

（8）导出实时数据　　在记录状态下可将实时显示的参数，以及点击该键的时间导入数据板中，以便分析。

（9）显示记录时间　　在记录状态或分析状态下显示各通道波形的具体记录时间。

（10）显示所有通道　　将当前所有通道的波形在一个通道内显示，即波形合并。

（11）取消显示所有通道　　恢复原波形。

（12）拆分示波　　将各通道分为两部分，右边显示新记录波形，左边显示已记录的波形，并可拉动滑块拖动已记录波形，以便对已记录的波形和当前新记录波形进行比较。

（13）数据压缩　　对太大的文件进行压缩。

（14）数据解压　　对已压缩文件进行解压。

（15）示波方式　　有正常示波和扫屏示波供实验者选择。扫屏方式闪烁感较小，适用于慢速长时间观测波形。

（16）启动实时存盘与数据恢复　　可防止数据在意外情况下丢失，其方法是记录前在“工具”菜单中点击“启动实时存盘”，即可随时保存结果。此时若遇到记录过程中停电，或其他意外重新开机后，运行程序会提示您，请您恢复波形。点击“确定”按钮后，选择“工具”菜单中的“数据恢复”项，然后点击“保存”按钮，停电前的实验结果即可恢复，并保存为一个新的文件。查看恢复的文件时，需先点击“刷新”按钮，或退出界面重新进入后，再点击“打开”按钮，打开已保存的文件。

（二）实验参数的一般设置方法

一般实验用的常规参数在显示通道窗口的右侧竖行栏中，主要有通道模式、采集频率、扫描速度、灵敏度、时间常数、低通滤波频率及导联等（附图 1-11）。实验参数的合理设置对实验的成功至关重要。RM6240 多道生理信号采集处理系统中一些主要实验模块的放大器参数设定见附录 2。以下主要介绍部分参数的含义及设定原则（附图 1-12）。

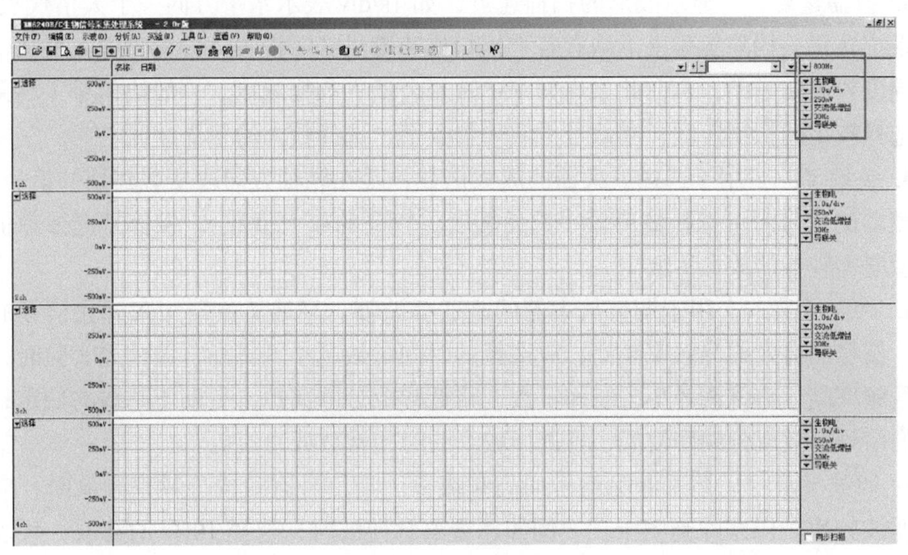

附图 1-11　通道参数

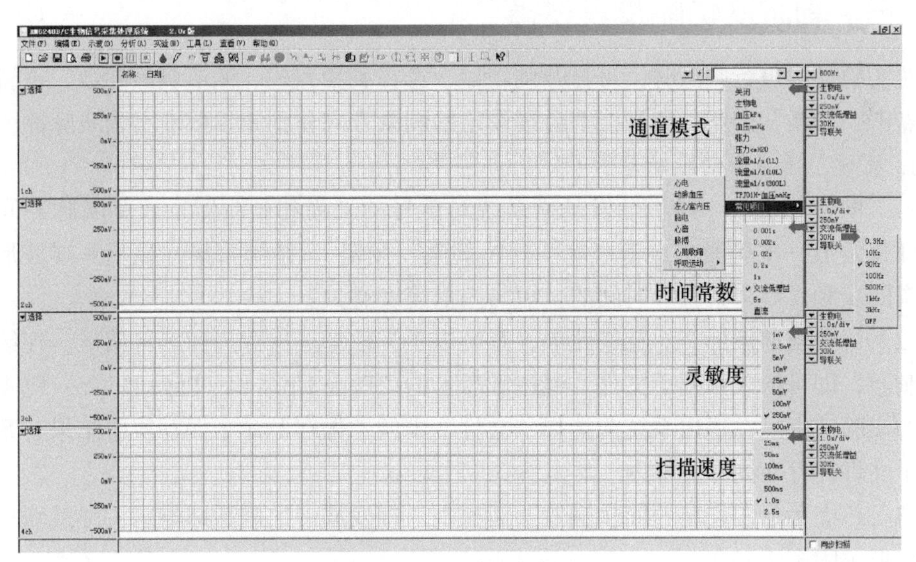

附图 1-12　通道各参数设置

1. 通道模式　　用来选择放大器的工作模式，主要有生物电放大器、血压放大器、桥式放大器、温度放大器、呼吸流量放大器等。根据该通道输入信号的性质选择适合的放大器类型。例如，做血压实验时，应选择“血压模式”，并选择合适的血压单位。

2. 采集频率　为系统采集数据的频率。信号频率越高，所需要的采集频率就越高。但采集频率并非越高越好，低频信号如使用过高的采集频率，并不能优化显示，还会占用过大的储存空间。一般采样频率应为所采集生物信号最高频率的10倍左右。系统支持的采集频率为1Hz～100kHz，共有21档。

3. 扫描速度　显示波形的扫描速度，如1s/div表示水平方向一个大格代表1s时间。系统在每一档采集频率下均有若干档扫描速度供选择设置。设置时应先根据信号频率范围设置采集频率，再在此采集频率下选择合适的扫描速度。一般快信号（高采集频率）选择较小的扫描速度，慢信号（低采集频率）选择较大的扫描速度。

4. 灵敏度　用于选择放大器的放大倍数，是在纵轴方向改变观察到的信号大小，记录较弱的信号时可选择数值较小的灵敏度（较高的放大倍数），强信号选择数值较大的灵敏度（较低的放大倍数）。

5. 时间常数　用于调节放大器的高通滤波器。高通滤波器用来滤除信号的低频成分，信号的有效成分频率越高，应选择的时间常数越小。例如，做神经实验时，因有效信号频率高，应该选择小的时间常数，将低频成分隔离掉，有助于基线的稳定；如若记录的信号有效成分频率较低，可选择较大的时间常数或直流电。

6. 滤波频率　用来滤除信号的高频成分。当信号有效成分频率较低时，应选择低的滤波频率，以滤除高频干扰。例如，观察脉搏波时，选择10Hz的滤波，代表此时放大器的上限截止频率为10Hz，可将10Hz以上的各种干扰信号滤除。

（三）刺激器功能及其设置

对实验动物进行刺激时，可打开刺激器，选择刺激方式、调节刺激参数，设置完成后，点击“刺激”按钮，刺激器就会按设定的刺激方式和刺激参数输出刺激脉冲。

1. 面板上的主要选项功能

（1）同步触发　同步触发是指系统对信号的采集和刺激器发放刺激脉冲同步启动，即每发放一次刺激（点击一次“开始刺激”按钮），系统采集并显示一屏波形，因此每次同步触发后采集波形时间的长短与扫描速度有关。

（2）记录当前波形　选中此项，系统以子文件形式保存当前屏幕波形。连续点击发放刺激，即可形成系列子文件。通过键盘上的“Page Up”和“Page Down”键查看子文件的实验波形。在退出系统前选择“文件”中的“保存”命令保存实验结果，系统将全部子文件保存在同一文件内。

（3）不叠加　勾出“同步触发”后出现，即发放一次刺激即显示一屏最新采集的原始波形（附图1-13）。

（4）叠平均　勾出“同步触发”后出现，即发放一次刺激，系统则将当前采集的一屏波形和此前同步采集的所有波形叠加平均后显示计算后的平均波形。

（5）叠累积　发放刺激后，在此前同步采集的波形基础上叠加显示当前采集的一屏波形。

（6）开始刺激按钮　点击按钮，刺激器按设定的刺激方式和刺激参数发放刺激脉冲。

（7）停止刺激按钮　点击按钮，刺激器停止发放刺激脉冲。

2. 刺激参数的设置　刺激器输出的刺激脉冲的波形是方波。刺激器的基本参数如下（附图 1-13）。

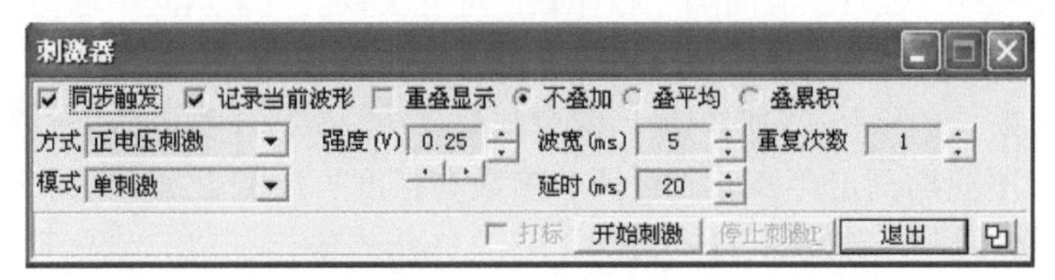

附图 1-13　刺激器面板

（1）强度　输出脉冲的电压或电流的强度。脉冲电压为 0～50V，脉冲电流为 0～10mA。

（2）波宽　即刺激的持续时间，可在 0.1～1000ms 调节。

（3）波间隔　连续脉冲刺激时，刺激脉冲之间的时间间隔，波间隔在 0.1～1000ms 调节。波间隔与波宽之和的倒数可理解为刺激频率，为 1～3000Hz。

（4）主周期　刺激器以周期为时间单位输出序列脉冲，一个主周期内，刺激脉冲可以是一个、数个，甚至数百个，且波间隔可因需设定。“周期数”或“重复次数”是指以主周期为单位的序列脉冲的循环输出次数。例如，设置“主周期”=1s、“脉冲数”=3、“延迟”=5ms、“波间隔”=200ms、“波宽”=1ms、“强度”=1V、“重复次数”=7，参数设置完成后点击“开始刺激”按钮，刺激器在 1s 内发出强度为 1V、波宽为 1ms 的 3 个脉冲，脉冲的时间间隔为 200ms，第一个脉冲在点击开始刺激后 5ms 发出，如此发放重复 7 次。因此，参数设置时应遵循：主周期（s）> 延时（s）+［波宽（s）+ 波间隔（s）］× 脉冲数。脉冲数是指刺激器在设定的时间内发出刺激脉冲的个数。延时是指从刺激器启动到刺激脉冲实际输出的延搁时间。在“同步触发”记录模式下，延时可用来调节反应信号在屏幕上的水平位置。

3. 刺激输出方式　刺激器有恒压（电压）和恒流（电流）两种输出方式，恒压输出有正电压和负电压两种脉冲，恒流输出有正电流和负电流两种脉冲。

4. 刺激模式　即将刺激脉冲按一定的主周期、脉冲数、波间隔等参数组编成某种特定脉冲序列，主要有如下几种。

（1）单刺激　一个主周期内输出一个刺激脉冲。常用于神经干动作电位的观察与记录、骨骼肌单收缩波形的记录与观察、蛙心期前收缩现象观察、皮层诱发电位记录等实验。可调节的参数有强度、波宽、延时、主周期、重复次数；可采用的方式有同步触发和触发捕捉。

（2）连续单刺激　主周期等于 1s，无限循环的连续刺激，一个主周期内输出的脉冲数即等于频率，每个脉冲的波间隔相等。常用于在体刺激减压神经、迷走神经，以及观测刺激频率对骨骼肌收缩的影响的实验。可调节的参数有强度、波宽、延时、频率，采用触发捕捉方式。

（3）串单刺激　一个主周期内输出一串刺激脉冲，一串的脉冲数可为3～999个。常用于刺激减压神经、迷走神经及观测刺激频率对骨骼肌收缩的影响的实验。可调节的参数有强度、波宽、延时、波间隔、脉冲数、重复次数。可采用同步触发和触发捕捉两种方式。

（4）双刺激　一个主周期内输出两个刺激脉冲。常用于观测骨骼肌收缩波形、神经干动作电位不应期测定等实验。可调节参数有强度、波宽、延时、波间隔、重复次数。可采用同步触发、触发捕捉的方式。

（5）串双刺激　一个主周期内可输出数个至数百个脉冲组，每个脉冲组有两个刺激脉冲。常用于观察同一刺激时间内，不同刺激频率（或刺激电压等）的刺激效应，如刺激在体、离体神经干，或观测刺激频率对骨骼肌收缩的影响等实验。可调节参数有强度、波宽、延时、波间隔、频率、脉冲组数、重复次数。可采用同步触发或触发捕捉方式。

（6）连续双刺激　串双刺激作用基本相同，主周期设定为1s，主周期内的脉冲组数用频率表示。可调节参数有延时、波宽、幅度、波间隔、频率。采用触发捕捉方式。

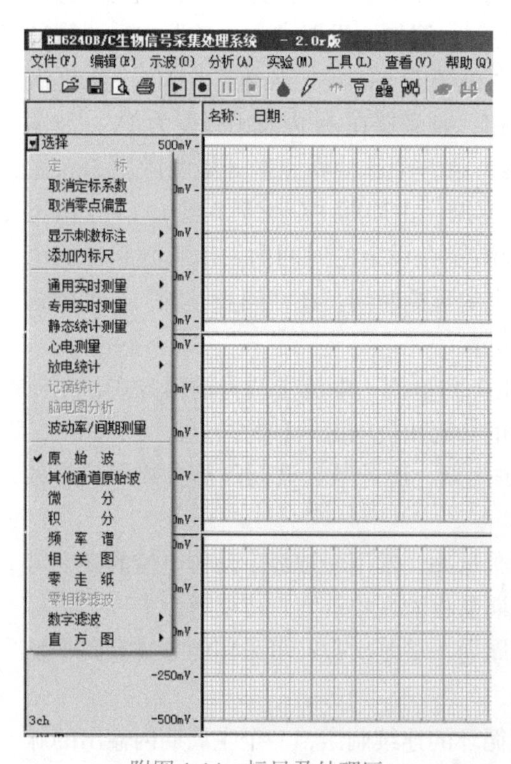

附图1-14　标尺及处理区

（7）定时刺激　在设定的刺激持续时间内，刺激脉冲按设定的频率输出。常用于观察同一刺激时间内，不同刺激频率的刺激效应。可调节强度、延时、波宽、刺激时间、频率、重复次数等参数，采用触发捕捉方式。

（8）强度自动增减、频率自动增减及波宽自动增减刺激　强度自动增减是在单刺激或双刺激模式下，刺激强度从首强度按强度增量自动递增或递减至末强度。该模式常用于刺激强度与反应关系的自动测定实验。频率自动增减是在连续单刺激和定时刺激模式下，刺激频率从首频率按频率增量自动递增或递减至末频率。该模式常用于刺激频率与反应关系的自动测定实验。波宽自动增减为单刺激和连续单刺激模式下，刺激波波宽从首波宽按波宽增量自动递增或递减至末波宽。该模式常用于基强度和时值自动测定实验。

此外，刺激器可根据需要将不同主周期、强度、波间隔、脉冲数等刺激模式组成刺激序列，构成功能强大的程控刺激器。在刺激模式下拉菜单中选择“高级刺激”，进入设置即可。RM6240 多道生理信号采集处理系统有关实验的刺激参数设定见附录 3。

（四）标尺及处理区

位于显示界面的左侧，主要有以下功能（附图 1-14）。

1. 定标　用于校正该通道的灵敏度。

2. 显示刺激标注　用于显示输出刺激的相关参数。

3. 添加内标尺　用于对已记录波形添加标尺。

4. 通用实时测量　点击“全屏”按钮，在相应的通道左上部实时显示当前屏波形的最大值、最小值、平均值和峰峰值（最大值-最小值）；点选“快速”按钮，则在相应的通道左上部将实时显示最新记录两大格内波形的最大值、最小值、平均值和峰峰值（最大值-最小值）。

5. 专用实时测量　实时显示脉搏率、呼吸率、血压、心室内压和肌肉收缩在一定时间内的测量结果。

6. 静态统计测量　对一定区段内的生物信号进行自动测量和统计。可对生物电、血压/左心室内压平均值、原始值及波动率/间期等进行统计，并可将结果导入数据版中（附图 1-15）。

7. 数据处理　对观察记录的生物信号进行分析计算和处理，主要如下（附图 1-15）。

微分：对信号进行分析，可在动态或静态下进行。放大倍数用于调节微分波的幅度。高频截止频率用于调节微分通道的数字滤波截止频率（低通滤波），以滤除微分波中不需要的高频信号。

积分：进行信号积分分析，可在动态或静态下进行。如果选择时间回零，则在到达规定时间后重新从零值开始积分，如果选择满度归零，则在积分值积至满度值后，重新从零值开始积分。

频率谱：对某一通道内的频率成分进行分析。注意输入信号频率应低于采样频率的 1/2。

相关图：对选定通道的数据进行相关图分析。

直方图：有面积直方图和频率直方图。

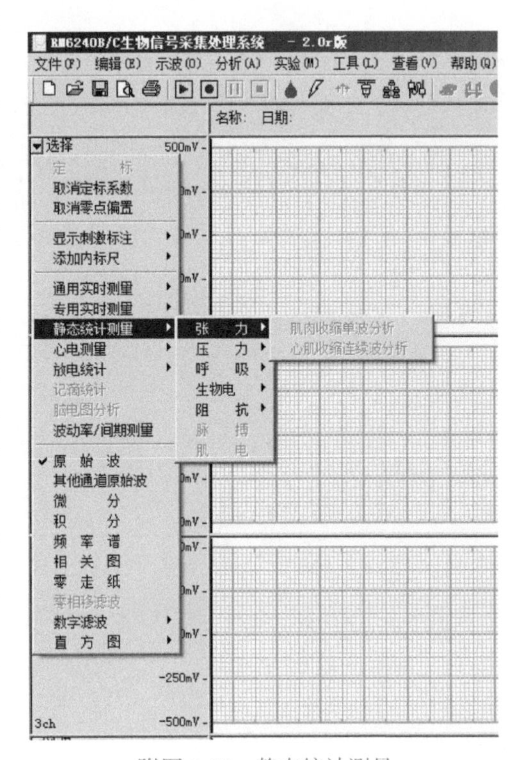

附图 1-15 静态统计测量

面积直方图是对通道波形进行面积直方图处理，每一直方的高度反映了该直方时间段内原始波形的面积（由积分方式可确定正面积、负面积或绝对面积），用于对放电波形进行各时间段内的放电强度分析。参数中，放大倍数用于调节直方图的幅度。对正面积和负面积积分方式，可用鼠标在通道内确定阈值线位置，此时小于阈值的面积作为基础值被扣除。**频率直方图**是对通道波形进行频率直方图处理，每一直方的高度反映了该直方时间段内，处于单阈值线之上或双阈值线之间的信号脉动频率，可对放电波形进行各时间段内的放电频率分析。

原始波：显示通道原始波形，即退出微分、积分、相关等状态回到原始状态。

（五）图形的编辑输出

选择“编辑”菜单中的“数据编辑”，或在“工具条及快捷键图标”栏点击其快捷键图标，系统即进入数据编辑状态，并在屏幕右上角弹出浮动的数据编辑工具条，用于对数据或图形进行编辑处理，之后可将图形导入 Word 文档或直接打印。

附录2 RM6240多道生理信号采集处理系统主要实验放大器参数的设定

实验名称	实验参数					
	采集频率	扫描速度	灵敏度	时间常数	滤波常数	50Hz 陷波
减压神经放电	20kHz	80ms/div	50μV	0.001s	3kHz	开
兔动脉血压	800Hz	500ms/div	12kPa	直流	30Hz	关
心电图	4kHz	200ms/div	1mV	0.2s	30Hz	开
大脑皮层诱发电位	20kHz	10ms/div	500μV	0.02s	100Hz	开
蛙心期前收缩-代偿间歇	400Hz	1s/div	5mV	直流	10Hz	开
神经干兴奋传导速度的测定	40kHz	1.0ms/div	2mV	0.001s	1kHz	关
神经干兴奋不应期的测定	40kHz	1.0ms/div	2mV	0.001s	1kHz	关
神经干动作电位（蟾蜍）	40kHz	1.0ms/div	2mV	0.001s	1kHz	关
肌肉神经刺激频率与反应	400Hz	1s/div	50mV	直流	100Hz	开
肌肉神经刺激强度与反应	400Hz	1s/div	50mV	直流	100Hz	开
肌肉兴奋-收缩时相关系	20kHz	10ms/div	1mV	0.002s	1kHz	关
		10ms/div	50mV	直流	30Hz	
蛙心灌流	400Hz	2s/div	5mV	直流	10Hz	开
心肌细胞动作电位	10kHz	80ms/div	50mV	直流	500Hz	开
心肌细胞动作电位与心电图的同步记录	10kHz	80ms/div	50mV	直流	500Hz	开
		160ms/div	1mV	0.2s	30Hz	
膈神经放电	20kHz	80ms/div	50μV	0.001s	3kHz	开
呼吸运动调节	800Hz	1s/div	5mV	直流	10Hz	开
消化道平滑肌的生理特性	400Hz	2s/div	5mV	直流	10Hz	开
肌梭放电	20kHz	40ms/div	50μV	0.002s	3kHz	关
耳蜗生物电活动	20kHz	40ms/div	100μV	0.02s	1kHz	开
中枢神经元单位放电	20kHz	80ms/div	50μV	0.002s	1kHz	关
脑电图	800Hz	250ms/div	100μV	0.2s	10Hz	开
影响尿生成的因素	200Hz	8s/div	2.4kPa	直流	100Hz	开

续表

实验名称	实验参数					
	采集频率	扫描速度	灵敏度	时间常数	滤波常数	50Hz 陷波
脉搏	800Hz	250ms/div	25mV	直流	10Hz	开
减压神经放电、血压、心电同步实验	10kHz	80ms/div	50μV	0.001s	3kHz	开
			12kPa	直流	30Hz	
			200μV	0.02s	30Hz	

注：此为动物生理学实验的放大器参数参考值（摘自产品说明书）

附录3 RM6240多道生理信号采集处理系统有关实验刺激参数的设定

实验名称	刺激参数					
	刺激方式	延时	波宽	强度	波间隔	备注
大脑皮层诱发电位	单刺激	10ms	0.2ms	7.5V		用叠平均功能
蛙心期前收缩-代偿间歇	单刺激	0.0ms	10ms	4V		
神经干兴奋传导速度的测定	单刺激	5.0ms	0.2ms	1V		
神经干兴奋不应期的测定	双刺激	2.0ms	0.2ms	1V	20ms（起始值）	
神经干动作电位（蟾蜍）	单刺激	5ms	0.2ms	1V		

实验名称	刺激方式	高级（选项）强度递增						
肌肉神经刺激强度与反应	自动单刺激	延时	波宽	强度	频率	脉冲数	强度增量	组间延时
		20ms	1ms	0.1V	1Hz	1（串）	0.02V	2s

实验名称	刺激方式	频率递增（常规实验）						
肌肉神经刺激频率与反应	自动单刺激	延时	波宽	强度	频率	脉冲数	频率增量	组间延时
		20ms	1ms	2V	1Hz	1（串）	2Hz	4s

注：此为部分实验刺激器的参数参考值（摘自产品说明书）

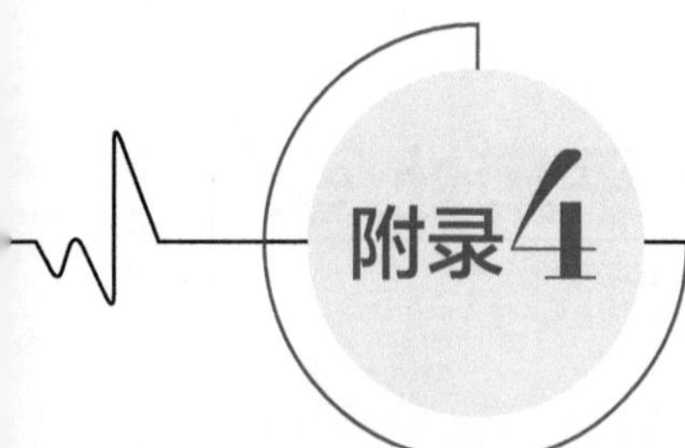

常用生理溶液的配制

成分 \ 溶液	生理盐水		任氏液（Ringer Sol）	台式液（Tyrode Sol）	乐氏液（Locke Sol）
	两栖类	哺乳类	两栖类	哺乳类离体小肠等	哺乳类离体心脏、子宫等
NaCl/g	6.5	9.0	6.5	8.0	9.0
KCl/g	—	—	0.14	0.2	0.42
$NaHCO_3$/g	—	—	0.2	1.0	0.1～0.3
NaH_2PO_4/g	—	—	0.01	0.05	—
$CaCl_2$/g	—	—	0.12	0.2	0.24
$MgCl_2$/g	—	—	—	0.1	0.1
葡萄糖 /g	—	—	2.0（可不加）	1.0	1.0～2.5
蒸馏水 /ml	均加至 1000				

注：为避免配制时 $CaCO_3$ 产生沉淀，应先将其他盐类溶解好，再将事先溶解的 $CaCl_2$ 缓慢加入，葡萄糖在使用时再加入

附录5 常用实验动物麻醉剂的给药途径及参考剂量

药品及浓度	动物	给药途径及剂量 /（mg/kg 体重）	持续时间 /h	麻醉特点
戊巴比妥钠 3%	狗、猫、家兔 小鼠、大鼠、豚鼠 鸟	iv：30；ip:35 ip:40 im:50～100	2～4	麻醉较平稳，但个体间差异较大，过量时可用咖啡因及苯丙胺解救
苯巴比妥钠 10%	狗、猫、家兔、鸽	iv:80～100；ip:100～150 im:300	24～72	麻醉不稳定，不易控制，过量可用苯丙胺、四氯五甲烷解救
氯醛糖 1%	狗、家兔 猫 小鼠、大鼠	iv:60～80 ip:60～80 ip:80～100	3～4	溶解度低，加温助溶但不能沸腾。对呼吸及血管的运动中枢影响较小
氨基甲酸乙酯（乌拉坦）20%～25%	狗、猫、家兔 小鼠、大鼠、豚鼠 鸟 蛙	iv、ip 均 1000 ip:1000 im:1250 皮下淋巴囊：2000	2～4	易溶于水，作用温和，对脏器功能影响较小，使用广泛
水和氯醛 5%	狗、猫、家兔 小鼠、大鼠、豚鼠	iv:100，ip:150 ip：400		麻醉较浅，持续时间长，对鼠、家兔的肌肉松弛效果不好
硫喷妥钠 2.5%	狗、猫 家兔	iv:20～25 iv:10～20	0.5～1.5	对呼吸有一定抑制作用，应缓慢静脉注射，不易做腹腔及皮下和肌肉注射
乙醚	各类动物	呼吸吸入	较短	乙醚刺激呼吸道产生分泌物，易造成呼吸阻塞，在麻醉前半小时可皮下注射阿托品减少分泌物

注：ip 为腹腔注射；iv 为静脉注射；im 为肌肉注射